全国高职高专测绘类核心课程规划教材

摄影测量与遥感

主编　王　敏
参编　李军杰　李素敏　王冬梅　冯雪力
王淑璇　张继帅　邹娟茹

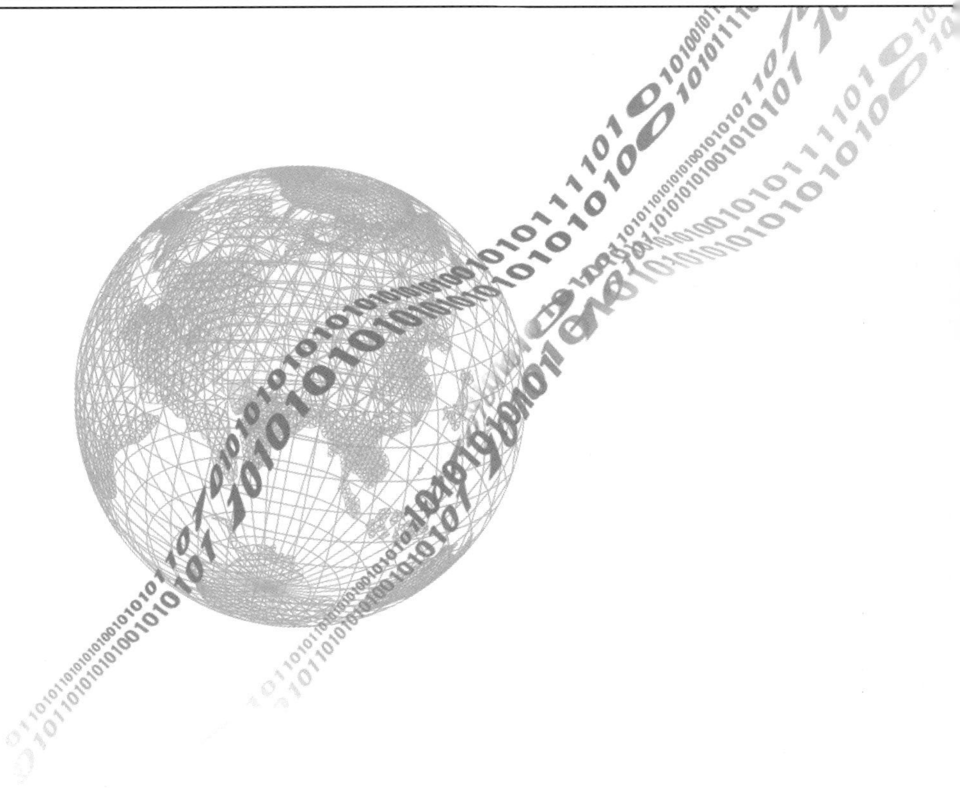

WUHAN UNIVERSITY PRESS
武汉大学出版社

图书在版编目(CIP)数据

摄影测量与遥感/王敏主编 .—武汉:武汉大学出版社,2011. 9(2023.8 重印)
全国高职高专测绘类核心课程规划教材
ISBN 978-7-307-08942-6

Ⅰ.摄… Ⅱ.王… Ⅲ.①摄影测量—高等职业教育—教材 ②遥感技术—高等职业教育—教材 Ⅳ.①P23 ②TP7

中国版本图书馆 CIP 数据核字(2011)第 137221 号

责任编辑:胡 艳　　责任校对:黄添生　　版式设计:马 佳

出版发行:**武汉大学出版社** (430072 武昌 珞珈山)
(电子邮箱:cbs22@ whu.edu.cn 网址:www.wdp.com.cn)
印刷:武汉科源印刷设计有限公司
开本:787×1092 1/16 印张:15 字数:364 千字 插页:1
版次:2011 年 9 月第 1 版 2023 年 8 月第 7 次印刷
ISBN 978-7-307-08942-6/P · 185 定价:29.00 元

序

21 世纪将测绘带入信息化测绘发展的新阶段。信息化测绘技术体系是在对地观测技术、计算机信息化技术和现代通信技术等现代技术支撑下的有关地理空间数据的采集、处理、管理、更新、共享和应用的技术集成。测绘科学正在向着近年来国内外兴起的新兴学科——地球空间信息学跨越和融合；测绘技术的革命性变化，使测绘组织的管理机构、生产部门及岗位设置和职责发生变化；测绘工作者提供地理空间位置及其附属信息的服务，测绘产品的表现形式伴随相关技术的发展，在保持传统的特性同时，直观可视等方面也得到了巨大的进步；从向专业部门的服务逐渐扩大到面对社会公众的普遍服务，从而使社会测绘服务的需求得到激发并有了更加良好的满足。随着测绘科技的发展，社会需求、测绘管理及生产组织及过程的深刻变化，测绘工作者，特别是对高端技能应用性职业人才，在知识和能力体系构建的要求方面也发生着相应的深刻发展和变化。

社会和科技的进步和发展，形成了对高端技能人才的大量需求，在这样的社会需求背景下，高等职业教育得到了蓬勃发展，在高等教育体系中占据了半壁江山。高等职业教育作为高等教育的必然组成部分，以系统化职业能力及其发展为目标，在高端技能应用性职业人才培养的探索上迈出了刚劲有力的步伐，取得了可喜的佳绩，为全国高等教育的大众化做出了应有的贡献。

高职高专测绘类专业作为全国高职教育的一部分，在广大教师的共同努力下，以培养高端技能应用性人才为方向，不断推进改革和建设，在探究培养满足现时要求并能不断自我发展的测绘职业人才道路上，迈出了坚实的步伐；办学规模和专业点的分布也得到了长足的发展。人才培养过程中，在结合测绘工程实际，加强测绘工程训练，突出过程，强化系统化测绘职业能力构建等方面取得了成果。伴随专业人才培养和教学的建设和改革，作为教学基础资源，教材的建设也得到了良好的推动，编写出了系列成套教材，并从有到精，注意不断将测绘科技和高职人才培养的新成果进教材，以推动进课堂，在人才培养中发挥作用。为了进一步推动高职高专测绘类专业的教学资源建设，武汉大学出版社积极支持测绘类专业教学建设和改革，组织了富有测绘教学经验的骨干教师，结合目前教育部高职高专测绘类专业教学指导委员会研制的“高职测绘类专业规范”对人才培养的要求及课程设置，编写了本套《全国高职高专测绘类核心课程规划教材》。

教材编写结合高职高专测绘类专业的人才培养目标，体现培养人才的类型和层次定位；在编写组织设计中，注意体现核心课程教材组合的整体性和系统性，贯穿以系统化知识为基础，构建较好满足现实要求的系统化职业能力及发展为目标；体现测绘学科和测绘技术的新发展、测绘管理与生产组织及相关岗位的新要求；体现职业性，突出系统工作过程，注意测绘项目工程和生产中与相关学科技术之间的交叉与融合；体现最新的教学思想和高职人才培养的特色，在传统的教材基础上勇于创新，按照课程改革建设的教学要求，探索按照“项目教学”及实训的教学组织，突出过程和能力培养，具有一定的创新意识。教材适合高职高专测绘类专业教学使用，也可提供给相关专业技术人员学习参考，必将在培养高端技能应用性测绘职业人才等方面发挥积极作用。

教育部高等学校高职高专测绘类专业教学指导委员会主任委员

二〇一一年八月十四日

前　　言

以影像为基础的摄影测量与遥感技术是当今科技发展的一项前沿技术，它开辟了认知地球的崭新视角，提供了认识世界的新方法和新手段，实现了测绘行业的历史性跨越。世界各国都非常重视摄影测量与遥感技术的发展。截至目前，以摄影测量与遥感为代表的现代测绘技术在我国得到了广泛应用，摄影测量与遥感已同大地测量、卫星定位、地图制图与地理信息系统以及工程测量等一起，构成了整体的测绘学科与技术体系，促进了测绘行业信息化发展，并确立了我国在摄影测量与遥感领域的大国地位。

随着摄影测量步入全数字时代和遥感进入高分辨率、立体观测时代，摄影测量与遥感技术应用的广度和深度日益拓展。近30年来，摄影测量与遥感技术已在测绘、农业、林业、水利、气象、资源环境、城市建设、海洋、防灾减灾等领域得到了广泛应用，在经济建设和社会发展中发挥了越来越重要的技术支撑和服务作用。中国科学院院士、遥感应用专家徐冠华十分感慨地说："如果没有现代摄影测量与遥感，我们就不可能对人类目前所面临的资源、环境、全球变化、可持续发展等问题有像今天这样的认识，有这样的紧迫感。如果没有现代摄影测量与遥感，我们就不可能对重大自然灾害、资源环境等问题作出快速反应。"可以说，摄影测量与遥感作为一种重要的观测技术和利用手段，已深入人心。尽管我国遥感技术取得了巨大成绩，但与发达国家相比还有很大差距。徐冠华指出，还必须努力提高我国遥感技术的综合水平。

本教材结合高职高专教学特点，以阐明基本原理、突出培养学生的实际操作与综合应用能力为宗旨，在介绍了摄影测量与遥感技术基本原理的基础上，着重介绍了结合具体软件（如JX4、VirtuoZo、ERDAS、PCI、ENVI、易康等）进行双像解析、空三加密、影像预处理、遥感分类与专题图制作等作业方法与工作流程，强调了实际技能培养的科学理念。

本教材共10章，第1章、第6章由张继帅（沈阳农业大学高职学院）编写，第2章由李军杰（河南城建学院）编写，第3章由王淑璇（湖北国土资源职业学院）编写，第4章由王冬梅（黄河水利职业技术学院）编写，第5章由邹娟茹（甘肃林业职业技术学院）编写，第7章由王敏（昆明冶金高等专科学校）编写，第8章、第9章由李素敏（昆明理工大学）编写，第10章由冯雪力（内蒙古建筑职业技术学院）编写。初稿完成后，王敏对全书个别内容进行了出版前必要的补充，并进行了统稿。

武汉大学出版社对本书的出版给予了极大支持，在此表示衷心感谢！同时，在本书编写过程中，参阅了大量文献资料，在此谨向有关作者深表谢意！

由于编者水平有限，书中可能存在不足与不妥之处，敬请读者不吝指正。

编　者

2011年6月

目　录

第1章　绪　论

☞ 教学目标

明确摄影测量的定义、任务与特点；了解摄影测量的发展历史与不同阶段的特点；掌握遥感的定义；弄清摄影测量与遥感之间的区别与联系，为后续知识的学习打下基础。

1.1　摄影测量的定义、任务

国际摄影测量与遥感协会 ISPRS（Intenational Society of Photogrammetry and Remote Sensing）1988 年给摄影测量与遥感的定义是：摄影测量与遥感是从非接触成像和其他传感器系统，通过记录、量测、分析与表达等处理，获取地球及其环境和其他物体可靠信息的工艺、科学与技术。其中，摄影测量侧重于提取几何信息，遥感侧重于提取物理信息。也就是说，摄影测量是从非接触成像系统，通过记录、量测、分析与表达等处理，获取地球及其环境和其他物体的几何、属性等可靠信息的工艺、科学与技术。

摄影测量的主要任务是用于测制各种比例尺地形图、建立地形数据库，并为各种地理信息系统和土地信息系统提供基础数据。因此，摄影测量在理论、方法和仪器设备方面的发展都受到地形测量、地图制图、数字测图、测量数据库和地理信息系统的影响。

摄影测量的主要特点是在像片上进行量测和判读，无需接触物体本身，因而很少受自然和地理条件的限制，而且可摄得瞬间的动态物体影像。像片及其他各种类型影像均是客观物体或目标的真实反映，信息丰富、逼真，人们可以从中获得所研究物体的大量几何信息和物理信息。

传统的摄影测量学是利用光学摄影机摄影的像片，研究和确定被摄物体的形状、大小、位置、性质和相互关系的一门科学和技术。它包括的内容有：获取被摄物体的影像，研究单张和多张像片影像的处理方法，包括理论、设备和技术以及将所测得的成果以图解形式或数字形式输出的方法和设备。

随着现代航天技术和电子计算机技术的飞速发展，摄影测量的学科领域更加扩大了，可以说，只要物体能够被摄成影像，就都可以使用摄影测量技术以解决某一方面的问题，这些被摄物体可以是固体、液体，也可以是气体；可以是静态，也可以是动态；可以是极近的、微小的（电子显微镜下放大几千倍的细胞），也可以是遥远的、巨大的（宇宙天体与地球）。这使得摄影测量学成为可以多方面应用的一种测量手段和数据采集与分析的方法。

我们可以从不同角度对摄影测量进行分类。按距离远近，可分为航天摄影测量、航空摄影测量、地面摄影测量、近景摄影测量和显微摄影测量。按用途，可分为地形摄影测量与非地形摄影测量，地形摄影测量主要用于测绘国家基本地形图，工程勘察设计和城镇、农业、林业、铁路、交通等各部门的规划与资源调查用图及建立相应的数据库；非地形摄影测量则是将摄影测量方法用于解决资源调查、变形观测、环境监测、军事侦察、弹道轨道、爆破以及工业、建筑、考古、地质工程以及生物和医学等各方面的科学技术问题。按技术处理手段，可分为模拟摄影测量、解析摄影测量和数字摄影测量，解析和数字摄影测量可以直接为各种数据库和地理信息系统提供基础地理信息，模拟摄影测量的直接成果为各种图件（地形图、专题图等），它们必须经过数字化才能进入计算机。

1.2 摄影测量发展简史

摄影测量的技术手段有模拟法、解析法和数字法。随着摄影测量技术的发展，摄影测量也经历了模拟摄影测量、解析摄影测量和数字摄影测量三个发展阶段。

1.2.1 模拟摄影测量

若从1839年尼普斯和达盖尔发明摄影术算起，摄影测量学已有150多年的历史，1851—1859年法国陆军上校劳赛达（A. Laussedat，被认为是“摄影测量之父”）提出和进行的交会摄影测量，被称为摄影测量学的真正起点。由于当时飞机尚未发明，摄影测量的几何交会原理仅限于处理地面的正直摄影，主要用来进行建筑物摄影测量，而并不是用来进行地形测量。

从空中拍摄地面的照片，最早是在1858年由纳达在气球上进行的。1903年莱特兄弟发明了飞机，使航空摄影测量成为可能。1906年，劳伦士用17只风筝拍下了旧金山大火的珍贵历史性大幅照片。第一次世界大战中第一台航空摄影机问世。由于航空摄影比地面摄影有明显的优越（如视场开阔、无前景挡后景、可快速获得大面积地区的像片等），使得航空摄影测量成为20世纪以来大面积测制地形图的最有效的快速方法。如果说在1901年研制的立体坐标量测仪和1909年研制的1318立体自动测图仪不是针对航空摄影测量的话，那么从20世纪30年代到50年代末，各国主要测量仪器厂所研制和生产的各种类型模拟测图仪器——光学和机械投影仪器、分工型和全能型仪器、简易型和精密型立体测图仪器——则完全是针对航空地形摄影测量的，这个时期是模拟航空摄影测量的黄金时时，在我国，它一直延伸到20世纪70年代。

这里所讲的模拟法摄影测量，指的是用光学或机械方法模拟摄影过程，使两个投影器恢复摄影时的位置、姿态和相互关系，形成一个比实地缩小了的几何模型，即所谓摄影过程的几何反转。在此模型上的量测即相当于对原物体的量测。所得到的结果通过机械或齿轮传动方式直接在绘图桌上绘出各种图件来，如地形图或各种专题图。

1.2.2 解析摄影测量

随着电子计算机的问世，人们自然会想到如何用它来完成摄影测量中复杂的几何解算和大量的数值计算。于是便出现了始于20世纪50年代末的解析空中三角测量（精确测定点位的摄影测量方法）和解析测图仪与数控正射投影仪（利用数字投影方法进行量测、制图和制作正射像片)。1957 年，海拉瓦博士提出了利用电子计算机进行解析测图的思想，限于当时计算机的发展水平，解析测图仪经历了近 20 年的研制和试用阶段。到了 20 世纪 70 年代中期，电子计算机技术的发展使得解析测图仪进入了商用阶段。1976 年德国 Zeiss 厂首次推出了 Plani-compC-100 解析测图仪；1980 年瑞士 Wild 厂和 Kern 厂也相继推出了 AC1、BC1、AC2 和 BC2 以及 DSR Ⅰ、DSR Ⅱ 型解析测图仪；Zeiss 厂形成了 C100、C110、C120、C130 系列解析测图仪。解析测图仪的价格逐步达到与一级精度模拟测图仪相近的价格，使它在全世界获得广泛的应用。

解析测图仪是世界上首先实现测量成果数字化的仪器。在机助测图软件控制下，将在立体模型上测得的结果首先存储在计算机中，然后再传送到数控绘图机上绘出图件。这种以数字形式存储在计算机中的地图，构成了测绘数据库和建立各种地理信息系统的基础。

为了使解析测图仪量测得到的数字地图更好地满足建立数据库和建立地理信息系统的要求，自 1987 年以来，解析测图仪的发展已进入以数据库管理系统控制下的数据采集工作站的第三个发展阶段。例如，Zeiss 厂生产的 P1、P2、P3 型解析测图仪乃是在 PHOCUS 这一航测与制图通用数据库系统下进行数据采集；Wild 厂和 Prime 公司联合推出了 System9，以面向特征的数据库管理系统为中心，在该系统上可配有 BC3 解析测图仪的 P 工作站（摄影测量工作站）或实现地图数字化的 D 工作站，以及图形编辑 E 工作站；Kern 厂的 DSR-15 等解析测图仪也与相应的地理信息系统 INFOCAM 相连接。这样一来，摄影测量就成为地理信息系统获取基础数据和更新数据的重要手段。

解析摄影测量的发展使得非地形摄影测量不再受模拟测图仪的限制，而有了新的生命力。尤其是近景摄影测量，它通过对所测目标进行各种方式摄影来研究和监测其外形和几何位置，包括不规则物体的外形测量、动态目标的轨迹测量、燃烧爆炸与晶体生长、病灶变化与细胞成长等不可接触物体的测量，广泛应用于建筑工程、地质、考古、医学、生物、交通事故、公安案件侦破、汽车制造、采矿、冶金、船舶安装、结构物变形、粒子运动等方面。

1.2.3　数字摄影测量

解析摄影测量的进一步发展是数字摄影测量。从广义上讲，数字摄影测量指的是从摄影测量和遥感所获取的数据中，采集数字化图形或数字/数字化影像，在计算机中进行各种数值、图形和影像处理，研究目标的几何和物理特性，从而获得各种形式的数字产品和可视化产品。这里的数字产品包括数字地图、数字高程模型（DEM）、数字正射影像、测量数据库、地理信息系统（GIS）和土地信息系统（LIS）等。这里的可视化产品包括地形图、专题图、纵横剖面图、透视图、正射影像图、电子地图、动画地图等。

获得数字化图形的方法是在计算机辅助和计算机控制的摄影测量工作站上借助机助制图软件完成的，也可以直接在更高级的数据库系统下进行数据采集。对采集的数据，一般要经过图形编辑工作站上的编辑加工和质量检查。获得数字/数字化影像的方法之一是直接用数字摄影机（如 CCD 阵列扫描仪或摄影机）和各种数字式扫描仪获得，称为数字影像；另一种方法则是用各种数字化扫描仪对已得到的像片影像进行扫描。

全数字化摄影测量包括自动影像匹配与定位、自动影像判读两大部分。前者是对数字影像进行分析、处理、特征提取和影像匹配，然后进行空间几何定位，建立高程模型和获得数字正射影像，所获得的可视化产品则为等高线图和正射影像图。由于这种方法能代替人眼观测立体的过程，故而是一种计算机视觉方法。后者是解决对数字影像的定性描述，并称为数字图像分类，低级的分类方法基于灰度、特征和纹理等，多用统计分类方法；高级的图像理解则基于知识，构成分类专家系统。这种方法的目的在于代替人眼识别和区分目标，是一种比定位难度更高的计算机视觉方法，因此，全数字化摄影测量是一项高科技研究领域。

全数字化摄影测量一般分为在线和离线两种方式。如果在一台解析测图仪上加上CCD数字摄影机和相应的数字摄影测量软件，便构成了边数字化边处理的在线自动化摄影测量系统（也称为混合型数字摄影测量系统）。这类系统在20世纪60、70年代就为美国军方使用。这里，提一下阿克曼教授在1985年研制成功的数字表面模型自动量测系统。这是一种最小二乘匹配（LSM）和基于特征匹配（FBM）相结合的在线影像匹配方法，是在Zeiss厂的解析测图仪（C系列或P系列）上加上两个CCD摄影机构成的。它能够高精度测点和自动建立数字表面模型。与Zeiss厂一起推出的产品称为Indu surf，可达到0.1子像素精度，主要用于汽车工业中的形体测定。

离线的数字摄影测量系统是利用功能强大的电子计算机系统或工作站对数字/数字化影像进行处理的。如海拉瓦数字摄影测量系统DPW650/750是在SUNSPARC工作站上进行数字图像加工，包括图像增强、纠正、点量测、内外定向、边缘增强和提取，以及立体、单像及屏幕劈开显示等。该系统采用分层松弛相关方法量测同名像点，自动建立数字高程模型，继而获得等高线图和正射影像图。每秒钟可量测几百至上千个点，成功率一般为80%~95%，是目前世界上较成功的系统之一。武汉测绘科技大学研制的全数字自动化测图系统VirtuoZo及中国测绘科学研究院的JX-4A（DPW）属于这种类型。VirtuoZo工作站版本是以SGl4D/25工作站为基础研制的。其功能包括内定向、相对定向、绝对定向、影像相关与特征匹配、建立数字高程模型（DEM），并根据DEM生成等高线图、正射影像图、景观图等。该系统已移植成WindowsNT环境下的VirtuoZoNT微机版。JX-4A（DPW）是WindowsNT环境下的数字摄影测量工作站，也具有上述类似功能。

数字摄影测量的发展还导致了实时摄影测量的问世。所谓实时摄影测量，是指用CCD等数字摄影机直接对目标进行数字影像获取，并直接输入计算机系统。在实时软件作用下，立刻获得和提取需要的信息，并用来控制对目标的操作。这种实时摄影测量系统主要用于医学诊断、工业过程控制和机器人视觉方面。在陆地车载或空中机载、星载系统中，定位技术和CCD影像技术可以实时地直接为GIS采集所需要的数据和信息，对军用和民用均有极大意义。

综上所述，摄影测量经历了模拟法、解析法和数字法三个发展阶段，而数字摄影测量的内涵已远远超过传统摄影测量的范围。数字摄影测量与模拟摄影测量、解析摄影测量的最大区别在于，所处理的原始信息不仅可以是航空像片（数字化影像），还可以是航空、航天遥感数字影像；它最终是以计算机视觉代替人眼的立体观测，因而它所使用的仪器最终只是通用的计算机及其相应外部设备。特别是当代工作站的发展，为数字摄影测量的发展提供了广阔的前景；其产品是数字形式的，传统产品只是数字产品的模拟输出。表1-l列出了摄影测量三个发展阶段的特点。

表1-1 **摄影测量三个发展阶段的特点**

发展阶段	原始资料	投影方式	仪 器	操作方式	产 品
模拟摄影测量	像片	物理投影	模拟测图仪	作业员手工操作	模拟产品
解析摄影测量	像片	数字投影	解析测图仪	机助作业员操作	模拟产品 数字产品
数字摄影测量	数字影像 数字化影像	数字投影	摄影测量工作站	自动化操作 加作业员的干预	数字产品 模拟产品

1.3 遥感的定义

遥感是20世纪60年代发展起来的对地观测综合性技术。通常有广义和狭义的理解。

1.3.1 广义的遥感

“遥感”一词来自英语“Remote Sensing”，即“遥远的感知”。广义理解，遥感泛指一切无接触的远距离探测，包括对电磁场、力场、机械波（声波、地震波）等的探测。

实际工作中，重力、磁力、声波、地震波等的探测被划分为物探（物理探测）的范畴。因而，只有电磁波探测属于遥感的范畴。

1.3.2 狭义的遥感

狭义的遥感是指应用探测仪器，不与探测目标相接触，从远处把目标的电磁波特性记录下来，通过分析，揭示出物体的特性性质及其变化的综合性探测技术。

遥感不同于遥测（Telemetry）和遥控（Remote Control）。遥测是指对被测物体某些运动参数和性质进行远距离测量的技术，分接触测量和非接触测量；遥控是指远距离控制目标物运动状态和过程的技术。

遥感，特别是空间遥感过程的完成，往往需要综合运用遥测和遥控技术。如卫星遥感，必须有对卫星运行参数的遥测和卫星工作状态的控制等。

1.3.3 其他定义

关于遥感有很多定义，下面给出几个典型的定义：

（1）遥感是一门关于获取、处理和判读记录了电磁能量和地物之间相互关系的影像的科学。①

（2）遥感是获取有关特定对象、区域或现象信息的一门科学和艺术，它是通过对特定设备获取的数据进行分析进而获得所调查对象、区域或现象的相关信息，并且该特定设

① F. F. Sabins Remote Sensing：Principle and Interpretation. Third edition. New York：Freeman，1996.

备并不与所调查的对象、区域或现象接触。①

(3) 遥感是以一定距离观测地球表面，并进而对所观测的影像或数据进行判读，以获取地球上特定对象有用信息的设备、技术和方法。②

上述定义的共同之处是，有关地球表面特征的数据是由不直接接触观测对象的设备收集的，其获得的数据通常存储为影像格式的数据，而传感器记录的特征是地球表面反射或放射的电磁波能量。记录的电磁波能量为电磁波光谱的特定波段的信息，通常为可见光，不过也可以是红外光或无线电波。现在有很多种类型的传感器，它们与特定的平台结合，根据与地球表面的距离，可以分为航空传感器和卫星传感器。

在影像数据变成有价值的关于感兴趣目标物或自然现象的信息之前，需要对其进行处理，因此信息提取和分析是遥感科学的重要部分。

1.4 遥感发展简史

最早使用“遥感”一词的是美国海军研究局的艾弗林·普鲁伊特（Evelyn L. Pruitt, 1960）。1961 年，在美国国家科学院（National Academy of Sciences）和国家研究理事会（National Research Council）的资助下，于密歇根大学（University of Michigan）的威罗·兰（Willow Run）实验室召开了环境遥感国际讨论会。此后，在世界范围内，遥感作为一门新兴的独立学科，获得飞速的发展。

1.4.1 无记录的地面遥感阶段（1608—1838 年）

1608 年，汉斯·李波尔赛制造了世界上第一架望远镜。1609 年伽利略制作了放大倍数为 3 倍的科学望远镜，从而为观测远距离目标开辟了先河。但望远镜观测不能把观测到的事物用图像的方式记录下来。

1.4.2 有记录的地面遥感阶段（1839—1857 年）

对探测目标的记录与成像始于摄影技术的发明，并与望远镜相结合，发展为远距离摄影。1839 年，达盖尔（Daguarre）发表了他和尼普斯（Niepce）拍摄的照片，第一次成功地把拍摄到的事物形象地记录在胶片上。1849 年，法国人艾米·劳塞达特（Aime Laussedat）制订了摄影测量计划，成为有目的、有记录的地面遥感发展阶段的标志。

1.4.3 空中摄影遥感阶段（1858—1956 年）

1858 年，G. F. 陶纳乔（Gaspard Felix Tournachon）用系留气球拍摄了法国巴黎的“鸟瞰”像片。1903 年，J. 纽布朗纳（Julius Nenbronner）设计了一种捆绑在飞鸽身上的微型相机。这些试验性的空间摄影，为后来的实用化航空摄影遥感打下了基础。同年，莱

① Thomas MLillesand, W. K. Ralph Remote Sensing and Image Interpretation (Third edition). New York: John Wiley & Son, 1994.

② J. B. Henk, G. P. W. C. Jan Land Observation by Remote Sensing: Theory and Applications. Gorden & Breach, 1993.

特兄弟发明了飞机，才真正地促进了航空遥感向实用化的迈进。

在第一次世界大战期间，航空摄影成了军事侦察的重要手段，并形成了一定的规模。与此同时，像片的判读水平也得到提高。第一次世界大战以后，航空摄影人员从军事转向商业应用和科学研究。美国和加拿大成立了航测公司；美国和德国分别出版了《摄影测量工程》及类似性质的刊物，专门介绍有关技术方法。1930年起，美国的农业、林业、牧业等政府部门都采用航空摄影，并应用于制订规划。

第二次世界大战及以后，出版了一些著作，对航空遥感的方法和理论进行了总结。如1941年A. J. 厄德莱（A. J. Eardey）的《航空像片：应用与判读》、J. W. 巴格莱（J. W. Bagley）的《航空摄影与航空测量》等。与此同时，人才培养与专业学术刊物的出版也是这一时期的特点。美国在大学中开设了“航空摄影与像片判读”的课程，国际地理学会于1949年设立了航空像片应用专业委员会。1945年，美国创刊了《摄影测量工程》杂志。这些均对遥感发展成为独立的学科在理论方法上作了充分的准备，奠定了基础。

1.4.4 航天遥感阶段（1957年始）

1957年10月4日，苏联第一颗人造地球卫星的发射成功，标志着人类从空间观测地球和探索宇宙奥秘进入了新纪元。真正从航天器上对地球进行长期观测是从1960年美国发射TIROS-1和NOAA-1太阳同步气象卫星开始的。从此，航天遥感取得了重大进展。同时，航空遥感仍继续发展。这一时期遥感的发展主要表现在以下几个方面：

1. 遥感平台方面

除航空遥感已成业务化外，航天平台也已成系列，20世纪已有5 000余颗人造卫星升空。有飞出太阳系的“旅行者”1号、2号等宇航平台；也有以空间轨道卫星为主的航天平台，包括载人空间站、空间实验室、返回式卫星；还有往返于空间与地面间的航天飞机。不同高度、不同用途的卫星构成了对地球和宇宙空间的多角度、多周期观测。

2. 传感器方面

探测的波段范围不断延伸，从单一谱段向多谱段发展，波段的分割愈来愈精细。成像光谱技术的出现，把探测波段从数百个推向上千个，探测目标的电磁波特性更全面地反映出目标物的性质，它使本来在宽波段遥感中不可探测的物体被探测出来。

3. 遥感信息处理方面

随着数字成像技术和计算机图像处理技术的迅速发展，众多的传感器和日益增长的大量探测数据，使得信息处理更为重要。大容量、高速度的计算机与功能强大的专业图像处理软件的结合成为主流，PCI、ERDAS、ENVI、ER-MAPPER和IDRISI等商品化软件已为广大用户所熟知。这些软件本身也在不断完善以适应遥感技术的发展，如可以读取多种数据格式、设置专门模块处理雷达图像、具有三维显示、贯穿飞行等功能，并与多种GIS软件和数据库兼容。在信息提取、模式识别等方面也不断引入相邻学科的信息处理方法，丰富了遥感图像处理内容，如分形理论、小波变换、人工神经网络等方法，逐步融入人的知识，使信息处理更趋智能化；为适应高分辨率遥感图像和雷达图像处理的要求，除了在光谱分类方面改善图像处理方法之外，结构信息的处理和多源遥感数据及遥感与非遥感数据的融合也得到了重视和发展。

总之，遥感信息的处理，在全数字化、可视化、智能化和网络化方面有了很大的发展。但是，目前遥感的信息处理还不能充分满足广大用户的需求，日益丰富的遥感信息（光谱的、空间结构的）还没有被充分发掘和处理。有人估计，在空间遥感获取的图像数据中，经计算机处理的还不足5%。所以，今后遥感信息的处理将是制约遥感发展的关键因素之一。

4. 遥感应用方面

在外层空间探测方面，从轨道卫星和宇宙飞船的传感器上所能获取的信息是地面观测所不能取得的。空间遥感对地观测得到的全球变化信息已被证明具有不可替代性。由遥感观测到的全球气候变化、厄尔尼诺现象及影响、全球沙漠化、绿波（指植被）推移、海洋冰山漂流等的动态变化现象，已经引起人们广泛的重视；在海洋渔业、海上交通、海洋生态等方面的研究中，遥感已成为重要角色。矿产资源、土地资源、森林草场资源、野生动物资源、水资源的调查和农作物的估产都缺少不了遥感手段的应用。遥感在解决各种环境变化，如解决城市化、沙漠化、土地退化、盐渍化、环境污染等问题上有其独特的作用。此外，在灾害监测，如水灾、火灾、震灾、多种气象灾害和农作物病虫害的预测、预报与灾情评估等方面，遥感也发挥了巨大的作用。在各种工程建设中，不同尺度、不同类型的遥感都在不同层次上发挥了作用，如大型水利工程、港口工程、核电站、路网、机场建设、城市规划等，都从遥感图像取得重要的数据。必须指出的是，近十多年来国际上几次重大的军事行动，都综合地运用了遥感技术获取重要的信息。

1.5 摄影测量与遥感的结合

自从苏联宇航员加加林上天之后，在20世纪60年代，航天技术迅速发展起来，美国地理学者首先提出了“遥感”（Remote Sensing）这个名词，意为“遥远的感知”，用来取代传统的“航片判读”这一术语，随后遥感便得到了广泛使用。遥感的含义是一种探测物体而又不接触物体的技术。20世纪70年代，美国陆地资源卫星（Landsat）上天后，遥感技术获得了极为广泛的应用。由于遥感技术在资源勘察和环境监测方面效率很高，它很快在全世界得到重视，为多种学科所采用。

遥感技术对摄影测量学的冲击和作用首先在于它打破了摄影测量学长期以来过分局限于测绘物体形状与大小等数据的几何处理，尤其是航空摄影测量长期以来只偏重于测制地形图的局面。在遥感技术中，除了使用可见光的框幅式黑白摄影机外，还使用彩色摄影、彩红外摄影、全景摄影、红外扫描仪、多光谱扫描仪、成像光谱仪、CCD阵列扫描和矩阵摄影机合成孔径侧视雷达等手段。特别是诸如美国在1999年发射的EOS地球观测系统空间站，主要传感器ASTER覆盖可见光到远红外，有较高的空间分辨率（15m）和温度分辨率（0.3K）。其中，高分辨率成像光谱仪有36个波段，加上其微波遥感EOS-SAR，基本上覆盖了大气窗口的所有电磁波范围，将提供十分丰富的影像信息。空间飞行器作为平台，围绕地球长期运行，为我们提供大量的多时相、多光谱、多分辨率的丰富影像信息，而且，所有的航天遥感传感器也可用于航空遥感。正由于遥感技术对摄影测量学的作用，早在1980年汉堡大会上，国际摄影测量学会正式更名为国际摄影测量与遥感学会（ISPRS），世界各国也有相应的变动，包括中国在内。

进入20世纪80年代以后，遥感技术新的跃进再次显示了它对摄影测量的巨大作用，首先是利用GPS航天飞机作为遥感平台或发射手段，可重复使用和返回地面，大大提高了遥感应用的性能与价格比，更重要的是，许多新的传感器的地面分辨率（空间分辨率）、温度分辨率、光谱分辨率（光谱带数）和时间分辨率（重复周期）都有了很大提高。仅以地面分辨率为例，Landsat卫星的MSS图像，像素的地面大小为79m，而1983—1984年的Landsat-4、5上的TM（专题制图仪）图像则为30m。欧洲空间局（ESA）1983年12月发射的航天飞机载空间试验室（SPACELAB），利用德国Zeiss厂300mmRMK相机，取得1：800 000航天像片，地面分辨率为20m（每毫米线对），相对于像素地面大小为8m。1984年美国宇航局发射的航天飞机载大像幅摄影机LFC，其像幅为23×46cmz，其地面分辨率为15m。1986年2月和1990年法国发射的SPOT-1、2卫星，利用两个CCD线阵列构成数字式扫描仪，像素地面大小对全色为10m，通过侧向镜面倾斜可获得基线/航高比达到1：1.2的良好立体影像，从而可采集DEM和立体测图，并可制作正射影像，可用作1：50 000地图的测制或修测。SPOT影像在海湾战争中得到广泛应用。前苏联的KFA-1000航天像片相当于像素地面大小为4m，分辨率极高。而到了20世纪90年代，由于高分辨率长线阵大面阵CCD阵列传感器的问世，使得卫星遥感图像的地面分辨率大大提高。例如，印度卫星IRS-1C的地面分辨率为5.8m；法国研制的SPOT-5采用新的三台高分辨率几何成像仪器（HRG），将提供5m的地面分辨率，并能沿轨或异轨立体成像；日本研制的Hiros高分辨率观测卫星将具有2.5m全色分辨率和10m多光谱分辨率能力；南非已于1995年发射了一颗名为“绿色”的遥感小卫星，载有1.5m分辨率的可见光CCD相机；德国也在研制1~2m分辨率的成像卫星系统；美国于1999年9月成功发射的IKONOS-2以及“EarlyBird”、“QuickBird”，将提供0.82m空间分辨率的全色影像和4~15m空间分辨率的多光谱影像。所有这些都为遥感的定量化研究提供了保证。

此外，作为主动遥感的侧视雷达在进行对地观测、海洋研究和陆地资源探测方面极有发展前途。1978年美国海洋卫星SEASAT的合成孔径侧视雷达SAR系统尽管只工作了三个月，但它不仅可用来测量全球海洋动力学及其物理特征，而且对陆地的地质构造及土地利用调查也很有价值。在20世纪80年代，两颗对地观测的航天飞机成像雷达SIR-A和SIR-B分别于1981年和1984年进入太空，获取地球表面16 000 000km^2的雷达图像。前者显示了微波对超干旱地区散沙覆盖的穿透能力，测定出埋在流沙下面几厘米甚至1米处的流溪、渠道和基岩；后者用以研究雷达不同参数的效果，探查淹没的古城、火山，估计断层地震的可能性以及寻找地下水源等。进入20世纪90年代，随着技术的逐步成熟及需求程度的加强，星载雷达的发展呈现出空前的高潮。1991年3月，前苏联把S波段的金刚石卫星雷达送入轨道；同年7月，欧空局将C波段SAR装载在欧洲遥感卫星ERS-l上发射升空；1992年2月，日本发射了装有L波段成像雷达的地球资源卫星JERS-1，图像分辨率可达到18m；1995年11月，加拿大空间局将世界上第一颗可以提供商业服务的雷达卫星RADARSAT送入了太空，其最高分辨率可达到10m。所有这些都为遥感影像的定性和定量分析创造了条件。在现在和未来，利用空间影像测图已是一种重要途径。

从另一方面讲，我们也应当看到，解析摄影测量，尤其是数字摄影测量对遥感技术发展的推动作用。众所周知，遥感图像的高精度几何定位和几何纠正就是解析摄影测量现代理论的重要应用；数字摄影测量中的影像匹配理论可用来实现多时相、多传感器、多种分辨率遥感图像的复合和几何配准；自动定位理论可用来快速、及时地提供具有“地学编码”的遥感影像；摄影测量的主要成果，如DEM、地形测量数据库和专题图数据库，乃是支持和改善遥感图像分类效果的有效信息；至于像片判读和图像分类的自动化和智能化，则是摄影测量和遥感技术共同研究的课题。一个现代的数字摄影测量系统与一个现代遥感图像处理系统已看不出什么本质差别了。事实上，包括像片判读在内的摄影测量学历史，就是遥感发展的历史；而遥感技术则是传统摄影测量学发展的必然趋势，两者有机地结合起来，已成为地理信息系统（GIS）技术中的数据采集和更新的重要手段。

习　题

1. 什么叫摄影测量？
2. 摄影测量是如何分类的？
3. 归纳摄影测量各发展阶段的特点。
4. 遥感的定义是什么？
5. 试阐述摄影测量与遥感的区别。

第 2 章　摄影测量基础知识

☞ 教学目标

掌握摄影测量的基本原理；理解航摄像片的几何特性；了解航摄像片的内外方位元素；理解透视变换中点、线、面的数学关系及重要点、线的特性；了解摄影测量中常用的坐标系；理解中心投影共线方程式；了解引起像点位移的因素。

2.1　航摄像片的几何特性

摄影测量与遥感是对被摄物体的影像进行量测与判读，反演其几何和物理属性。从几何角度讲，就是根据像空间的像点位置重建物体在目标空间的几何模型。在单张航摄像片上，物体的构像规律以及物体与影像之间的几何和数学关系是摄影测量学理论的解析基础，并且可以间接地应用于其他传感器的遥感图像。

2.1.1　中心投影

1. 中心投影与正射投影

用一组假想的直线将物体向几何面投射称为投影。其投影线称为投影射线。投影的几何面通常取平面（称为投影平面）。在投影平面上得到的图形称为该物体在投影平面上的投影。

投影有中心投影与平行投影两种，而平行投影又有倾斜投影与正射投影之分。

当投影射线会聚于一点时，称为中心投影。图 2.1（a）、（b）、（c）三种情况均属中

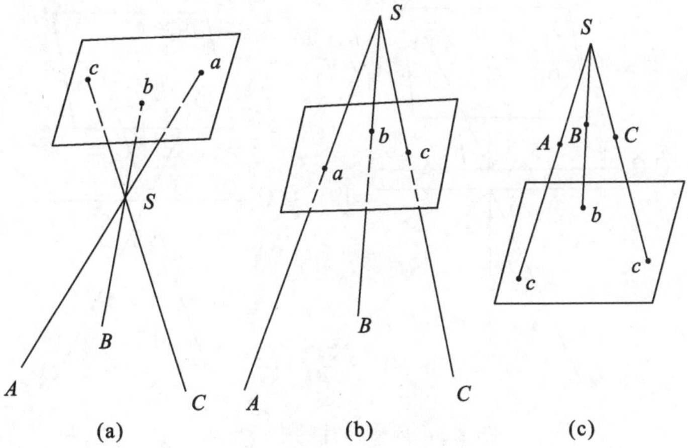

图 2.1　中心投影

心投影。投影射线的会聚点 S 称为投影中心。

当投影射线都平行于某一固定方向时，称为平行投影。平行投影中，投影射线与投影平面成斜交的，称为斜投影，如图 2. 2（a）所示；投影射线与投影平面成正交的，称为正射投影，如图 2. 2（b）所示。

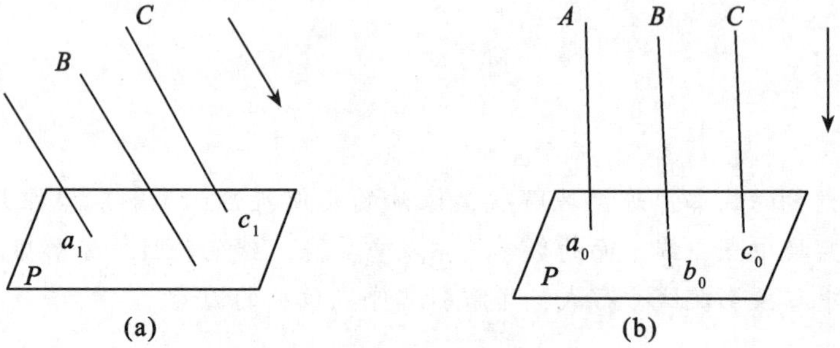

图 2. 2　平行投影

2. 航摄像片是摄区地面的中心投影

通过前面的学习，我们知道摄影物镜是一个比较复杂的透镜组，由多片透镜组合而成。物镜的光轴在摄影测量中称为物镜的主光轴。一个理想的物镜可以用两个焦点、两个主点和两个节点来等价表示。当物间和像间的介质相同时，前后主点与前后节点对应重合。这样，建立物点和像点成像关系的物镜主点就具备节点的特征。物点主光线相对于物镜光轴的投射角 β 等于成像光线与物镜光轴的夹角 β'，如图 2. 3 中 $AS /\!/ S'a$，$BS /\!/ S'b$ 等。设想把物镜像方主光点 S' 连同像片 P 作为一个整体，沿物镜重合，那么，各个相应共轭光线都各自成为一条直线。于是，任何物点都可以看成是通过同一个 S 点的主光线成像于像片平面上。从几何意义上说，此时的物方主点相当于投影中心，像片平面是投影平面，像片平面上的影像就是摄区地面点的中心投影。地面上的点在像片上的影像可以用主光线

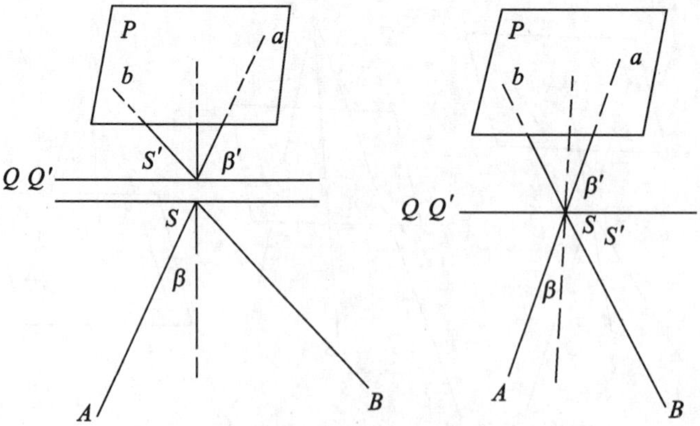

图 2. 3　航摄像片的中心投影

与像片平面的交点表示。在确定像点与对应物点的关系时，都是按中心投影特征进行讨论。

因此，摄影测量的主要任务之一就是把地面按中心投影规律获得的摄影比例尺像片转换成按成图比例尺要求的正射投影地形图。

3. 中心投影的正片位置和负片位置

中心投影有两种状态：一是投影平面和物点位于投影中心的两侧，如同摄影时的情况。此时像片为负片，其所处的位置称为负片位置。二是以投影中心为对称中心，将负片转到物空间，即投影平面与物点位在投影中心的同一侧。此时像片为正片，其所处的位置称为正片位置。正片相对于负片以投影中心做同等大小的投影晒印片。不论像片是处在正片位置还是负片位置，像点与物点之间的几何关系并没有改变，数学表达式也仍旧是一样的。

因此，无论是在仪器的设计方面，还是在讨论像点与物点间相互关系时，随其方便而采用正片位置或负片位置，如图 2.4 所示。

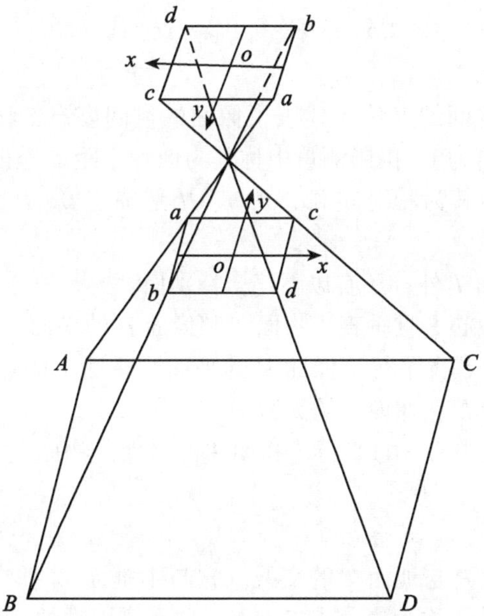

图 2.4　中心投影的正片位置和负片位置

2.1.2　透视变换中的重要点、面、线

航摄像片是地面的中心投影，像片上的像点与地面点之间存在着一一对应的关系，这种对应关系也称为透视对应（或投影对应）。在透视对应的条件下，像点与物点之间的变换称为透视变换（或投影变换）。例如，航空摄影是地面向像面的透视变换，而利用像片确定地面点的位置则是像面向地面的透视变换。像面和地面是互为透视（投影）的两个平面，投影中心就是透视中心。

1. 透视变换中的重要点、线、面

如图 2.5 所示，设 T 为一个平坦而水平的地面（物面），P 为像片平面，S 为透视中心。

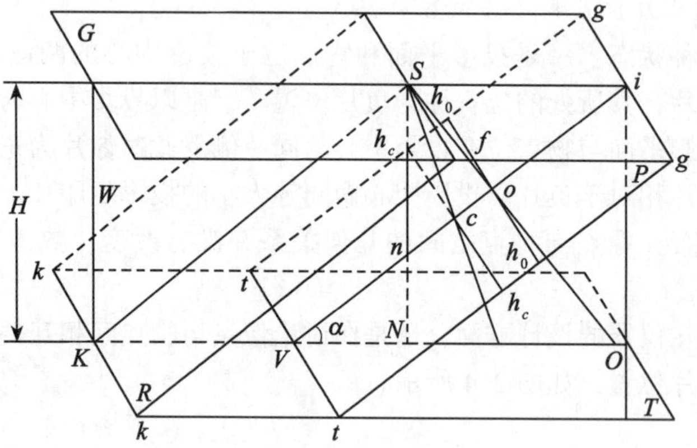

图 2.5 透视变换中特殊点、线、面

像片平面 P 与地面 T 间的夹角 α 代表了像面的空间姿态，称为像片倾斜角。透视中心 S 到像面 P 的垂直距离为 f，摄影测量中称其为像片主距。透视中心 S 到物面 T 的垂直距离为 H，摄影测量中称其为相对航高。α、f、H 是确定 S、P、T 三者之间状态的基本要素。

除像片平面 P 和物面 T 外，还有以下三个特别面：

主垂面 W：过透视中心 S 且垂直于物面 T 和像面 P 的平面。

遁面 R：过透视中心 S 且平行于像面 P 的平面。遁面上的点的投射线都与像面 P 平行，所以，遁面上的点透视在像面上的无穷远处。

真水平面 G：过透视中心 S 且平行于物面 T 的平面。物面上无穷远点的投射线都在真水平面上。

特别点和特别线有：

透视轴 tt：像片平面 P 与地面 T 的交线。它与主垂面 W 垂直。透视轴上的点既是物点又是像点，具有两重性，称为迹点或二重点，这是透视轴的一个重要性质。透视轴又称为迹线。

基本方向线 KV：主垂面 W 与物面 T 的交线。

主纵线 iV：主垂面 W 与像面 P 的交线。

真水平线 gg：真水平面 G 与像片平面 P 的交线。真水平线上的点的投影在物面上的无穷远处。

灭线 kk：遁面 R 与物面 T 的交线。灭线上点的透视在像面上无穷远处。

摄影方向线 So：过投影中心 S 且垂直于像片平面 P 的方向线。摄影方向线在主垂面内，摄影方向线有时也称为主光轴。

主垂线 Sn：过透视中心 S 且与物面 T 相垂直的直线。

像主点 o：摄影方向线与像面 P 的交点。

地主点 O：摄影方向线与物面 T 的交点。

合点：过投影点中心作物面上一直线的平行线和像平面的交点。

像底点 n：主垂线与像面 P 的交点。显然，像底点 n 是所有与地面 T 相垂直的空间直线的合点，它们在像面上的像是一组以像底点 n 为中心的辐射线。

地底点 N：过透视中心 S 且与地面 T 相垂直的直线（主垂线）与地面 T 的交点。

像等角点 c：摄影方向线 So 与主垂线 SN 之间的夹角即为像片倾斜角 α，过透视中心 S 作 α 角的平分线与像面 P 的交点 c 称为像等角点。

地等角点 C：过透视中心 S 作 α 角的平分线与地面 T 的交点。

主合点 i：真水平线 gg 与主纵线 iV 的交点。所有与基本方向线平行的物面直线在像面上的透视都要通过主合点。

主灭点 K：灭线 kk 和基本方向线 KV 的交点，或过透视中心 S 作主纵线 iV 的平行线与物面 T（灭线 kk、基本方向线 KV）的交点。显然，所有与主纵线 iV 平行的像面直线在物面上的投影都要通过主灭点。

主迹点 V：透视轴 tt 和基本方向线 KV 的交点，也是透视轴 tt 和主纵线 KV 的交点。

迹点：透视轴 tt 上主迹点以外的点。

灭点：灭线 kk 上主灭点以外的点。

主横线 h_0h_0：像面上过主点 o 且垂直于主纵线的直线。

等比线 h_ch_c：像面上过等角点 c 且垂直于主纵线的直线。

像水平线：像面上与主纵线 iV 垂直的所有直线。因此，也可以说主横线是过主点的像水平线，等比线是过等角点的像水平线，真水平线是过主合点的像水平线。

2. 重要点、线的数学关系

以上共涉及 P、T、W、G、R 五个平面，其中 W、G、R 是特殊面；涉及 KV、Vi、gg、h_0h_0、h_ch_c、tt、kk 七条特殊线；涉及 K、V、N、C、O 和 n、c、o、i 九个特殊点。对它们的定义要十分熟悉，而关于它们的性质和作用要逐渐掌握。其中最常用的是主垂面内的简单几何关系，如图 2.6 所示。

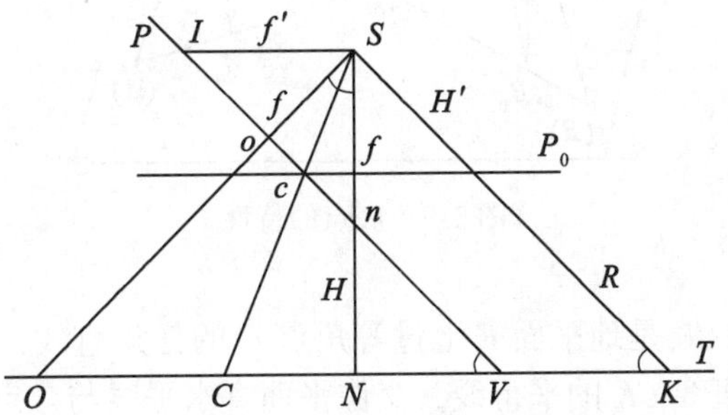

图 2.6　主垂面内的几何关系

图中有三个相似的等腰三角形△ISc、△VcC、△KSC，它们的顶角都是 α；一个平行四边形 $SIVK$，称为透视平行四边形，它的两个边 IS 和 IV 在透视变换中具有十分重要的意义，称为透视常数。

此外，还有如下一些简单的数学关系，也应当熟记并能运用自如：

$$IS=KV=Ic=\frac{f}{\sin\alpha};\ IV=SK=KC=\frac{H}{\sin\alpha} \tag{2.1}$$

像片处于阳位时

$$Vc=VC=IV-Is=\frac{H-f}{\sin\alpha} \tag{2.2}$$

像片处于阴位时

$$Vc=VC=IV+Is=\frac{H+f}{\sin\alpha} \tag{2.3}$$

3. 重要点、线的特性

底点的特性：设空间有一铅垂线组 AA_0，BB_0，…，由投影中心 S 作铅垂线，交像片平面的像底点 n，交地平面或图面 E 的地底点 N，根据合点的定义，把像片作为投影平面时像底点 n 应为空间铅垂线组的合点。诸铅垂线在像面上的构像 aa_0，bb_0，…应位于以像底点 n 为辐射中心的相应辐射线上，如图 2.7 所示。

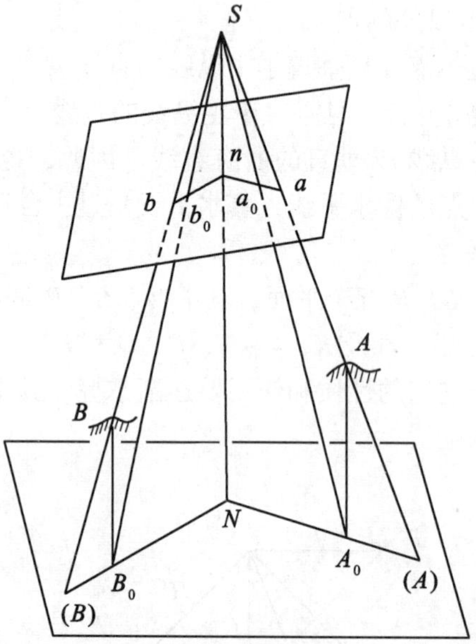

图 2.7　底点的特性

等角点的特性：设 CK 是地平面 E 上过等角点 C 的任意直线，与摄影方向线 VV 组成 $\angle A$，从投影 S 引地面直线 CK 的平行线，交像平面真水平线与合点 i_k，点 i_k 是直线 CK 无穷远点在像片上的影像。因为 $Si \parallel VV$，$Si_k \parallel CK$，所以 $\angle ici_k=\angle VCK=\angle A$，如图 2.8 所示。

在过点 S 平行于平面 E 的平面 Ei 内的 $\mathrm{Rt}\triangle Sii_k$ 和像平面 P 内的 $\mathrm{Rt}\triangle cii_k$ 中，有 $\angle Sii_k=\angle cii_k$，$Si=ci=\frac{f}{\sin\alpha}$，$ii_k$ 为公共边，则两三角形全等，$\triangle Sii_k \cong \triangle cii_k$，得 $\angle ici_k=\angle iSi_k=\angle VCK=\angle A$。

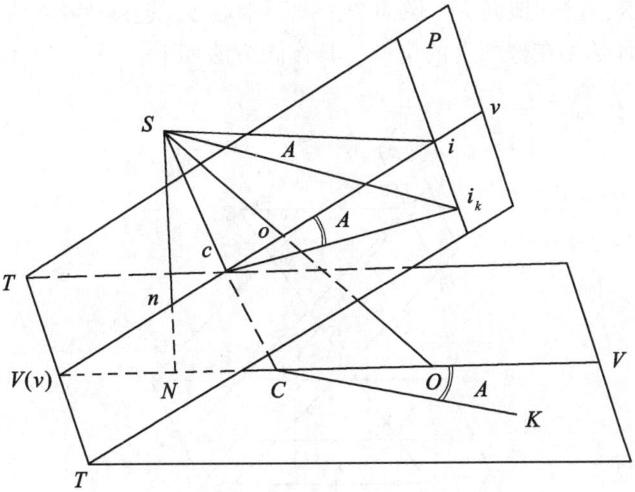

图 2.8　等角点的特性

等比线的特性：由于等比线是一条像水平线，过 $h_c h_c$ 可作水平面 P^0 与地面平行，水平面 P^0 与底点射线 Sn 相交得点 o^0，那么在 Rt△coS 和 Rt△co^0S 中，Sc 为公用边，$\angle cSo^0=\angle cSo=\dfrac{\alpha}{2}$，则两三角形全等。又因 $So^0=So=f$，表示过航摄像片上等比线 $h_c h_c$ 水平面 P^0，相当于是在原摄站 S 和用原摄影仪所摄得的一张理想的水平像片，如图 2.9 所示。等比线既在航摄像片 P 上，又在理想的水平像片 P^0 上，所以等比线的构像比例尺等于水平像片的摄影比例尺 f/H，不受像片倾斜的影响。此即为等比线的特征与命名的由来。

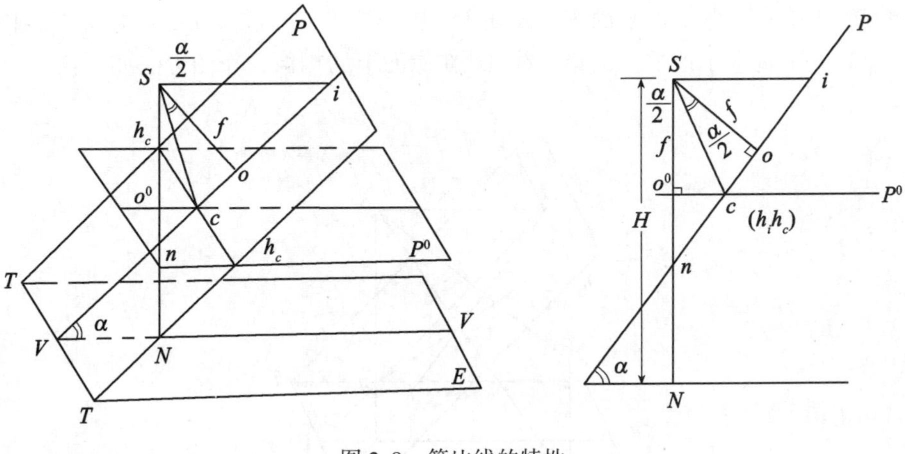

图 2.9　等比线的特性

4. 中心投影作图法

根据中心投影的特性及特别点、线、面的性质，按照一定规律可作出物面上的点或线在像面上的投影。这种作图方法称为中心投影作图法。下面介绍两种作图法。

（1）地面上点的中心投影作图法

如图2.10所示，已知地面E，像面P，投影中心S，迹线T-T，主纵线V-V，基本方向线V_0-V_0，求地面点A在像面上的构像，其作图方法如下：

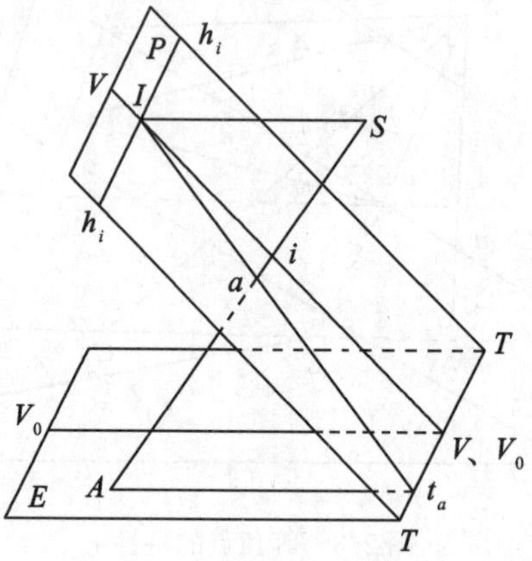

图2.10　点的中心投影作图法

①求主合点i：过地面点A作平行于基本方向线的直线，交主纵线V-V于i，i即为主合点。

②求迹点：过地面点A作平行于基本方向线的直线交迹线T-T于t_a，交点t_a即为迹点。

③求延长线的像：在像面上连接It_a，则该连线为At_a（由t_a向左无穷远射线）的像。

④求A点的像：连接SA与It_a相交，则交点a即为地面点A在像面上的构像。

（2）地面上铅垂线的中心投影作图法

如图2.11所示，已知地平面E，像面P，投影中心S，迹线T-T，主纵线V-V，基本方向线V_0-V_0，求垂直于地平面的铅垂线AB在像面上的构像，作图方法如下：

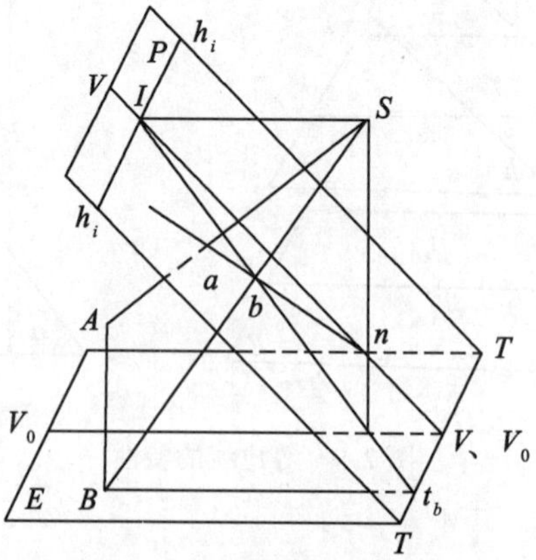

图2.11　铅垂线的中心投影作图法

①按点的中心投影作图法求出位于地面上的铅垂线的端点 B 的构像 b。

②求铅垂线的合点 n：过投影中心 S 作铅垂线 Sn，交主纵线 $V\text{-}V$ 于点 n，点 n 即铅垂线的合点，该合点就是像底点，因一切空间铅垂线的合点就是像底点。

③求铅垂线延长线的像：连接像面上 nb 两点并延长，即为铅垂线 AB 延长线的构像。

④求铅垂线 AB 的像：连接 AS，交 nb 延长线于点 a，连接 ab，则线段 ab 即为铅垂线 AB 在像面上的构像。

2.1.3　航摄像片的比例尺

如图 2.12 所示，当像片水平、地面水平时，从相似三角形理论可知，此时，航摄比例尺为像片上一段距离 l 和地面上相应距离 L 之比，即

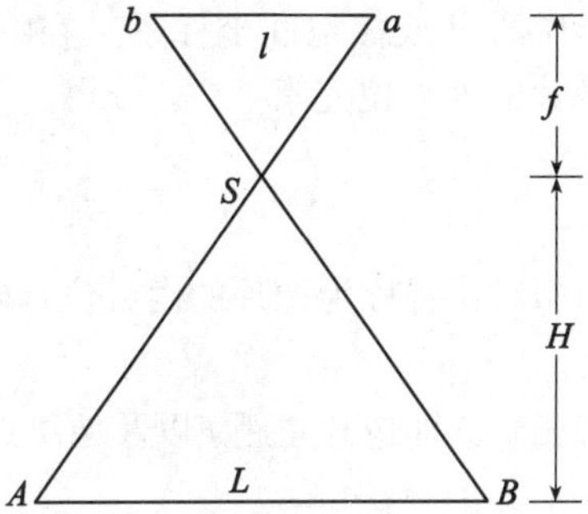

图 2.12　摄影比例尺示意图

$$\frac{1}{m}=\frac{l}{L}=\frac{f}{H}$$

式中，f 为摄影机主距；H 为相对于平均高程面的航摄高度，称为航高。

当像片有倾斜、地面有起伏时，航摄比例尺是一个较复杂的问题，实际摄影比例尺在像片上处处不相等，但对于近似垂直摄影的情况，我们仍然可以用下式来近似计算摄影比例尺：

$$\frac{1}{m}\approx\frac{f}{H}$$

摄影比例尺越大，像片地面分辨率越高，有利于影像的判读与提高成图的精度。但摄影比例尺过大，则会增加摄影费用，增大后续处理的工作量。所以，摄影比例尺要根据测绘地形图的精度要求与获取地面信息的需要来确定。测绘中等比例尺地形图时（如 1∶50 000），摄影比例尺应略大或接近测图比例尺；测绘大比例尺地形图时（如 1∶10 000或更大），摄影比例尺应小于测图比例尺。具体要求需按规范执行。

对于航摄机主距的选择，当摄影比例尺确定后，采用不同主距的摄影机，将改变航高值（$H=m\times f$）。采用特宽角航摄机，航高值就小；采用常角或窄角航摄机，航高值就大。航高的大小将决定飞机实际升限和最小安全高度的限制，另外，测图的高程测定精度与航高有关（高程中误差与航高成正比）。因此，大比例尺单像测图（如城市测量）应选用常角或窄角航摄机，小比例尺立体测图则应选用特宽角航摄机。但是实验表明，在许多情况

下，由于特宽角摄影机所获得的像片边缘质量较差，它与宽角摄影机所获得的像片测定高程精度非常相近，所以，一般情况下可采用宽角摄影机。

当我们选定了摄影机和摄影比例尺后，即 m 和 f 为已知，航空摄影时就要求按计算的航高 H 进行摄影飞行，以获得要求的摄影像片。飞行中很难精确确定航高，但差异一般不得大于计划航高的 5%，同一航线内，各摄影站的航高差不得大于 50m。

2.2 航摄像片的内、外方位元素

在摄影测量过程中，需要定量描述摄影机的姿态和空间位置，从而确定所摄像片与地面之间的几何关系。这种描述摄影机（含航摄像片）姿态的参数叫做方位元素。依其作用不同，可分两类，一类用以确定投影中心对像片的相对位置，称为像片的内方位元素；另一类用以确定像片以及投影中心（或像空间坐标系）在物空间坐标系（通常为地面辅助坐标系）中的方位，称为像片的外方位元素。

2.2.1 内方位元素

摄影中心 S 对所摄像片的相对位置称为像片的内方位。确定航摄像片内方位的必要参数称为航摄像片的内方位元素。

航摄像片的内方位元素有三个，即像片主距 f 以及像主点在像片框标坐标系中的坐标 x_0、y_0。

从图 2.13 上不难看出，f、x_0、y_0 中任一元素改变，则 S 与 P 的相对位置就要改变，摄影光束（或投影光束）也随之改变。所以，也可以说，内方位元素的作用在于表示摄影光束的形状，在投影的情况下，恢复内方位就是恢复摄影光束的形状。

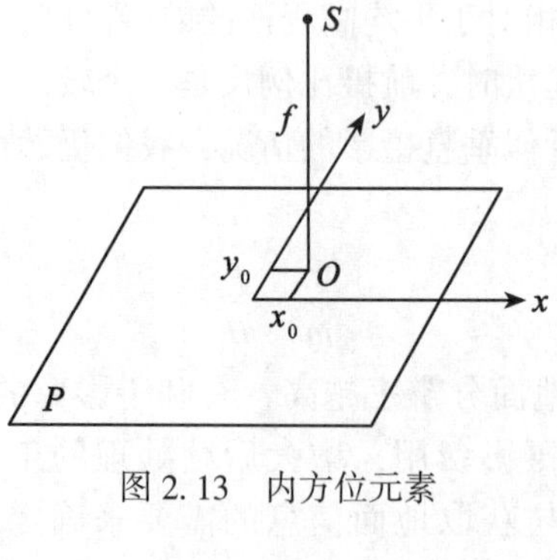

图 2.13 内方位元素

在航摄机的设计中，要求像主点与框标坐标系的原点重合，即尽量使 $x_0=y_0=0$。实际上，由于摄影机装配中的误差，x_0、y_0 常为一微小值，而不为 0。内方位元素值通常是已知的，可在航摄仪检定表中查出。

2.2.2 外方位元素

在恢复了内方位元素（即恢复了摄影光束）的基础上，确定摄影光束在摄影瞬间摄

影中心 S 空间位置和姿态的参数，称为外方位元素。一张像片的外方位元素包括六个参数，其中有三个是直线元素，用于描述摄影中心 S 的空间位置的坐标值；另外三个是角元素，用于描述像片空间姿态。

1. 三个直线元素

三个直线元素反映摄影瞬间，摄影中心 S 在选定的地面空间坐标系中的坐标值，用 X_S，Y_S，Z_S表示。通常选用地面摄影测量坐标系，其中 X_{tp}轴取与 Y_t轴重合，Y_{tp}轴取与 X_t轴重合，构成右手直角坐标系，如图 2.14 所示。

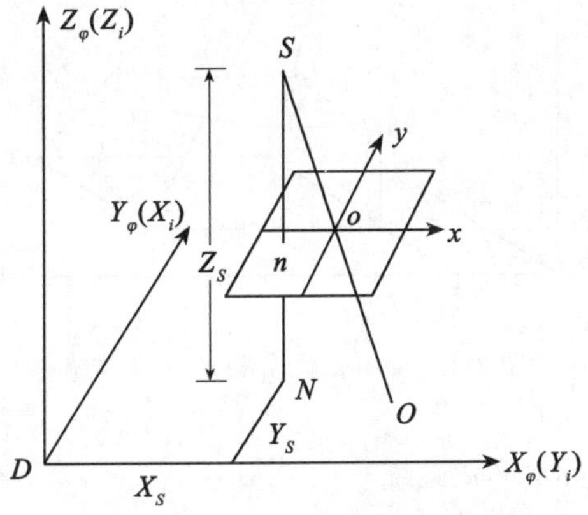

图 2.14　外方位直线元素

2. 三个角元素

外方位三个角元素可看成是摄影机主光轴从起始的铅垂方向绕空间坐标轴按某种次序连续三次旋转形成的。先绕第一轴旋转一个角度，其余两轴的空间方位随同变化；再绕变动后的第二轴旋转一个角度，经过两次旋转，达到恢复摄影机主光轴的空间方位；最后绕经过两次变动后的第三轴（即主光轴）旋转一个角度，即像片在其自身平面内绕像主点旋转一个角度。像片由理想姿态到实际摄影时的姿态依次旋转的三个角值，也就是像片的三个外方位角元素。

根据讨论问题和仪器设计的需要，像片外方位角元素通常有三种表示。在图 2.15 中，$S\text{-}xyz$ 为像空间坐标系，而 $O_T\text{-}X_TY_TZ_T$为地面辅助坐标系。摄影测量坐标系 $S\text{-}XYZ$ 中各轴与地面辅助坐标各轴平行，则三个角元素的定义如下：

（1）以 Y 轴为主轴 $\varphi\text{-}\omega\text{-}\kappa$ 系统

φ 为主光轴 So 在 XZ 坐标面内的投影与过投影中心的铅垂线之间的夹角，叫做偏角。从铅垂线起算，逆时针方向为正。

ω 为主光轴 So 与其在 XZ 坐标面的投影之间的夹角，叫做倾角。从主光轴在 SZ 面上的投影起算，逆时针方向为正。

κ 为 Y 轴沿主光轴 So 的方向在像平面上的投影与像平面坐标的 y 轴之间的夹角，叫做旋角。从 Y 轴在像片上的投影起算，逆时针方向为正。

三个角元素中，φ 和 ω 共同确定了主光轴 So 的方向，而 κ 则用来确定像片在像平面内的方位，即光线束绕主光轴的旋转。

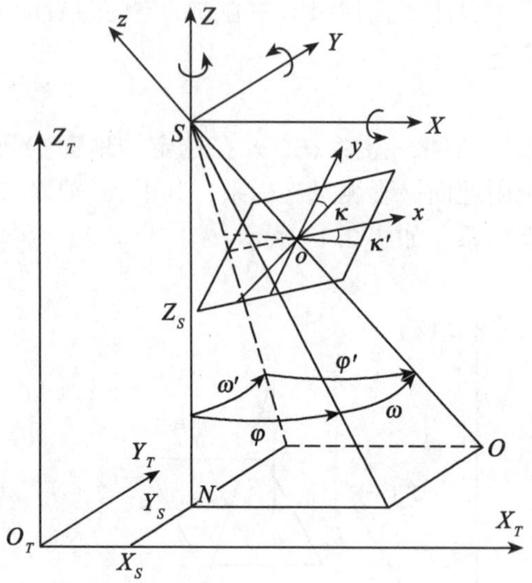

图 2.15　φ-ω-κ 系统和 φ'-ω'-κ' 系统

（2）以 X 轴为主轴的 ω'-φ'-κ' 系统

如图 2.15 所示，第二种角方位元素的定义如下：

ω' 为主光轴 So 在 YZ 坐标面上的投影与过投影中心的铅垂线之间的夹角，叫做倾角。从铅垂线起算，逆时针方向为正。

φ' 为主光轴 So 与其在 YZ 面上的投影之间的夹角，叫做偏角。从主光轴在 YZ 面上的投影起算，逆时针方向为正。

κ' 为 X 轴在像平面上的投影与像平面坐标系的 X 轴之间的夹角，叫做旋角。从 X 轴的投影起算，逆时针方向为正。

与第一种角元素系统相仿，ω' 和 φ' 角用来确定主光轴（So）的方向，旋角 κ' 用来确定像片（光束）绕主光轴的旋转。利用 ω'-φ'-κ' 系统恢复像片在空间的角方位时，应以 X 坐标轴作为第一旋转轴（主轴），Y 坐标轴作为第二旋转轴（副轴），即依次绕 X、Y、Z 轴分别连续旋转 ω'、φ' 和 κ' 角来实现。

（3）以 Z 轴为主轴的 τ-α-κ_v 系统

这种角方位元素系统的定义表示于图 2.16 中。

τ 为主长面与地辅坐标系统的 X_TY_T 坐标面的交线与 Y_T 轴之间的夹角，叫做主垂面方向角。从 Y_T 轴起算，顺时针方向为正。

α 为主光轴 So 与过投影中心的铅垂之间的夹角，称为像片的倾斜角。此角恒取正值。

κ_v 为像主纵线与像平面坐标系的 y 轴之间的夹角，称为像片的旋角。从主纵线起算，逆时针方向为正。

与前两种角元素相仿，τ 和 α 用来确定主光轴（So）的方向，旋角 κ_v 用来确定像片（光束）绕主光轴的旋转。利用 τ-α-κ_v 系统恢复像片角方位时，应依次绕 Z-X-Y 坐标轴分别旋转 τ、α、κ_v 角来实现。

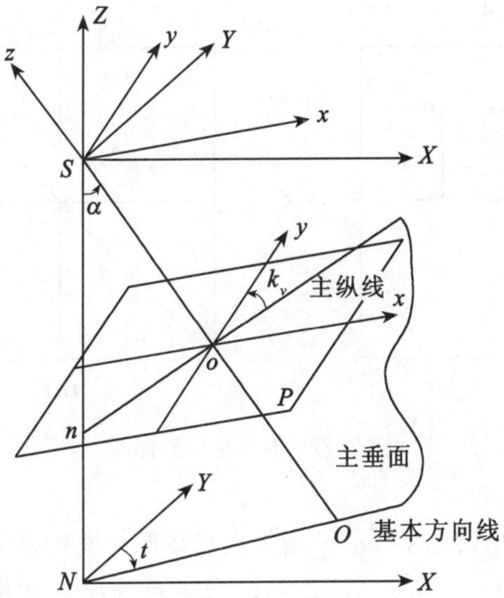

图 2.16　τ-α-κ_v系统

需明确指出，任何一个空间直角坐标系在另一个空间直角坐标系中的角方位，都可采用上述三种系统中的任何一种来描述。但不论采用哪一种，都是由三个独立的角元素确定的。

2.3　摄影测量中常用的坐标系统

摄影测量几何处理的任务是根据像片上像点的位置确定相应地面点的空间位置。为此，首先必须选择适当的坐标系来定量地描述像点和地面点，然后才能从像方坐标量测值出发，求出相应点在物方的坐标，实现坐标系的变换。摄影测量中，常用的坐标系有两大类：一类用于描述像点的位置，统称为像方空间坐标系；另一类用于描述地面点的位置，统称为物方空间坐标系。

2.3.1　像方空间坐标系

1. 像平面坐标系 o-xy

像平面坐标系用以表示像点在像平面上的位置，通常采用右手坐标系，x、y 轴的选择按需要而定，在解析和数字摄影测量中，常根据框标来确定像平面坐标系，称为像片框标坐标系。

如图 2.17（a）所示，以像片上对边框标的连线作为 x、y 轴，以其交点 P 作为坐标原点，与航线方向相近的连线为 x 轴。在像点坐标量测中，像点坐标值常用此坐标系表示。若框标位于像片的四个角上，则以对角框标连线的角平分线确定 x，y 轴，交点为坐标原点，如图 2.17（b）所示。

在摄影测量解析计算中，像点的坐标应采用以像主点为原点的像平面坐标系中的坐标。为此，当像主点与框标连线交点不重合时，须将像片框标坐标系中的坐标平移至以像

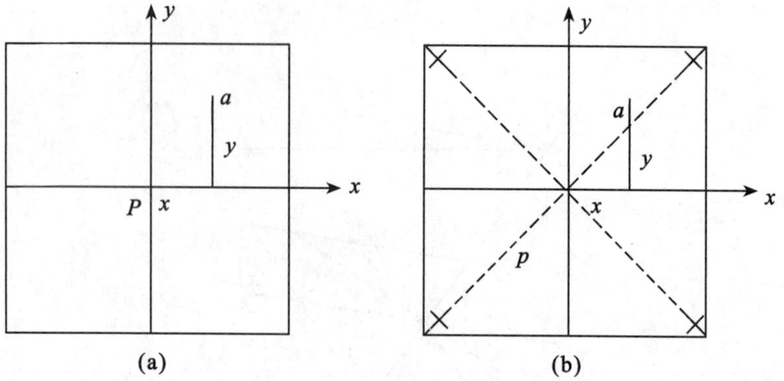

图 2.17 像片框标坐标系

主点为原点的坐标系，如图 2.18 所示。当像主点在像片框标坐标系中的坐标为（x_0，y_0）时，则量测出的像点坐标（x，y），换算到以像主点为原点的像平面坐标系中的坐标为（$x-x_0$，$y-y_0$）。

2. 像空间坐标系 S-xyz

为了便于进行空间坐标的变换，需要建立起描述像点在像空间位置的坐标系，即像空间坐标系。以摄影中心 S 为坐标原点，x、y 轴与像平面坐标系的 x、y 轴平行，Z 轴与主光轴重合的像空间采用右手直角坐标系统。其坐标系原点定义在投影中心 S，其 x、y 轴分别与像平面坐标系的相应轴平行，z 轴与摄影方向线 So 重合，其正方向按右手规则确定，向上为正。在图 2.19 中，将像空间坐标系记为 S-xyz。由于航摄仪主距是一个固定的常数 f，所以，一旦量测出某一像点的像平面坐标值（x，y），则该像点在像空间坐标系中的坐标也就随之确定了，即为（x，y，$-f$）。

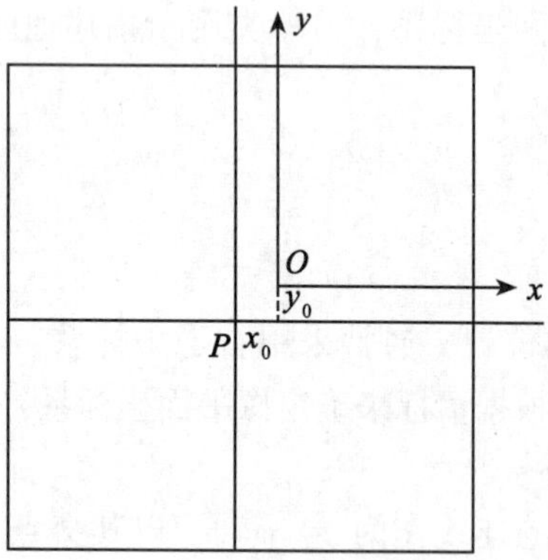

图 2.18 以像主点为原点的像平面坐标系

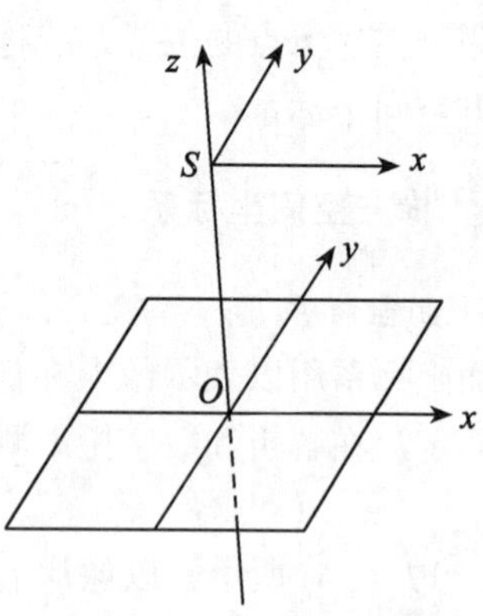

图 2.19 像空间坐标系

3. 像空间辅助坐标系 S-XYZ

像点的像空间坐标可直接以像平面坐标求得，但这种坐标的特点是每张像片的像空间坐标系不统一，这给计算带来困难。为此，需要建立一种相对统一的坐标系——像空间辅助坐标系，用 $S\text{-}XYZ$ 表示。此坐标系的原点仍选在投影中心 S，坐标轴系的选择视需要而定。通常有三种选取方法：一是取铅垂方向为 Z 轴，航向为 X 轴，构成右手直角坐标系，如图 2.20（a）所示；二是以每条航线内第一张像片的像空间坐标系作为像空间辅助坐标系，如图 2.20（b）所示；三是以每个像对的左片摄影中心为坐标原点，摄影基线方向为 X 轴，以摄影基线及左片主光轴构成的面作为 XZ 平面，构成右手直角坐标系，如图 2.20（c）所示。

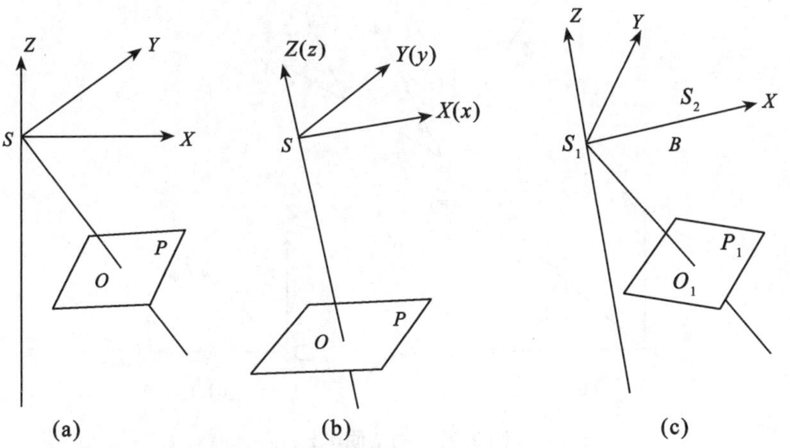

图 2.20 像空间辅助坐标系

2.3.2 物空间坐标系

物方空间坐标系用于描述地面点在物方空间的位置，包括以下三种坐标系：

1. 摄影测量坐标系 $P\text{-}X_pY_pZ_p$

像空间辅助坐标系 $S\text{-}XYZ$ 沿着 Z 轴反方向平移至地面点 P，得到的坐标系 $P\text{-}X_pY_pZ_p$ 称为摄影测量坐标系，如图 2.21（a）所示。由于它与像空间辅助坐标系平行，因此很容易由像点的像空间辅助坐标求得相应地面点的摄影测量坐标。

2. 地面测量坐标系 $T\text{-}X_tY_tZ_t$

地面测量坐标系通常指地图投影坐标系，也就是国家测图所采用的高斯-克吕格 3°带或 6°带投影的平面直角坐标系和高程系，两者组成的空间直角坐标系采用左手系，用 $T\text{-}X_tY_tZ_t$ 表示，如图 2.21（b）所示。摄影测量方法求得的地面点坐标最后要以此坐标形式提供给用户使用。

3. 地面摄影测量坐标系 $D\text{-}X_{tp}Y_{tp}Z_{tp}$

由于摄影测量坐标系采用的是右手系，而地面测量坐标系采用的是左手系，这给摄影测量坐标到地面测量坐标的转换带来了困难，为此，在摄影测量坐标系与地面测量坐标系之间建立一种过渡性的坐标系，称为地面摄影测量坐标系，用 $D\text{-}X_{tp}Y_{tp}Z_{tp}$ 表示，其坐标原点在测区内的某一地面点上，X_{tp} 轴与 X_p 轴方向大致一致，但为水平，Z_{tp} 轴铅垂，构成右手直角坐标系，如图 2.21（c）所示。摄影测量中，首先将摄影测量坐标转换成地面摄影测量坐标，最后再转换成地面测量坐标。

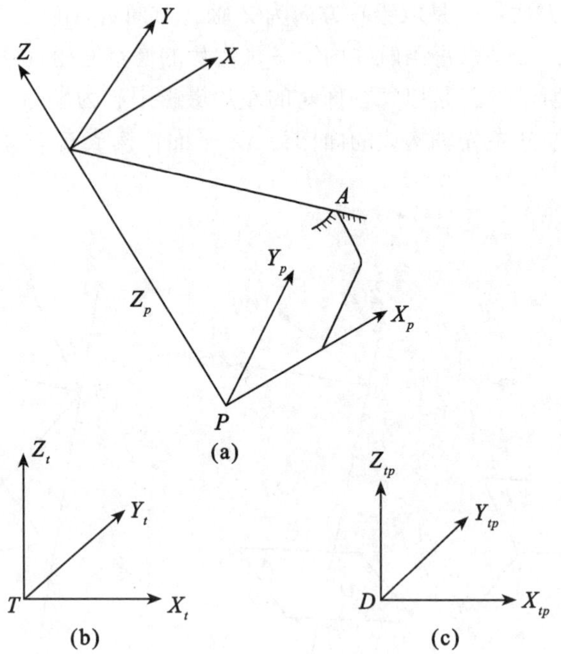

图 2.21 物空间坐标系

2.4 航摄像片的像点与相应物点坐标关系式（共线方程）

航摄像片是地面景物的中心投影构像，地图在小范围内可认为是地面景物的正射投影，这是两种不同性质的投影。影像信息的摄影测量处理，就是要把中心投影的影像变换为正射投影的地图信息。为此，首先讨论像点与相应物点的构像方程式，其次讨论中心投影与正射投影的差异与转换。

2.4.1 中心投影构像方程

描述像点 a、投影中心 S 和对应地面点 A 三点共线的方程称为共线方程。假设在摄站 S 摄取了一张航摄像片 P，航摄仪镜箱主距为 f。

设坐标系 $S\text{-}X'Y'Z'$ 是地面辅助坐标系 $T\text{-}XYZ$ 的平行系，如图 2.22 所示，地面点 A 对应的像点 a 在 $S\text{-}X'Y'Z'$ 中的坐标为（X'，Y'，Z'）（$S\text{-}xyz$ 像空间坐标系在图 2.22 中未绘出）。

摄站 S 在地面辅助坐标系 $T\text{-}XYZ$ 中的坐标为（X_S，Y_S，Z_S）；

地面点 A 在地面辅助坐标系 $T\text{-}XYZ$ 中的坐标为（X，Y，Z）；

像点 a 在像空间坐标系 $S\text{-}xyz$ 中的坐标为（x，y，$-f$）；

像点 a 在地面辅助坐标系的平行系 $S\text{-}X'Y'Z'$ 中的坐标为（X'，Y'，Z'）；

地面点 A 在地面辅助坐标系的平行系 $S\text{-}X'Y'Z'$ 中的坐标为（$X-X_S$，$Y-Y_S$，$Z-Z_S$）。

则由图 2.22 可知：

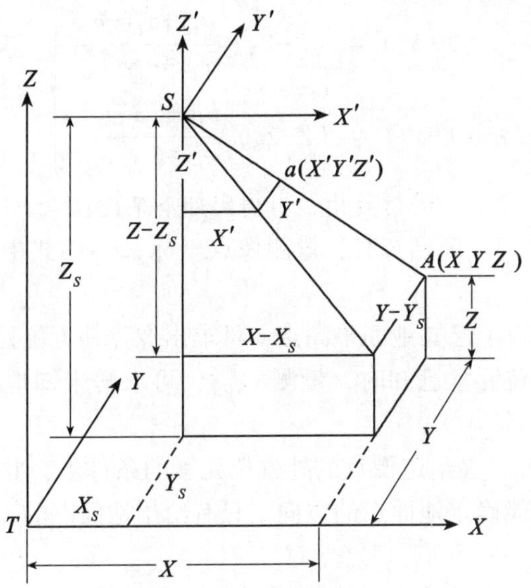

图 2.22　中心投影构像关系

$$\frac{X-X_S}{X'}=\frac{Y-Y_S}{Y'}=\frac{Z-Z_S}{Z'}=\lambda$$

即

$$\begin{bmatrix} X-X_S \\ Y-Y_S \\ Z-Z_S \end{bmatrix}=\lambda\begin{bmatrix} X' \\ Y' \\ Z' \end{bmatrix}=\lambda \boldsymbol{R}\begin{bmatrix} x \\ y \\ -f \end{bmatrix} \tag{2.4}$$

因 $\boldsymbol{R}^{-1}=\boldsymbol{R}^{\mathrm{T}}$

得

$$\begin{bmatrix} x \\ y \\ -f \end{bmatrix}=\frac{1}{\lambda}\boldsymbol{R}^{\mathrm{T}}\begin{bmatrix} X-X_S \\ Y-Y_S \\ Z-Z_S \end{bmatrix} \tag{2.5}$$

在式（2.4）和式（2.5）中，共有三个方程。为了消去 λ，由式（2.4）和式（2.5）的第三式得 $\lambda=\dfrac{a_3(X-X_S)+b_3(Y-Y_S)+c_3(Z-Z_S)}{-f}$和 $\lambda=\dfrac{Z-Z_S}{c_1x+c_2y-c_3f}$。

将 λ 代入式（2.5），得

$$\left.\begin{aligned} x&=-f\frac{a_1(X-X_S)+b_1(Y-Y_S)+c_1(Z-Z_S)}{a_3(X-X_S)+b_3(Y-Y_S)+c_3(Z-Z_S)} \\ y&=-f\frac{a_2(X-X_S)+b_2(Y-Y_S)+c_2(Z-Z_S)}{a_3(X-X_S)+b_3(Y-Y_S)+c_3(Z-Z_S)} \end{aligned}\right\} \tag{2.6}$$

式（2.6）就是共线方程，它可以在已知像片外方位元素的条件下，由地面点的地辅坐标计算像点的坐标。此式在几何学上称为投影变换。

将 λ 代入式（2.5），得共线方程的另一种形式为

$$\left.\begin{aligned}(X-X_S) &= (Z-Z_S)\frac{a_1x+a_2y-a_3f}{c_1x+c_2y-c_3f}\\(Y-Y_S) &= (Z-Z_S)\frac{b_1x+b_2y-b_3f}{c_1x+c_2y-c_3f}\end{aligned}\right\}\tag{2.7}$$

对式（2.6）和式（2.7）进行分析，可得出如下结论：

①当地面点坐标 X、Y、Z 已知时，量测像点坐标 x、y，式中有 6 个未知数，即 6 个外方位元素。

②利用 3 个或 3 个以上已知地面平高点，可求出像片外方位元素（后方交会）。

③立体像对的外方位元素已知时，量测 x、y，可求解未知地面点三维坐标 X、Y、Z（前方交会）。

④由式（2.6）可知，在给定像片的外方位元素的条件下，并不能由像点坐标计算出地面点的空间坐标，只能确定地面点的方向。只有给出地面点的高程，才能确定地面点的平面位置。

共线方程是摄影测量中最重要、最基本的公式，后面介绍的单像空间后方交会、光束法双像摄影测量、数字影像纠正等，都要用到该式。

2.4.2 单像空间后方交会

1. 影像内定向

要从影像中提取物体的空间信息，首先要确定与物点相对应的像点坐标。

在传统摄影测量中，是将像片放到仪器承片盘进行量测，但此时所量测的像点坐标称为影像架坐标或仪器坐标，随后应利用平面相似变换等公式，将影像架坐标变换为以影像上像主点为原点的像坐标系中的坐标，通常称该变换为影像内定向。

当在计算机上以数字形式量测像点坐标时，对于数字化的影像，由于在影像扫描数字化过程中，影像在扫描仪上的位置通常也是任意放置的，因此所量测的像点坐标也存在着从扫描坐标到像坐标的转换，这同样是影像内定向。

内定向问题需要借助影像的框标来解决。现代航摄仪一般都具有 4~8 个框标。为了进行内定向，必须量测影像上框标点的影像架坐标或扫描坐标，然后根据量测相机的检定结果作提供的框标理论坐标（传统摄影测量中也用框标距理论值），用解析计算方法进行内定向，从而获得所量测各点的影像坐标。

内定向通常采用多项式变换公式，用矩阵表示的一般形式为

$$x=A'x'+t$$

式中，x 为量测的像点坐标或扫描坐标；x'为变换后的像点坐标；A'为变换矩阵；t 为变换参数。常用的多项式变换公式有如下一些：

（1）线性正形变换公式（4 个参数）

$$\begin{aligned}x&=a_0+a_1x'+a_2y'\\y&=b_0+a_2x'+a_1y'\end{aligned}$$

（2）仿射变换公式（6 个参数）

$$x=a_0+a_1x'+a_2y'$$
$$y=b_0+b_1x'+b_2y'$$

（3）双线性变换公式（8个参数）

$$x=a_0+a_1x'+a_2y'+a_3x'y'$$
$$y=b_0+b_1x'+b_2y'+b_3x'y'$$

（4）投影变换公式（8个参数）

$$x=a_0+a_1x'+a_2y'+a_3x'^2+b_3x'y'$$
$$y=b_0+b_1x'+b_2y'+a_3x'y'+b_3y'^2$$

在实际作业中，若仅量测3个框标，则采用线性正形变换；若量测了4个框标，则用仿射变换；只有量测了8个框标时，才宜用双线性变换和投影变换进行内定向。

2. 单像空间后方交会

如果已知每张像片的6个外方位元素，就能确定摄影瞬间被摄物体与航摄像片的关系，重建地面的立体模型。因此，如何获取像片的外方位元素，一直是摄影测量工作者所探讨的问题。目前，外方位元素主要利用雷达、全球定位系统、惯性导航系统（IMU）以及星相摄影机来获取，也可用摄影测量空间后方交会法获取。

单像空间后方交会的基本思想是：利用至少3个已知地面控制点的坐标 A（X_A，Y_A，Z_A）、B（X_B，Y_B，Z_B）、C（X_C，Y_C，Z_C），与其像片上对应像点的坐标 a（x_a，y_a，z_a）、b（x_b，y_b，z_b）、c（x_c，y_c，z_c），根据共线方程反求该像片的外方位元素 X_S、Y_S、Z_S、φ、ω、κ。这种解算方法是以单张像片为基础的，也称为单像空间后方交会。

单像空间后方交会的数学模型是共线方程，即中心投影的构像方程式：

$$\left.\begin{aligned}x&=-f\frac{a_1(X-X_S)+b_1(Y-Y_S)+c_1(Z-Z_S)}{a_3(X-X_S)+b_3(Y-Y_S)+c_3(Z-Z_S)}\\y&=-f\frac{a_2(X-X_S)+b_2(Y-Y_S)+c_2(Z-Z_S)}{a_3(X-X_S)+b_3(Y-Y_S)+c_3(Z-Z_S)}\end{aligned}\right\}\tag{2.8}$$

由于共线方程是非线性函数，为了便于计算机计算，需要将非线性函数用泰勒级数展开呈线性形式，常把这一数学处理过程称为线性化。线性化处理在解析摄影测量中经常用到。

将式（2.8）的共线方程线性化，并取一次小值项得

$$\left.\begin{aligned}x&=(x)+\frac{\partial x}{\partial X_S}\mathrm{d}X_S+\frac{\partial x}{\partial Y_S}\mathrm{d}Y_S+\frac{\partial x}{\partial Z_S}\mathrm{d}X_S+\frac{\partial x}{\partial \varphi}\mathrm{d}\varphi+\frac{\partial x}{\partial \omega}\mathrm{d}\omega+\frac{\partial x}{\partial \kappa}\mathrm{d}\kappa\\y&=(y)+\frac{\partial y}{\partial X_S}\mathrm{d}X_S+\frac{\partial y}{\partial Y_S}\mathrm{d}Y_S+\frac{\partial y}{\partial Z_S}\mathrm{d}X_S+\frac{\partial y}{\partial \varphi}\mathrm{d}\varphi+\frac{\partial y}{\partial \omega}\mathrm{d}\omega+\frac{\partial y}{\partial \kappa}\mathrm{d}\kappa\end{aligned}\right\}\tag{2.9}$$

式中，(x)、(y) 为函数的近似值，是将外方位元素的初始值 X_{S_0}、Y_{S_0}、Z_{S_0}、φ_0、ω_0、κ_0 代入共线方程中所取得的数值；$\mathrm{d}X_S$、$\mathrm{d}Y_S$、$\mathrm{d}Z_S$、$\mathrm{d}\varphi$、$\mathrm{d}\omega$、$\mathrm{d}\kappa$ 为外方位元素近似值的改正数；$\frac{\partial x}{\partial X_S}$、…、$\frac{\partial y}{\partial \kappa}$ 为函数的偏导数，是外方位元素改正数的系数。

对于每个已知控制点，把像点坐标 x、y 和对应地面点地面摄影测量坐标 X、Y、Z 代入式（2.9），可列出两个方程式。若像片内有3个已知地面控制点，就能列出6个方程

式，求出6个外方位元素改正数。由于式（2.9）中系数仅取至泰勒级数展开式的一次项，未知数的近似值改正数是粗略的，所以计算时必须采用逐渐趋近法，解求过程要反复趋近，直至改正值小于某一限值为止。

2.5 航摄像片的像点位移

2.5.1 像点位移

1. 因像片倾斜引起的像点位移

因像片倾斜而引起的像点移位，称为像点的倾斜误差，用 δ_α 表示。

研究倾斜像片上的像点移位，是把同摄站同主距的倾斜像片和水平像片依等比线重合在一起而比较两像片上相应点的点位为准的。图 2.23 表示倾斜像片 P 与对应的水平像片 P_0 依等比线重合的情况。地面上任一点 A 在 P 面上的构像为 a，在 P_0 面上的构像为 a_0，当 P_0 面重合于 P 面后的位置为 a_0，则 aa_0 即为像点 a 的倾斜误差，一般用 δ_α 表示，$\delta_\alpha = aa_0$。

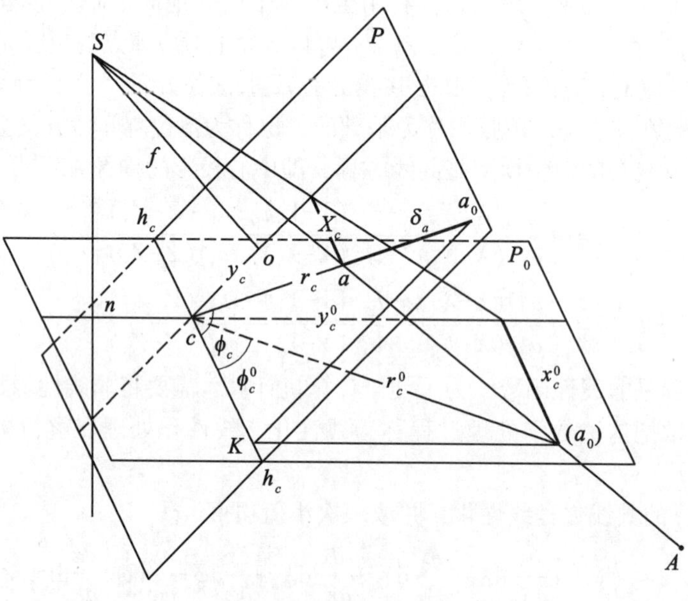

图 2.23 倾斜像片像点位移图

由公式（2.13）可知

$$\frac{x_c^0}{x_c}=\frac{y_c^0}{y_c}=\frac{f}{f-y_c\sin\alpha}$$

即

$$\frac{y_c^0}{x_c^0}=\frac{x_c}{x_c}$$

也即

$$\cot\varphi_c^0=\cot\varphi_c$$

故倾斜误差发生在等角点的辐射线上，即 c、a、a_0 在一直线上。这是倾斜误差的一个重要特性。

设 $ca=r_c$，$ca_0=r_c^0$，由图 2.24（a）可知

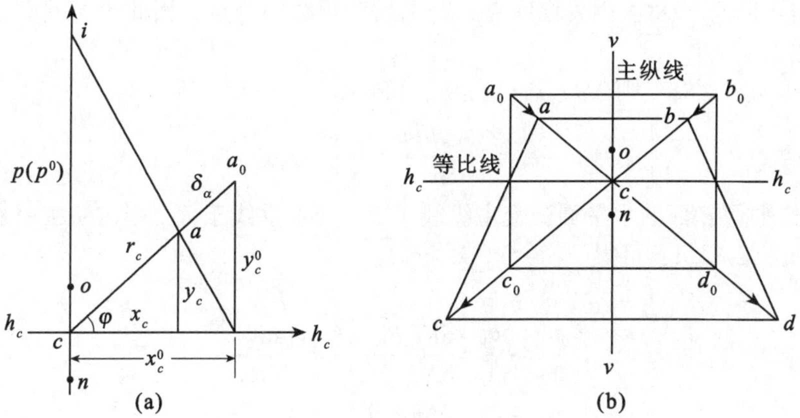

图 2.24　水平像片与倾斜像片叠合图

$$r_c^0=\frac{y_c^0 r_c}{y_c}=\frac{fr_c}{f-y_c\sin\alpha}$$

令

$$\delta_\alpha=r_c-r_c^0=r_c-\frac{fr_c}{f-y_c\sin\alpha}=\frac{r_c y_c\sin\alpha}{f-y_c\sin\alpha}$$

因

$$y_c=r_c\sin\varphi$$

故

$$\delta_\alpha=-\frac{r_c^2\sin\varphi\sin\alpha}{f-r_c\sin\varphi\sin\alpha} \tag{2.10}$$

式（2.10）即为计算倾斜误差的严格公式，当 α 很小时，分母中的第二项可省去，可得近似公式为

$$\delta_\alpha=-\frac{r_c^2}{f}\sin\varphi\sin\alpha \tag{2.11}$$

分析公式（2.11），还可以得出倾斜误差的如下特性：

①等比线上的点倾斜误差为 0（因 φ 角为 0°或 180°，$\sin\varphi=0$）。

②当 r_c 一定时，主纵线上的点倾斜误差最大（φ 角为 90°或 270°，$|\sin\varphi|=1$ 为最大值）。

③等比线将倾斜像片分为两部分，包含主点部分的所有像点都向着等角点 c 移位（$\varphi=$ 0°~180°，$\sin\varphi$ 为正，δ_α 为负），包含底点部分的所有像点背着等角点 c 移位（$\varphi=$180°~360°，$\sin\varphi$ 为负，δ_α 为正），如图 2.24（b）所示，图中 $abcd$ 为倾斜像片上的图形，$a_0b_0c_0d_0$ 为按图 2.24（b）叠合后水平像片上的相应图形，箭头表示移位方向。

2. 因地形起伏引起的像点位移

某地面点 A 与起始基准面 E 的高差为 Δh，其在基准面 E 上的正射投影为 A_0，则地面点 A 较其在起始基准面上的正射投影 A_0，在同一张像片上构像位置的差异就称为地形起伏引起的像点位移，亦称为高差位移或投影差。这种位移反映了中心投影与正射投影的

差异。

（1）投影差公式的推导

如图 2.25 所示，E 为起始基准面，A 为地面上任一点，其相对 E 的高差为 Δh，其在 E 上的正射投影为 A_0，A 和 A_0 在像片 P 上的构像分别为 a、a_0，则连线 aa_0 即为因高差引起的投影差，以 δ_h 表示。因为像底点 n 是一切铅垂线的合点，因此投影差必在像点和像底点的连线上。

过 a_0 作 $a_0a' // Sn$，则 $\triangle aa_0a' \backsim \triangle aSn$，可得

$$\delta_h = \frac{a_0a' \cdot an}{Sn} = \frac{r_n\cos\alpha}{f}a_0a' \tag{2.12}$$

过 a_0 作平行 E 面的水平面，交主纵线于 P，交主垂线于 K，则 $\triangle Sa_0K \backsim \triangle SA_0N$，另外，$\triangle Sa_0a' \backsim \triangle SA_0A$，可得

$$\frac{a_0a'}{\Delta h} = \frac{Sa_0}{SA_0} = \frac{SK}{SN} = \frac{Sn-nK}{SN} = \frac{\dfrac{f}{\cos\alpha}-nK}{H}$$

即

$$a_0a' = \frac{\Delta h}{H}\left(\frac{f}{\cos\alpha}-nK\right) \tag{2.13}$$

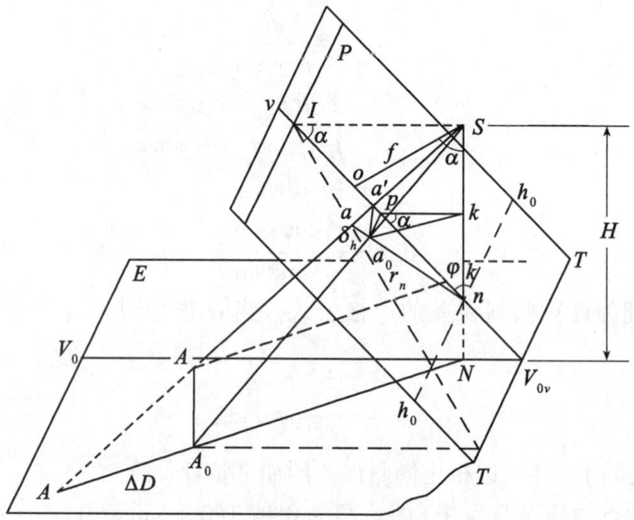

图 2.25　地面起伏时的像点位移

由图 2.25 可知

$$\begin{aligned} nK &= Pn\cos(90^\circ-\alpha) = a_0n\cos(\varphi-90^\circ)\cos(90^\circ-\alpha) \\ &= a_0n\sin\varphi\sin\alpha = (r_n-\delta_n)\sin\varphi\sin\alpha \end{aligned} \tag{2.14}$$

将式（2.14）代入式（2.13）得

$$a_0a' = \frac{\Delta h}{H}\left[\frac{f}{\cos\alpha} - (r_n-\delta_h)\sin\varphi\sin\alpha\right] \tag{2.15}$$

将式（2.15）代入式（2.12）得

$$\delta_h = \frac{r_n \cos\alpha \Delta h}{fH}\left[\frac{f}{\cos\alpha} - (r_n - \delta_h)\sin\varphi\sin\alpha\right]$$

$$= \frac{\Delta h r_n}{H} - \frac{\Delta h r_n^2}{fH}\cos\alpha\sin\varphi\sin\alpha + \frac{\Delta h r_n \delta_h}{fH}\cos\alpha\sin\varphi\sin\alpha$$

移项并提出

$$\delta_h\left(1 - \frac{\Delta h r_n}{fH}\sin\varphi\frac{\sin 2\alpha}{2}\right) = \frac{\Delta h r_n}{H}\left(1 - \frac{r_n}{f}\sin\varphi\frac{\sin 2\alpha}{2}\right)$$

经整理后得

$$\delta_h = \frac{\Delta h r_n}{H}\left[\frac{1 - \dfrac{r_n}{2f}\sin\varphi\sin 2\alpha}{1 - \dfrac{r_n \Delta h}{2Hf}\sin\varphi\sin 2\alpha}\right] \tag{2.16}$$

式（2.16）是计算投影差的严密公式，在近似垂直摄影情况下，分母中 $\frac{r_n \Delta h}{2Hf}\sin\varphi\sin 2\alpha$ 与 1 相比较，是极其微小的，可略去，则得近似式为

$$\delta_h = \frac{\Delta h r_n}{H}\left(1 - \frac{r_n}{2f}\sin\varphi\sin 2\alpha\right) \tag{2.17}$$

在水平像片上，$\alpha=0$，代入式（2.17）得

$$\delta_h = \frac{\Delta h r_n^0}{H} \tag{2.18}$$

从式（2.17）和式（2.18）可看出，在一张像片上，投影差的大小主要取决于高差 Δh 和向径 r_n。

如图 2.25 所示，由于 $AA_0 /\!/ SN$，则 SA 和 NA_0 两线共面；作图延长 SA、NA_0，其相交于点 A'，点 A' 在起始基准面 E 上；过点 A 作平行于 $NA'R$ 的直线交主垂线 SN 于 K'；AK' 以 R 表示，为地面点至地底点的水平距离；$A'A_0$ 以 ΔD 表示，为地面上的投影差，由图 2.25 可知，$\triangle AA'A_0 \backsim \triangle SAK'$，则

$$\frac{\Delta D}{R} = \frac{\Delta h}{H - \Delta h}$$

即

$$\Delta D = \frac{\Delta h}{H - \Delta h}R$$

将上式两端乘以成图比例尺 $1/M$ 为

$$\Delta D\frac{1}{M} = \frac{\Delta h}{H - \Delta h}R\frac{1}{M}$$

得

$$\delta_E = \frac{\Delta h}{H - \Delta h}r_E \tag{2.19}$$

δ_E 为图板上的投影差，r_E 为图板上的辐射距，则式（2.19）是在图板上改正投影差时计算投影差的公式，此公式不仅为严密公式，而且在生产中有一定的实用意义。

（2）投影差的特性

①投影误差发生在以 n 为顶点的辐射线上。

②水平像片上的投影误差大小与地面点对起始面的高差成正比，与像点的辐射距成正比，与起始面的航高成反比。

③移位方向和改正方向：

由公式（2.19）及图2.26知：

在像片上，当 $\Delta h>0$ 时，$\delta_h>0$，像点向外移位；当 $\Delta h<0$ 时，$\delta_h<0$，像点向内移位。

在图板上，当 $\Delta h>0$ 时，$\delta_E>0$，图点向内移位；当 $\Delta h<0$ 时，$\delta_E<0$，图点向外移位。

④投影误差具有相对性，它随起始面的选择不同而不同，当选择过该点的水平面为起始面时，$\Delta h=0$，此时 $\delta_h=0$。这点在摄影测量中是很有用的。

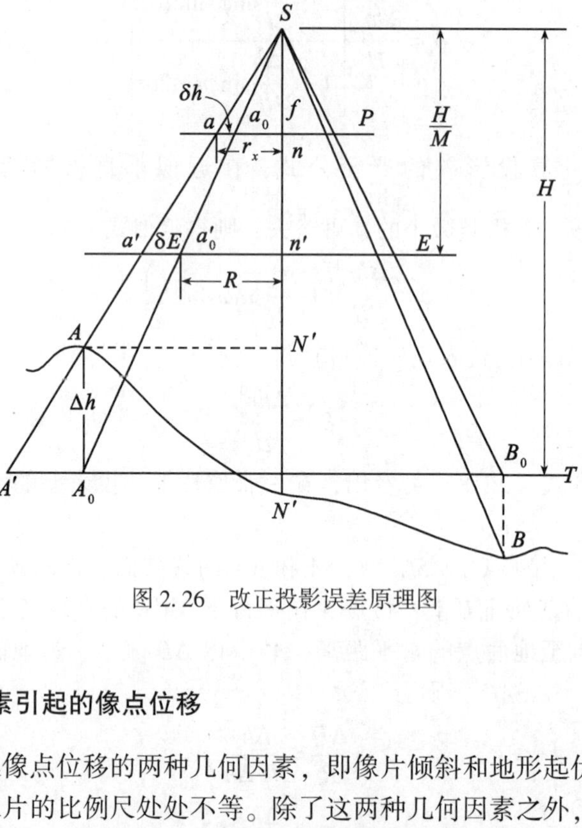

图2.26　改正投影误差原理图

2.5.2　物理因素引起的像点位移

上面讨论了引起像点位移的两种几何因素，即像片倾斜和地形起伏，由于这两种因素的存在，使得航摄像片的比例尺处处不等。除了这两种几何因素之外，一些物理因素也会引起像点位移。我们知道，摄影中心、地面点及相应的像点应处在一条直线上。然而，航摄像片在摄影过程和摄影处理过程中，由于摄影物镜的畸变差、大气折光、地球曲率以及底片变形等因素的影响，使地面点在像片上的像点位置发生位移，偏离了三点共线的条件。上述因素引起的位移称为物理因素引起的像点位移，它们在每张像片上的影响都有相同的规律，属于一种系统误差。这种误差很难用光学机械的方法模拟改正，但可以用数学模型来描述。因此，在模拟立体测图中一般不考虑这种误差，但在解析空中三角测量加密控制点时，由于误差的传递累积，对加密点的成果精度有明显的作用，必须事先对原始数据中的像点坐标进行改正。此外，解析测图仪和数字摄影测量系统一般也具有改正这种误差的功能。

习　题

1. 中心投影与正射投影的区别是什么？
2. 透视变换中的重要点、线间的关系是什么？
3. 内、外方位元素的含义是什么？
4. 摄影测量中常用坐标系间的关系是什么？
5. 共线方程的含义是什么？
6. 引起像点位移的因素有哪些？

第3章 解析空中三角测量

☞ 教学目标

了解解析空中三角测量的意义；掌握三种解析空中三角测量方法的基本思路及各自的特点；掌握利用 VirtuoZo 进行解析空中三角测量的作业方法。

3.1 解析空中三角测量

在双像解析摄影测量中，每个像对都要在野外测四个地面控制点，这样外业工作量太大、效率不高。能否只在一条航带十几个像对中，或几条航带构成的一个区域网中，测少量外业控制点，在内业用解析摄影测量的方法加密出每个像对所要求的控制点，然后用于测图呢？回答是肯定的，解析空中三角测量就是为解决这个问题而提出的方法。

3.1.1 概述

1. 解析空中三角测量的目的和意义

解析空中三角测量指的是用摄影测量解析法确定区域内所有影像的外方位元素。在传统摄影测量中，这是通过对点位进行测定来实现的，即根据影像上量测的像点坐标及少量控制点的大地坐标，求出未知点的大地坐标，使得已知点增加到每个模型中不少于四个，然后利用这些已知点求解影像的外方位元素，因而解析空中三角测量也称为摄影测量加密。

采用大地测量测定地面点三维坐标的方法历史悠久，至今仍有十分重要的地位。但随着摄影测量与遥感技术的发展和电子计算机技术的进步，用摄影测量方法进行点位测定的精度有了明显提高，其应用领域不断扩大。而对某些任务，则只能用摄影测量方法才能使问题得到有效的解决。

摄影测量方法测定（或加密）点位坐标的意义在于：

①不需要直接触及被量测的目标或物体，凡是在影像上可以看到的目标，不受地面通视条件限制，均可以测定其位置和几何形状；

②可以快速地在大范围内同时进行点位测定，从而可节省大量的野外测量工作量；

③摄影测量平差计算时，加密区域内部精度均匀，且很少受区域大小的影响。

所以，摄影测量加密方法已成为一种十分重要的点位测定方法，它主要有以下几种应用：

①为立体测绘地形图、制作影像平面图和正射影像图提供定向控制点（图上精度要求在 0.1mm 以内）和内、外方位元素；

②取代大地测量方法，进行三、四等或等外三角测量的点位测定（要求精度为厘米级）；

③用于地籍测量，以测定大范围内界址点的国家统一坐标，称为地籍摄影测量，以建立坐标地籍（要求精度为厘米级）；

④用于单元模型中解析计算大量点的地面坐标，用于诸如数字高程模型采样或桩点法测图；

⑤用于解析法地面摄影测量，例如各类建筑物变形测量、工业测量以及用影像重建物方目标等（此时要求精度往往较高）。

概括起来，解析空中三角测量的目的可以分为两个方面：一是用于地形测图的摄影测量加密；二是高精度摄影测量加密，用于各种不同的应用目的。

2. 解析空中三角测量的分类

利用计算机进行解析空中三角测量，可以采用各种不同的方法。从传统方法上讲，根据平差中采用的数学模型，可以分为航带法、独立模型法和光束法。航带法是通过相对定向和模型连接先建立自由航带，以点在该航带中的摄影测量坐标为观测值，通过非线性多项式中变换参数的确定，使自由网纳入所要求的地面坐标系，并使公共点上不符值的平方和为最小。独立模型法是先通过相对定向建立起单元模型，以模型点坐标为观测值，通过单元模型在空间的相似变换，使之纳入规定的地面坐标系，并使模型连接点上残差的平方和为最小。光束法则直接由每幅影像的光线束出发，以像点坐标为观测值，通过每个光束在三维空间的平移和旋转，使同名光线在物方最佳地交会在一起，并使之纳入规定的坐标系，从而加密出待求点的物方坐标和影像的方位元素。

根据平差范围的大小，解析空中三角测量可分为单模型法、单航带法和区域网法。单模型法是在单个立体像对中，加密大量的点，或用解析法高精度地测定目标点的坐标。单航带法是对一条航带进行处理，在平差中无法顾及相邻航带之间公共点条件。区域网法则是对由若干条航带（每条航带有若干个像对或模型）组成的区域进行整体平差，平差过程中能充分地利用各种几何约束条件，并尽量减少对地面控制点数量的要求。

3. 进行解析空中三角测量所必需的信息

解析空中三角测量不仅要利用所摄目标地区的影像所提供的摄影测量信息，还要利用确定平差基准（即网的绝对位置）的非摄影测量信息，从而测定所摄影像的方位元素或未知点的物方空间坐标。由于它不同于大地测量中的三角测量控制网，而是要将空中摄站及影像放到加密的整个网中，起到点的传递和构网的作用，故通常被称为空中三角测量。

（1）摄影测量信息

主要指在影像上量测的控制点、定向点、连接点及待求点的影像坐标，或在所建立的立体模型上量测的上述各类点的模型坐标。由于地面点可出现在多幅影像或多个模型中，所以在量测这些坐标时，存在点在影像和模型上的辨认问题。但是这些坐标的获得与点在地面上是否通视无关，只要它们出现在影像上即可。

（2）非摄影测量信息

主要指将空中三角测量网纳入规定物方坐标系所必需的基准信息。同时还要考虑到不同方法求解时的几何可测定性和对影像系统误差的有效改正。长期以来，人们主要是利用若干已知大地测量坐标的物方控制点作为平差的基准信息。然而，从摄影测量观测值与非摄影测量观测值的联合平差意义上讲，非摄影测量信息中还包括直接的大地测量观测值、导航数据所提供的影像外方位元素以及物方点之间存在的相对控制条件等。

3.1.2 航带法解析空中三角测量

航带法解析空中三角测量研究的对象是一条航带，即把一个航带模型视为一个单元模型进行解析处理。因此，这种方法要求首先将立体像对构成的单个模型连成航带模型。在单个模型连成航带模型的过程中，各单个模型中偶然误差和残余的系统误差会传递到下一个模型中，由于这些误差的传递累积使航带模型产生扭曲变形，所以航带模型经绝对定向以后，还需作模型的非线性改正，才能得到所需的结果，这便是航带法解析空中三角测量的基本原理。

航带法空中三角测量的主要工作流程为：

第一步：像点坐标量测和系统误差改正；

第二步：像对相对定向；

第三步：模型连接，构成自由航带网；

第四步：航带模型的绝对定向；

第五步：航带模型的非线性改正。

1. 像点坐标的量测和系统误差的改正

摄影测量技术发展的特点是不要求在摄影测量专业仪器上用光学或机械方法重建物方的立体模型，而主要通过所量测的像点坐标，以解析或数字形式建立立体模型并进行严格的数值解算。因此，像点平面坐标的量测对于摄影测量的作业至关重要。

传统的量测像点坐标的仪器主要有：立体坐标量测仪、单像坐标量测仪和解析测图仪。随着摄影测量学科的发展和计算机技术的进步，对像点坐标的量测已逐渐转向数字的、自动化（或半自动化）的形式，直接在计算机上进行。对于左、右影像上的同名像点，可通过影像匹配的方法实现像点坐标的自动量测。

建立航带模型实际上是求各模型点在统一的航带像空间辅助坐标系中的坐标，包括按连续法相对定向进行像对的相对定向、建立像对立体模型和统一模型比例尺两项工作。在建立航带模型之前，每张像片的像点坐标都应进行由摄影材料变形、摄影机物镜畸变差、大气折光和地球曲率所引起的像点误差改正。

2. 像对的相对定向

通常以航线首张像片的空间坐标系作为航带像空间辅助坐标系。如果像对从左向右编号，第一像对的左片相对于统一的航带像空间辅助坐标系的角元素为零。经像对的像对定向求出本像对右片相对于航带像空间辅助坐标系的相对定向角元素 φ_2、ω_2、κ_2，该值对于下一个像对而言，就是左片的已知角元素（详见第 4 章）。

3. 模型连接

每个像对模型的比例尺大小不确定。为了建立航带模型，应将各像对模型归化到统一的比例尺中，称为归化或者模型连接。

如图 3.1 所示，模型①和模型②比例尺不等，公共点在模型①位于 M_1，在模型②位于 M_2（同一个点却因为比例尺的不一致而错开），需要统一归化比例尺：对模型②的比例尺进行归化，使其与模型①具有相同的比例尺，即使 M_1、M_2重合。比例尺的归化系数为

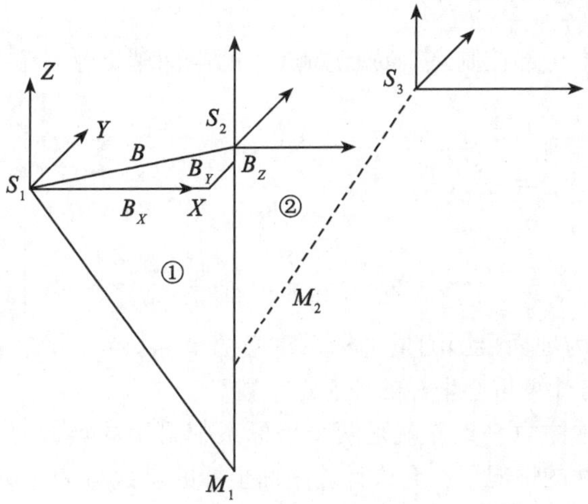

图 3.1　模型连接

$$k=(Z_1^{①}-B_{Z_1})/Z_2^{②}$$

式中 $Z_1^{①}$ 为模型①中 M_1 点的坐标；$Z_2^{②}$ 为模型②中 M_2 点的坐标；B_{Z1} 为在模型①中求得的相对定向元素 B_Z。

为了提高模型连接精度，一般在模型重叠区域内取上、中、下三个点测求比例尺归化系数 k，即取算术平均值

$$k=\frac{1}{3}(k_1+k_2+k_3)$$

求得模型比例尺归化系数后，在后一模型中，每一模型点的空间辅助坐标以及基线分量 B_X、B_Y、B_Z 均乘以归化系数 k，就可获得与前一模型比例尺一致的坐标。由此可见，模型连接的实质就是求出相邻模型之间的比例尺归化系数 k。

在求出各单个模型的摄影测量坐标后，需将其连接成一个整体的航带模型，也就是将航带中所有的摄站点、模型点的坐标都纳入全航带统一的摄影测量坐标系中，一般为第一幅影像所在的像空间辅助坐标系，以构成自由航带网。

4. 航带模型的绝对定向

自由航带模型的绝对位置及模型比例尺是不确定的，因此需要根据已知地面控制点确定航带模型在地面坐标中的正确位置和比例尺，把待定点的摄影测量坐标转换为地面摄影测量坐标（不同于地面测量坐标），这一过程称为绝对定向。与单模型的绝对定向类似，航带模型的绝对定向也需要确定 7 个参数，即 X_{TS}、Y_{TS}、Z_{TS}、λ、Φ、Ω、K。计算过程完全类似于单元模型的绝对定向，流程如下：

①将控制点的地面测量坐标转换成地面摄影测量坐标。

选择分布在航带网首末像对中的两个控制点，通过平面相似变换将控制点的地面测量坐标转换成地面摄影测量坐标。

②坐标重心化：这是区域网平差中经常采用的一种数据预处理方法，它的目的有两个：一是减少模型点坐标在计算过程中的有效位数，以保证计算的精度；二是采用重心化

坐标后，可使法方程式的系数简化，个别项的数值变成0，部分未知数可以分开求解，从而提高计算速度。

我们取单元模型中全部控制点（或已知点）的空间辅助坐标和地面摄影测量坐标计算其重心的坐标：

$$\left.\begin{aligned} X_{tpg}=\frac{\sum X_{tp}}{n},\quad Y_{tpg}=\frac{\sum Y_{tp}}{n},\quad Z_{tpg}=\frac{\sum Z_{tp}}{n} \\ X_g=\frac{\sum X}{n},\quad Y_g=\frac{\sum Y}{n},\quad Z_g=\frac{\sum Z}{n} \end{aligned}\right\} \tag{3.1}$$

式中，X_{tpg}，Y_{tpg}，Z_{tpg}为地面摄影测量坐标系重心的坐标；X_g，Y_g，Z_g为空间辅助坐标系重心的坐标；n为参与计算重心坐标的控制点个数。

求重心坐标时必须注意一点，就是两个坐标系中采用的点数要相等，同时点名要一致。在满足这两个条件的情况下，允许计算平面坐标的点数与Z坐标的点数不相等。

重心化的地面摄测坐标由下式计算：

$$\left.\begin{aligned} \overline{X}_{tp}=X_{tp}-X_{tpg} \\ \overline{Y}_{tp}=Y_{tp}-Y_{tpg} \\ \overline{Z}_{tp}=Z_{tp}-Z_{tpg} \end{aligned}\right\} \tag{3.2}$$

重心化的空间辅助坐标由下式计算：

$$\left.\begin{aligned} \overline{X}=X-X_g \\ \overline{Y}=Y-Y_g \\ \overline{Z}=Z-Z_g \end{aligned}\right\} \tag{3.3}$$

选择不位于一条直线上、跨度尽量大的足够数量的控制点（至少2个平高控制点、1个高程控制点）作为绝对定向的定向点。利用这些定向点，由式（3.1）计算地面摄测坐标和摄测坐标的重心，由式（3.2）和式（3.3）计算重心化的地面摄测坐标和重心化的摄测坐标。

③求解绝对定向误差方程式的建立和法方程式。利用控制点的重心化坐标列出误差方程式及相应的法方程式，通过迭代计算求出7个绝对定向元素。

④计算绝对定向坐标。仿照单元模型绝对定向的方法（详见第4章），利用空间相似变换式即可计算得到绝对定向后的坐标。

5. 航带网的非线性变形改正

在航带模型构建过程当中，由于存在偶然误差和残余的系统误差的影响，模型连接时误差的累积使航带产生变形，致使绝对定向后获得的地面坐标只是概略值。

我们只能用待定参数构成的多项式来逼进复杂的变形曲面，通过最小二乘拟合，使控制点处的变形值与实际相差最小，平差求解多项式的系数，进行坐标的改正，消除误差的影响。

一般采用的多项式有两种，一种是对X、Y、Z坐标分列的二次和三次多项式，另外一种是平面坐标改正采用三次或二次正形变换多项式，而高程采用一般多项式。二次和三次多项式改正公式为

$$\Delta X=a_0+a_1\overline{X}+a_2\overline{Y}+a_3\overline{X}^2+a_4\ \overline{XY}+a_5\overline{X}^3+a_6\overline{X}^2\overline{Y}$$
$$\Delta Y=b_0+b_1\overline{X}+b_2\overline{Y}+b_3\overline{X}^2+b_4\ \overline{XY}+b_5\overline{X}^3+b_6\overline{X}^2\overline{Y} \tag{3.4}$$
$$\Delta Z=c_0+c_1\overline{X}+c_2\overline{Y}+c_3\overline{X}^2+c_4\ \overline{XY}+c_5\overline{X}^3+c_6\overline{X}^2\overline{Y}$$
$$\Delta X=\overline{X}_{tp}-\overline{X},\ \Delta Y=\overline{Y}_{tp}-\overline{Y},\ \Delta Z=\overline{Z}_{tp}-\overline{Z}$$

式中，ΔX，ΔY，ΔZ 是定向点系统误差的改正数；$\overline{X}$、$\overline{Y}$、$\overline{Z}$ 为绝对定向后的重心化摄测坐标；$\overline{X}_{tp}$、$\overline{Y}_{tp}$、$\overline{Z}_{tp}$为相应点的重心化地面摄测坐标；a_i、b_i、c_i为非线性变形多项式的待定参数（$i=0\sim6$）。

对式（3.4）而言，去掉三次项即得二次项变换公式。航带模型的非线性改正视实际布设控制点情况确定采用二次项公式还是三次项公式。对单航带解析空中三角测量，若采用三次多项式作非线性变形改正，则每个公式中包括 7 个参数，共计 21 个参数，解算至少需要 7 个平高控制点。

假设采用二次多项式进行航带模型的非线性改正，则控制点的误差方程为

$$-v_x=a_0+a_1\overline{X}+a_2\overline{Y}+a_3\overline{X}^2+a_4\ \overline{XY}-l_X$$
$$-v_y=b_0+b_1\overline{X}+b_2\overline{Y}+b_3\overline{X}^2+b_4\ \overline{XY}-l_Y \tag{3.5}$$
$$-v_z=c_0+c_1\overline{X}+c_2\overline{Y}+c_3\overline{X}^2+c_4\ \overline{XY}-l_Z$$

其中

$$l_X=X-X_G-\overline{X}$$
$$l_Y=Y-Y_G-\overline{Y} \tag{3.6}$$
$$l_Z=Z-Z_G-\overline{Z}$$

利用控制点建立误差方程以及相应的法方程，求解非线性变形改正系数 a_i、b_i、c_i，然后利用式（3.4）求解航带模型经绝对定向后模型点的非线性变形坐标改正值，进而求得模型点的摄影测量坐标，最后得到最终的地面点坐标。

3.1.3　独立模型法解析空中三角测量

为了避免误差累积，可以单模型（或双模型）作为平差计算单元。由一个个相互连接的单模型，可以构成一条航带网，也可以组成一个区域网，但构网过程中的误差却被限制在单个模型范围内，而不会发生传递累积，这样，就可克服航带法空中三角测量的不足，有利于加密精度的提高。

1. 独立模型法解析空中三角测量的基本思想

独立模型法解析空中三角测量的基本思想是：把一个单模型（可以由一个立体像对或两个立体像对，甚至三个立体像对组成）视为刚体，利用各单元模型彼此间的公共点连成一个区域，在连接过程中，每个单元模型只能作平移、缩放、旋转（因为它们是刚体），这样的要求只有通过单元模型的三维线性变换（空间相似变换）来完成。在变换中，要使模型间公共点的坐标尽可能一致，控制点的测量坐标应与其地面摄测坐标尽可能

一致（即它们的差值尽可能小），同时观测值改正数的平方和为最小，在满足这些条件的情况下，按最小二乘法原理求得特定点的地面测量坐标。

2. 独立模型法解析空中三角测量的主要内容

①求出各单元模型中模型点的坐标，包括摄站点坐标；

②利用相邻模型之间的公共点和所在模型中的控制点，对每个模型各自进行空间相似变换，列出误差方程式及法方程式；

③建立改化法方程式，求得每个模型的7个参数；

④由已求得的每个模型的7个参数，计算每个模型中待定点平差后的坐标。若为相邻模型的公共点，则取其平均值作为最后结果。

3. 独立模型法解析空中三角测量的数学模型

单元模型建立后，需要对每个模型各自进行空间相似变换

$$\begin{bmatrix} X_{tp} \\ Y_{tp} \\ Z_{tp} \end{bmatrix} = \lambda R \begin{bmatrix} \overline{X} \\ \overline{Y} \\ \overline{Z} \end{bmatrix} + \begin{bmatrix} X_g \\ Y_g \\ Z_g \end{bmatrix} \tag{3.7}$$

式中，$\overline{X}$、$\overline{Y}$、$\overline{Z}$ 为单元模型中任一模型点（包括投影中心）的重心化摄测坐标；X_{tp}、Y_{tp}、Z_{tp}为地面摄测坐标；X_g、Y_g、Z_g为该模型重心在地面摄测坐标系中的坐标；λ 为单元模型的缩放系数；R 为由模型绝对定向角元素构成的旋转矩阵。

依照模型的绝对定向，将式（3.7）线性化，可以列出误差方程式

$$-\begin{bmatrix} v_X \\ v_Y \\ v_Z \end{bmatrix}_{i,j} = \begin{bmatrix} 1 & 0 & 0 & \overline{X} & \overline{Z} & 0 & \overline{Y} \\ 0 & 1 & 0 & \overline{Y} & 0 & -\overline{Z} & \overline{X} \\ 0 & 0 & 1 & \overline{Z} & -\overline{X} & \overline{Y} & 0 \end{bmatrix}_{i,j} \begin{bmatrix} \Delta X_g \\ \Delta Y_g \\ \Delta Z_g \\ \Delta\lambda \\ \Delta b \\ \Delta a \\ \Delta c \end{bmatrix} - \begin{bmatrix} \Delta X \\ \Delta Y \\ \Delta Z \end{bmatrix}_{i,j} - \begin{bmatrix} l_X \\ l_Y \\ l_Z \end{bmatrix}_{i,j} \tag{3.8}$$

其中

$$\begin{bmatrix} l_X \\ l_Y \\ l_Z \end{bmatrix}_{i,j} = \begin{bmatrix} X_0 \\ Y_0 \\ Z_0 \end{bmatrix}_{i,j} - \lambda R \begin{bmatrix} \overline{X} \\ \overline{Y} \\ \overline{Z} \end{bmatrix}_{i,j} - \begin{bmatrix} X_g \\ Y_g \\ Z_g \end{bmatrix} \tag{3.9}$$

式中，ΔX、ΔY、ΔZ 为待定点的坐标改正数；i 为模型点点号；j 为模型编号；X_0、Y_0、Z_0 为模型公共点的坐标均值，在迭代趋近中，每次用新坐标值求得；其他符号的含义同前。

式（3.8）和式（3.9）适合于模型间的公共连接点。对于控制点，若认为控制点上无误差，则式（3.8）中的［ΔX，ΔY，ΔZ］为零，并且常数项中［X_0，Y_0，Z_0］用控制点坐标［X_{tp}，Y_{tp}，Z_{tp}］代入。对每一个公共连接点或控制点，可列出上述一组误差方程式。

为了计算方便，常把误差方程式中的未知数分为两组，即每个模型的7个定向参数改

正数 $[\Delta X_g, \Delta Y_g, \Delta Z_g, \Delta\lambda, \Delta\varphi, \Delta\omega, \Delta\kappa]$ 和特定点的地面坐标改正数 $[\Delta X, \Delta Y, \Delta Z]$。

误差方程为

$$V=AX-L \tag{3.10}$$

根据式（3.10），按最小二乘原理组成法方程应为

$$A^{\mathrm{T}}AX-A^{\mathrm{T}}L=0 \tag{3.11}$$

解法方程得到 7 个变化参数的改正数为

$$X=(A^{\mathrm{T}}-A)^{-1}A^{\mathrm{T}}-L \tag{3.12}$$

根据求出的每个模型的 7 个变换参数，再按式（3.7）求得待定点的地面摄测坐标。

独立模型法区域空中三角测量的计算量是很大的，对于 4 条航线，每条航线 10 个模型，每个模型 6 个点的普通区域，法方程式中模型定向未知数的个数 $t=4\times10\times7=280$，未知数个数是很可观的。为了提高计算速度，可采取用平面与高程分开求解的方法。

3.1.4　光束法解析空中三角测量

光束法解析空中三角测量的基本思想：以摄影时地面点、摄站点和像点三点共线为基本条件，以每张像片所组成的一束光束作为平差的基本单元，以中心投影的共线方程式作为平差的基础方程，通过各个光束在空间的旋转、平移，使模型之间公共点的光线实现最佳的交会，并使整个区域最佳地纳入到已知的控制点坐标系中。

1. 光束法解析空中三角测量的内容

①各影像外方位元素和地面点坐标近似值的确定，可以利用航带法区域网空中三角测量方法提供影像外方位元素和地面点坐标近似值，在竖直情况下，也可以设 $\varphi=\omega=0$，κ 角值和地面点坐标近似值可以从旧地形图上得到。

②以每张像片为单元，区域内每张像片的控制点、加密点都列共线条件方程式。

③建立全区域统一的误差方程，统一平差解算，整体解求区域内每张像片的 6 个外方位元素。

④空间前方交会得到待定点的地面坐标，对于相邻影像的公共点，应该取其平均值。

2. 误差方程和法方程的建立

光束法解析空中三角测量是以共线方程为基本方程，影像坐标观测值是未知数的非线性函数，因此需要经过线性化处理，再利用最小二乘原理计算。

$$\begin{cases} x=-f\dfrac{a_1(X_A-X_S)+b_1(Y_A-Y_S)+c_1(Z_A-Z_S)}{a_3(X_A-X_S)+b_3(Y_A-Y_S)+c_3(Z_A-Z_S)} \\ y=-f\dfrac{a_2(X_A-X_S)+b_2(Y_A-Y_S)+c_2(Z_A-Z_S)}{a_3(X_A-X_S)+b_3(Y_A-Y_S)+c_3(Z_A-Z_S)} \end{cases} \tag{3.13}$$

线性化结果

$$\begin{aligned} v_x=&a_{11}\Delta X_S+a_{12}\Delta Y_S+a_{13}\Delta Z_S+a_{14}\Delta\varphi+a_{15}\Delta\omega+a_{16}\Delta\kappa \\ &-a_{11}\Delta X-a_{12}\Delta Y-a_{13}\Delta Z-lx \\ v_Y=&a_{21}\Delta X_S+a_{22}\Delta Y_S+a_{23}\Delta Z_S+a_{24}\Delta\varphi+a_{25}\Delta\omega+a_{26}\Delta\kappa \\ &-a_{21}\Delta X-a_{22}\Delta Y-a_{23}\Delta Z-ly \end{aligned}$$

式中，各系数详见“空间后方交会”内容。

把误差方程式写成矩阵的形式为

$$V=\begin{bmatrix}A & B\end{bmatrix}\begin{bmatrix}t\\X\end{bmatrix}-L$$

式中

$$V=\begin{bmatrix}v_x & v_y\end{bmatrix}^{\mathrm{T}}\quad L=\begin{bmatrix}lx & ly\end{bmatrix}^{\mathrm{T}}$$

$$A=\begin{bmatrix}a_{11} & a_{12} & a_{13} & a_{14} & a_{15} & a_{16}\\a_{21} & a_{22} & a_{23} & a_{24} & a_{25} & a_{26}\end{bmatrix}$$

$$B=\begin{bmatrix}-a_{11} & -a_{12} & -a_{13}\\-a_{21} & -a_{22} & -a_{23}\end{bmatrix}$$

$$t=\begin{bmatrix}\Delta X_S & \Delta Y_S & \Delta Z_S & \Delta\varphi & \Delta\omega & \Delta\kappa\end{bmatrix}^{\mathrm{T}}$$

$$X=\begin{bmatrix}X & Y & Z\end{bmatrix}^{\mathrm{T}}$$

对于每一个像点，都可以列出一组误差方程式，t 表示所有影像的 6 个外方位元素的总和，X 对应为所有待定点的坐标。对应的法方程为

$$\begin{bmatrix}A^{\mathrm{T}} & A & A^{\mathrm{T}} & B\\B^{\mathrm{T}} & A & B^{\mathrm{T}} & B\end{bmatrix}\begin{bmatrix}t\\X\end{bmatrix}-\begin{bmatrix}A^{\mathrm{T}} & L\\B^{\mathrm{T}} & L\end{bmatrix}=0$$

在解算过程当中，由于所涉及的航线数、每条航线的影像数以及每幅影像的量测像点数使得误差方程式的数量很多，在解算时，我们先消除一类未知数，而只求解另一类未知数，一般情况下，我们都先求解外方位元素，得到外方位元素后，再利用空间前方交会法，即可求得全部的待定点的地面坐标。

3.1.5 三种解析空中三角测量方法的比较

前文已经介绍了三种解析空中三角测量的方法，即航带法解析空中三角测量、独立模型法解析空中三角测量和光束法解析空中三角测量，现在从数学模型和平差原理上对这三种方法进行比较，从而得出实际作业中如何选择合适的平差方法。

航带法产生于计算机问世之初，它是从模拟仪器上的空中三角测量演变过来的，是一种分步的近似平差方法。首先通过单个像对的相对定向和模型连接构建自由航带，然后再进行每条航带多项式非线性改正，并顾及航带间公共点条件和区域内的控制点，使之得到最佳的符合。从这个思想出发，航带法解析空中三角测量的平差模型是航带坐标的非线性多项式改正公式，“观测值”是自由航带中各点的摄影测量坐标，平差单元为航带，整体平差未知数是各航带的多项式改正系数。显然，这种平差方法的特点是未知数少，解算方便、快速，但精度不高。目前该方法主要用于为严密平差提供初始值和小比例尺低精度点位加密。

独立模型法解析空中三角测量源于单元模型空间相似变换的思想。利用由影像坐标经解析相对定向后求出的或量测的独立模型坐标，通过各单元立体模型在空间的旋转、平移和缩放，使得模型公共点有尽可能相同的坐标，并通过地面控制点使整个空中三角测量网最佳地纳入到规定的坐标系中。从这个思想出发，独立模型法的平差模型是单元模型的空间相似变换公式，观测值是计算的或量测的模型坐标，平差单元为独立模型，未知数是各模型空间相似变换的 7 个参数，亦可按平面 4 个、高程 3 个参数分开求解，此外，未知数

还有加密点的地面坐标。对于一个区域而言，其未知数要比航带法平差时多得多，但是如采用平高分求的办法，其解算所占用的内存和计算时间要比光束法少得多。这种方法是一种相当严密的平差方法，如果能顾及到模型坐标间的相关特性，独立模型法在理论上就与光束法同样地严密了。

光束法解析空中三角测量是从实际摄影过程的几何反转出发，基于摄影成像时像点、物点和摄影中心三点共线的特点而提出的。这种方法最初提出时，由于受当时计算机水平和计算技术的限制，未能广泛应用。但随着摄影测量技术的发展和计算机水平的提高，这种最严密的平差方法日益得到广泛应用，并已成为解析空中三角测量方法的主流。

光束法的平差模型是共线条件方程，平差单元是单个光束，每幅影像的像点坐标为原始观测值，未知数是各影像的外方位元素（在某些特定条件下也包含内方位元素）和所有待求点的地面坐标。通过各个光束在空间的旋转和平移（6 个定向参数），使同名光线最佳地交会，并最佳地纳入地面控制系统中去。它是最严密的一种解法，误差方程式直接对原始观测值列出，能最方便地顾及影像系统误差的影响，最便于引入非摄影测量附加观测值，如导航数据和地面测量观测值。它还可以严密地处理非常规摄影以及非量测相机的影像数据。目前，光束法已广泛应用于各种高精度的解析空中三角测量和点位测定实际生产中。

当然，与前两种方法比较，光束法也有其缺点。首先，由于共线方程所描述的像点坐标与各种未知参数的关系是非线性的，因此必须建立线性化误差方程式和提供各未知数初始值。而这对于航带法是不必要的，对于平面独立模型法平差也不需要。其次，光束法平差未知数多、计算量大，计算速度也相对较慢。对于光束法平差，它不能像前两种方法那样，可将平面高程分开处理，它只能进行三维网的平差。

3.2 解析空中三角测量的作业过程

下面简要介绍利用 VirtuoZo 数字摄影测量系统进行解析空中三角测量的过程。

3.2.1 制作前的准备工作

制作前的数据准备工作如图 3.2 所示。

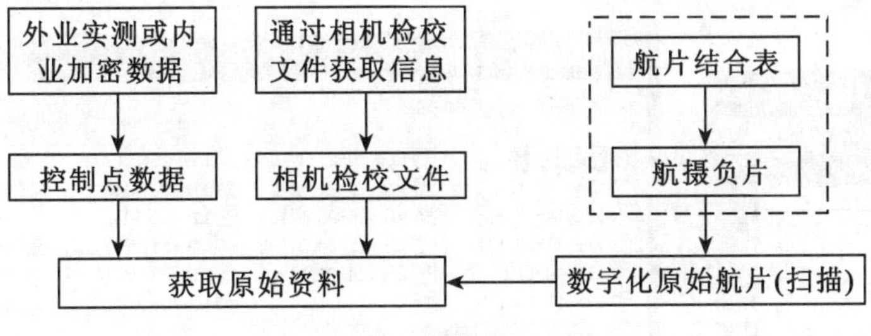

图 3.2　数据准备

1. 相机文件

应该提供相机主点的理论坐标 x_0、y_0，相机主距 f。

2. 控制资料

包括外业控制点成果、全野外布点，还应有外业控制片；

3. 航片的扫描数据

需要符合 VirtuoZo 图像格式以及成图要求扫描分辨率的扫描数据。VirtuoZo 一般接受多种图像格式，如 TIFF、JPG 等。

4. 参数设置

要建立测区与模型，VirtuoZo 系统要设置很多参数（图 3.3），这些参数需要在参数设置界面上逐一设置。如测区（Block）参数、模型参数、影像参数、相机参数、控制点参数、地面高程模型（DEM）参数、正射影像参数和等高线参数等。其中，有些参数在 VirtuoZo 系统中有其固有的数据格式，需要按照 VirtuoZo 规定的格式进行填写，如相机参数、控制点参数等。

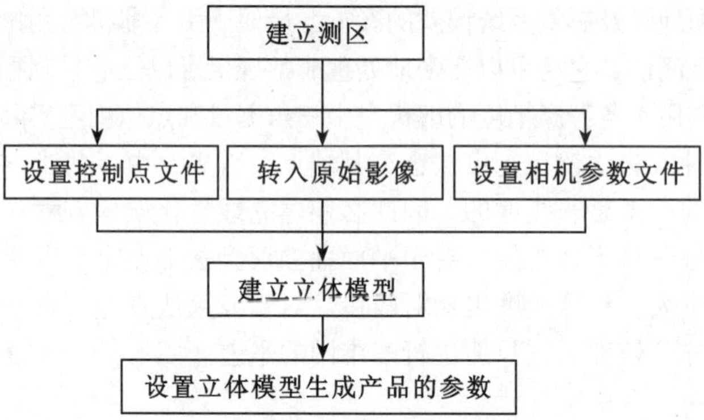

图 3.3　建立测区与模型时的参数设置简易过程

3.2.2　解析空中三角测量作业过程

相应资料准备完毕，开始进行作业。

1. 打开或者创建一个测区（图 3.4）

图 3.4　打开测区

2. 设置测区参数（相机参数、控制点等）

在主目录下面建立控制点文件、加密点文件、相机文件。建立文件后将控制点文件、相机文件放置到文件夹下方（图3.5）。

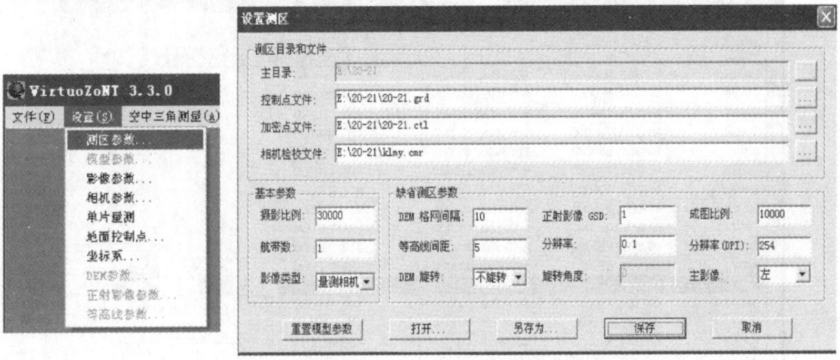

图3.5　测区参数设置

注意：控制点文件＊.grd，加密点文件＊.trl，相机检校文件＊.cmr（一般为内方位元素）。

3. 引入影像文件（图3.6）

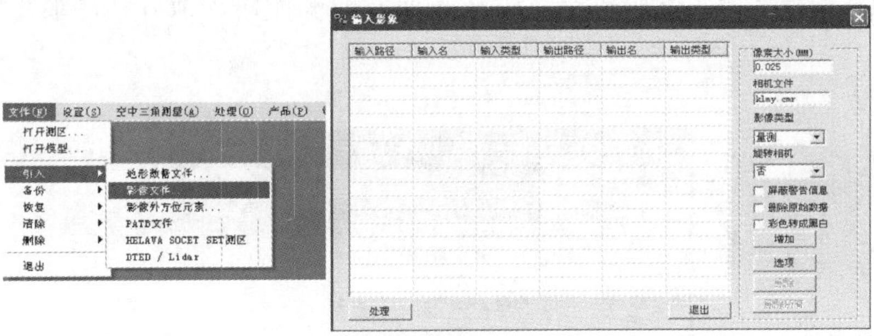

图3.6　引入影像文件

注意：这里是将影像文件进行转换，主要是将＊.tif文件转换成＊.VZ文件。

4. 添加控制点文件（图3.7）

在VirtuoZoAAT当中打开项目。

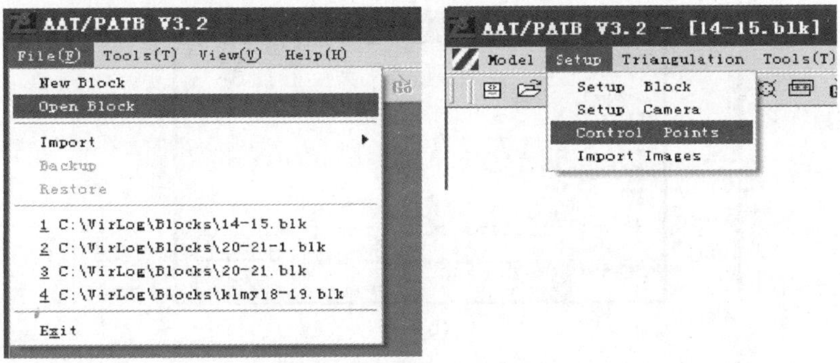

图3.7　添加控制点文

在不需要的控制点后面填入 X，根据所使用的平面控制点和高程控制点，可以在相应的地方填入 X，或者根据使用的精度可以设定使用的优先权 1，2，…（图 3.8）。

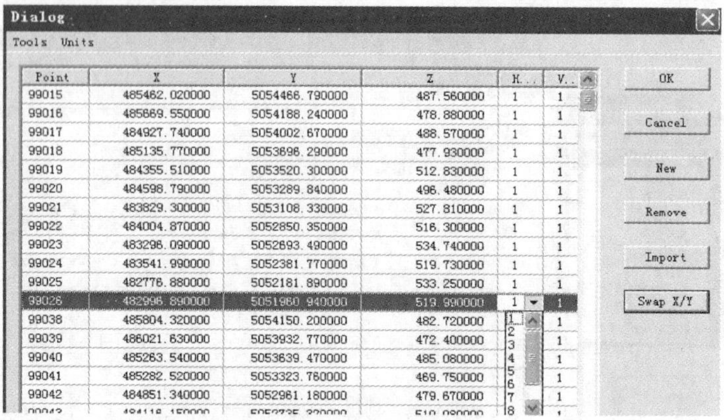

Point	X	Y	Z	H..	V..
99015	485462.020000	5054466.790000	487.560000	1	1
99016	485669.550000	5054188.240000	478.880000	1	1
99017	484927.740000	5054002.670000	488.570000	1	1
99018	485135.770000	5053696.290000	477.930000	1	1
99019	484355.510000	5053520.300000	512.830000	1	1
99020	484598.790000	5053289.840000	496.480000	1	1
99021	483829.300000	5053108.330000	527.810000	1	1
99022	484004.870000	5052850.350000	516.300000	1	1
99023	483296.090000	5052693.490000	534.740000	1	1
99024	483541.990000	5052381.770000	519.730000	1	1
99025	482776.880000	5052181.890000	533.250000	1	1
99026	482996.890000	5051960.940000	519.990000	1	1
99038	485804.320000	5054150.200000	482.720000		1
99039	486021.630000	5053932.770000	472.400000		1
99040	485263.540000	5053639.470000	485.080000		1
99041	485282.520000	5053323.760000	469.750000		1
99042	484851.340000	5052961.180000	479.670000		1

图 3.8　控制点属性修改

5. 加载航片

根据航片的结合图，按照每条行带从左向右的顺序添加航片，详细步骤如图 3.9 所示。

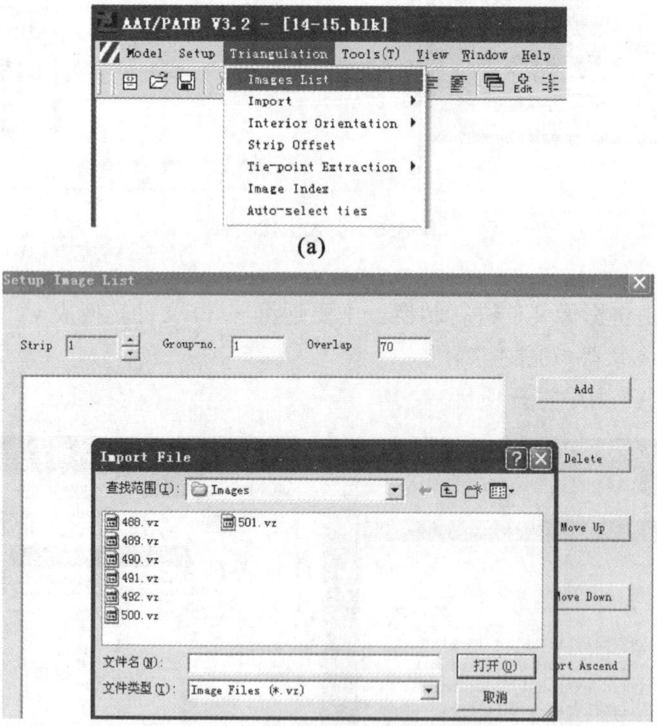

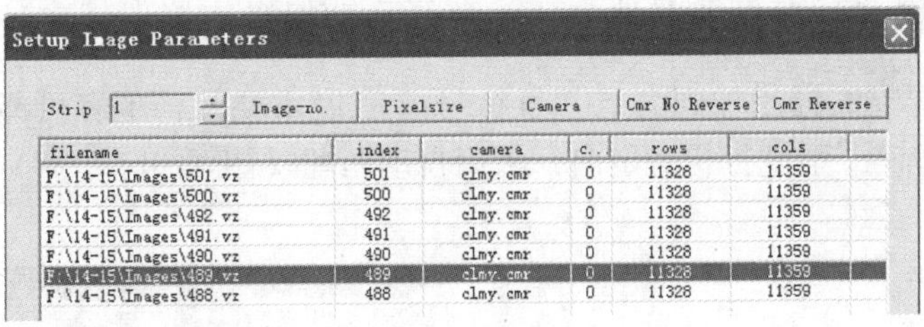

(c)

图 3.9 加载航片

6. 影像内定向

添加完影像后，接下来做自动内定向（图 3.10）。

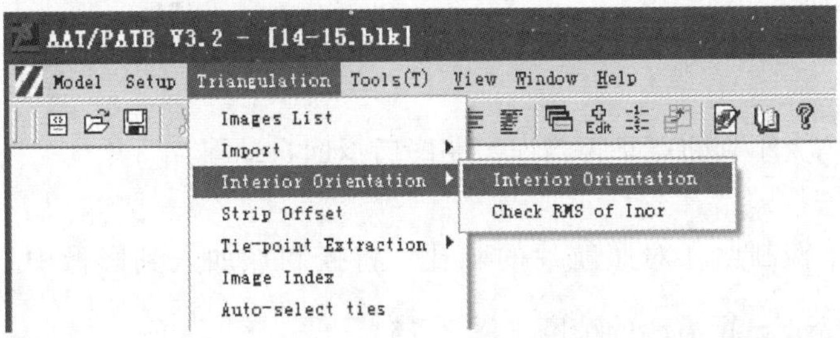

图 3.10 影像内定向

7. 航带连接（图 3.11）

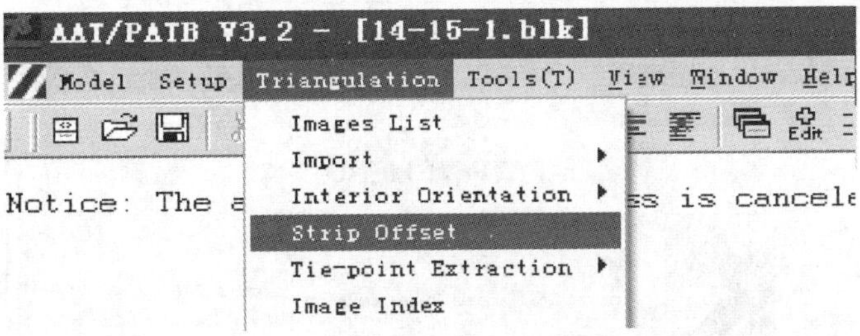

图 3.11 航带连接

8. 提取连接点（图 3.12）

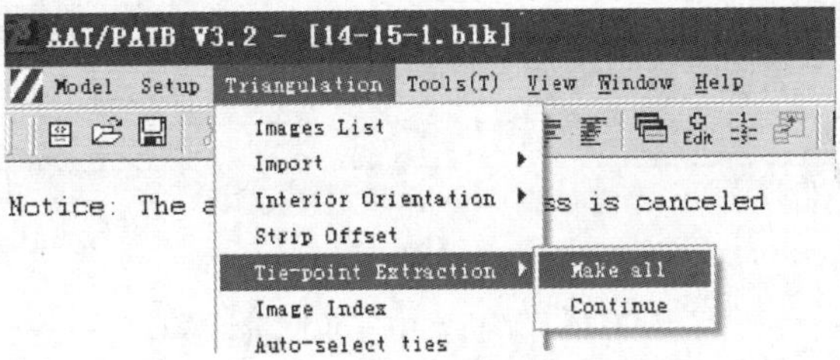

图 3.12 提取连接点

如果出现错误并且有失败的地方，就必须手动编辑连接点。交互编辑连接点如图3.13所示。利用图标添加同名点并且标号（三度重叠片，也有可能出现五度重叠区域）。如果仍然错误，则进行相对定向，采用自动匹配（图3.14）。

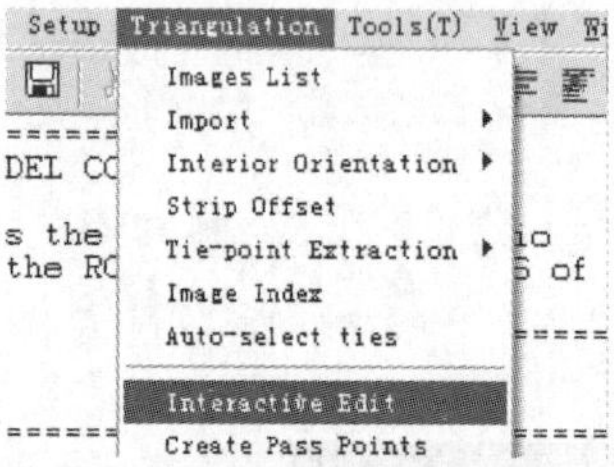

图3.13 编辑连接点

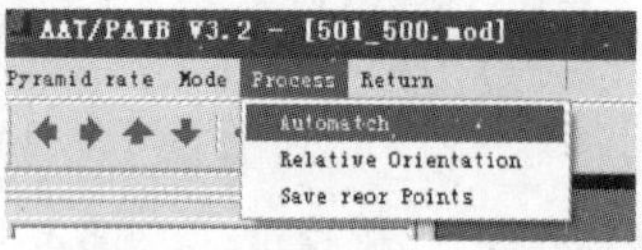

(a)

Point	X1	Y1	X2	Y2
494001	12.5479	29.0368	-63.7098	38.1755
494002	-2.5414	81.6631	-80.8517	92.2473
494003	-3.8936	1.2180	-79.1684	10.0065
494005	-7.1276	-76.2726	-80.0104	-65.6895
4930003	65.3180	35.2401	-11.6227	47.3059
493003	73.8137	-13.0435	-2.8233	-0.8109
493006	100.9392	-34.3606	25.4151	-23.2853

(b)

图3.14 影像自动匹配

可以从误差的大小判断点是否错误，完毕后返回自动保存。

9. 进行计算

计算前，加入控制点（对照航片的刺孔，将控制点加入到影像中），进行PATA计算，利用命令，设置需要的精度（图3.15）。

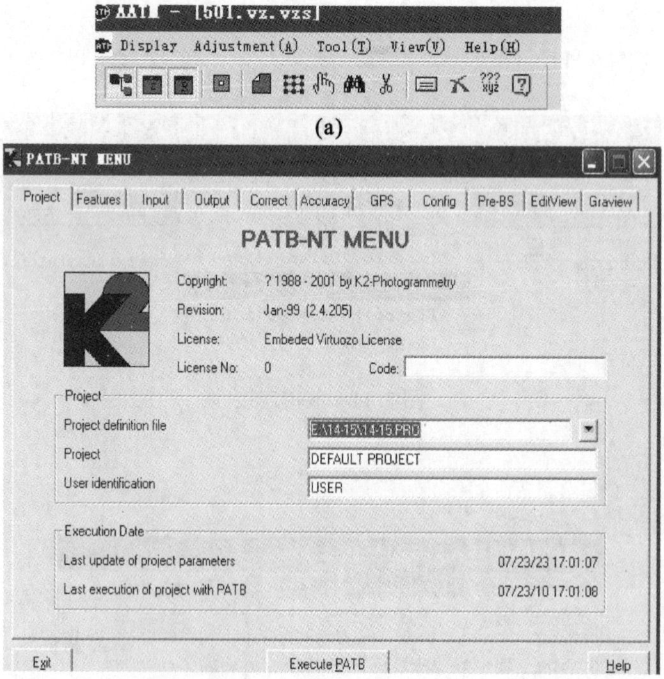

(a)

(b)

图3.15 解析空中三角测量计算

10. 调用查看计算的控制点信息、加密点信息（图 3.16）

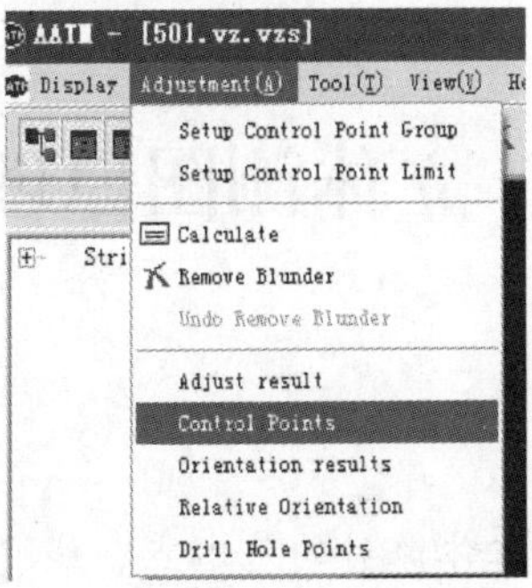

图 3.16　查看控制点信息

11. 成果输出（图 3.17）

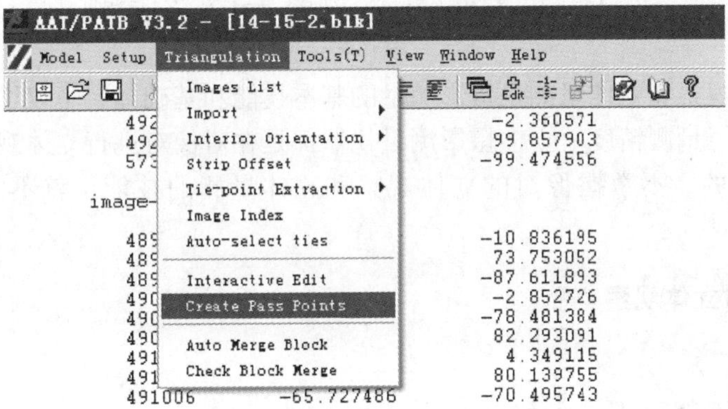

图 3.17　空中三角测量成果输出

习　题

1. 解析空中三角测量的目的和意义是什么？进行解析空中三角测量需要利用哪些信息？

2. 独立模型法平差与航带法平差有什么区别？试比较其优缺点。

3. 试说明光束法解析空中三角测量的基本思想。为什么说它是最严密的解析空中三角测量方法？

第4章　立体测图原理与方法

☞ 教学目标

了解立体像对的概念；掌握立体像对的基本点、线、面；理解像对立体观察的原理；了解立体像对观察与量测的方法；了解立体测图的发展；掌握模拟法立体测图的原理与方法；掌握解析法立体测图的原理与方法；特别要掌握数字摄影测量系统立体测图的方法步骤。

4.1　像对的立体观察与立体量测

像对的立体观察和立体量测是摄影测量的基本技能和基础，它不仅增强了辨认像点的能力，而且提高了量测精度。立体摄影测量仪器都是在对像对进行立体观察和立体量测的条件下进行作业的。不掌握像对的立体观察和立体量测的技能，就不能从事摄影测量工作。

4.1.1　像对立体观察

1. 立体像对

(1) 立体像对的定义

立体摄影测量是以立体像对为基础，通过对立体像对的观察和量测确定地面目标的形状、大小、空间位置及性质的一门技术。

由不同摄影站摄取的具有一定影像重叠的两张像片称为立体像对。

(2) 立体像对的基本点、线、面

图4.1表示处于摄影位置的立体像对，S_1和S_2分别是左像片P_1和右像片P_2的投影中心，两投影中心的连线B称为摄影基线。地面点A的投射线A_{S_1}和A_{S_2}叫做同名光线，同名光线分别与两像面的交点a_1、a_2叫做同名像点。显然，处于摄影位置时，同名光线在同一个平面内，即同名光线共面，这个平面叫做核面。广义地说，通过摄影基线的平面都可以叫做核面，通过某一地面点的核面则叫做该点的核面。例如，通过地面点A的核面就叫做点A的核面，记做W_A。所以，在摄影时，所有的同名光线都处在各自对应的核面内，即摄影时，各对同名光线都是共面的，这是关于立体像对的一个重要几何概念。

通过像底点的核面叫做垂核面，因为左右底点的投射光线是平行的，所以一个立体像对有一个垂核面。过像主点的核面叫做主核面，有左主核面和右主核面。由于两主光轴一般不在同一个平面内，所以左右主核面一般是不重合的。

基线或其延长线与像平面的交点叫做核点，图4.1中J_1、J_2分别是左右像片上的核

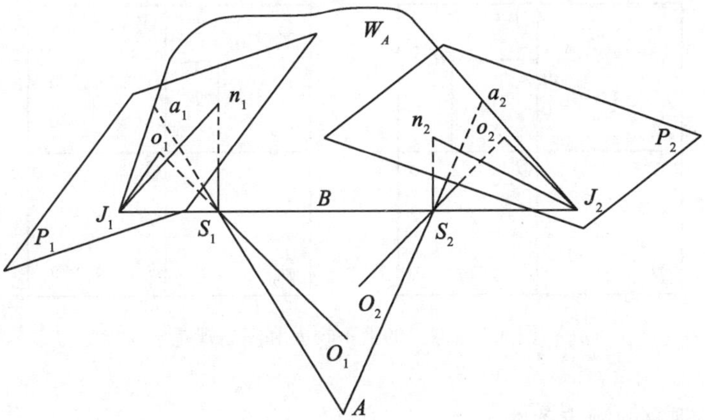

图 4.1　立体像对的点、线、面

点。核面与像平面的交线叫做核线，与垂核面、主核面相对应，有垂核线和主核线。同一个核面对应的左右像片上的核线叫做相应核线，相应核线上的像点一定是一一对应的，因为它们都是同一个核面与地面切线上点的构像。由此得知，任意地面点对应的两条核线是相应核线，左右像片上的垂核线也是相应核线，而左右主核线一般不是相应核线。由于所有核面都通过摄影基线，而摄影基线与像平面相交于一点，即核点，所以像面上所有核线必会聚于核点。与单张像片的解析相联系可知，核点就是空间一组与基线方向平行的直线的合点。

摄影基线水平的两张水平像片组成的立体像对叫做标准式像对。由于通过以像主点为原点的像平面坐标系的坐标轴方向的选择可以使这种像对的两个像空间坐标系、基线坐标系与地面辅助坐标系之间的相应坐标轴平行，所以也可以说，两个像空间坐标系和基线坐标系各轴均与地面辅助坐标系相应轴平行的立体像对叫做标准式像对。

（3）立体像对上下视差和左右视差

立体像对上相应像点在两像片上的位置是不同的，即在两像片上的像平面坐标是不等的，如图 4.2 所示。这种相应像点的坐标差称为视差。其中，横坐标之差称为左右视差，用 p 表示；纵坐标之差称为上下视差，用 q 表示，即

$$\begin{cases} p = x_1 - x_2 \\ q = y_1 - y_2 \end{cases} \tag{4.1}$$

左右视差恒为正，上下视差可为正、负或零。

标准式立体像对上各点的上下视差都等于零，即

$$q = y_1^0 - y_2^0 = 0 \tag{4.2}$$

2. 像对立体观察

立体摄影测量基本上是通过对立体像对的观察和量测实现的。像对的立体观察除了由眼睛直接进行或用通常工具进行外，在科学高度发展的今天，出现了由电子计算机控制的光敏仪器，形成了计算机视觉。计算机视觉是一种仿生系统，在摄影测量自动化中起着重要作用，但是目前这种系统还不完备，还不足以取代通常人眼的立体观察，仪器的观察系

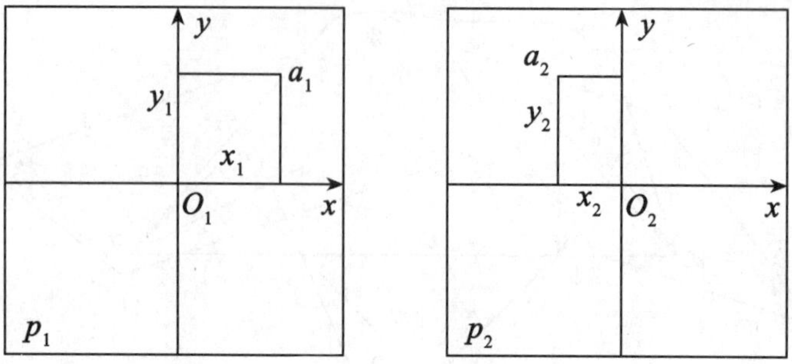

图 4.2　像点的上下视差和左右视差

统还应具备人眼观察的相应条件。

(1) 人眼的自然观察

人的眼睛好像一部照相机，前面的水晶体相当于镜头，后面的网膜相当于感光片。如图 4.3 所示，网膜的中央有网膜窝，是视觉最灵敏的地方。网膜窝中心与水晶体后节点的连线叫做眼的视轴。当人眼注视某物点时，视轴会自动地转向该点，使该点成像在网膜窝中心，同时随着物体离人眼的远近自动改变水晶体的曲率，使物体在网膜上的构像清晰。眼睛的这种本能称为眼的调节。

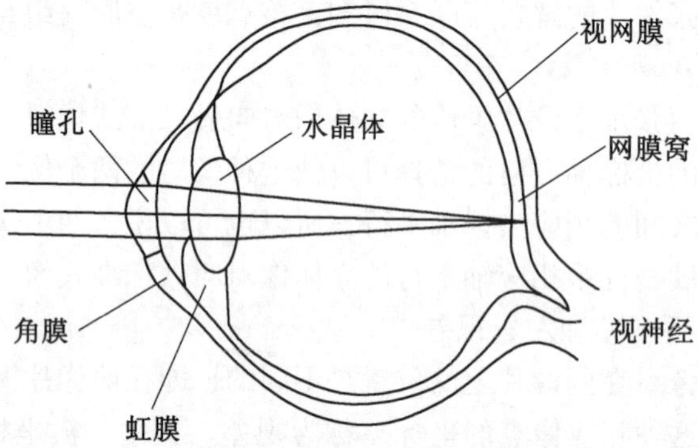

图 4.3　人眼结构

当用双眼观察物体时，两眼会本能地使物体的像落于左右两网膜窝中心，即视轴交会于所注视的物点上。这种本能称为眼的交会。在生理习惯上，眼的交会动作与眼的调节是同时进行、永远协调的。

人们对自然界景物可以是单眼观察或双眼观察，单眼观察就如同照相机照一张像片一样，把空间立体的景物变成一个平面的构像，单眼观察只能感觉到物体的存在和判断其方向，但不能判别物体的远近。生活中用单眼观察产生的远近（景深差）感觉，是按照透视法则，比较成像大小和明暗适度而得到的，并非真正的立体感。

单眼能够辨别最小物体的能力叫做单眼视力，通常用单眼所能辨别的最小物体对眼睛所张的角值来表示。单眼视力分为两类：辨别点状物体的能力叫做第一类单眼视力，约为

45″；辨别线状物体的能力叫做第二类单眼视力，约为 20″。

用一对眼睛同时观察景物叫做双眼观察，在双眼观察下，能感觉景物有远近凹凸的视觉，叫做立体视觉。当用双眼观察物体时，就能分辨出物体的远近，此时所依据的特征设想为“生理视差”，而不是凭借生活经验所得到的印象。用双眼观察能够判别物体远近（产生立体感觉）的原因可以作如下推述：

如图 4.4 所示，当双眼注视 F 点时，F 点分别构像于两眼的网膜窝中心 f_1、f_2；距 F 点远近不同的 A 和 B 点也分别构像于左右网膜上的 a_1、a_2 和 b_1、b_2。我们感觉：与 F 点不同距离的点在左、右两网膜上像点的位置相对于网膜中心来说是不同的，例如，a_1、a_2 分别与 f_1、f_2 在眼基线方向的弧长 f_1a_1 和 f_2a_2 是不等的，其差值 $f_1a_1-f_2a_2=\eta$ 称为生理视差。若规定弧长在网膜窝中心的左边为正，在右边为负，则任一物点（如图 4.4 中的 A 点比注视点 F 远时），生理视差 $\eta<0$，比注视点近（如 B 点）时，$\eta>0$，而注视点的生理视差为 0。由此可知，由于远近不同的物体在网膜上形成了不等的生理视差，它由视神经传导至大脑皮层的视觉中心，便产生了物体有远近不同的感觉。所以认为生理视差是产生立体视觉的原因。

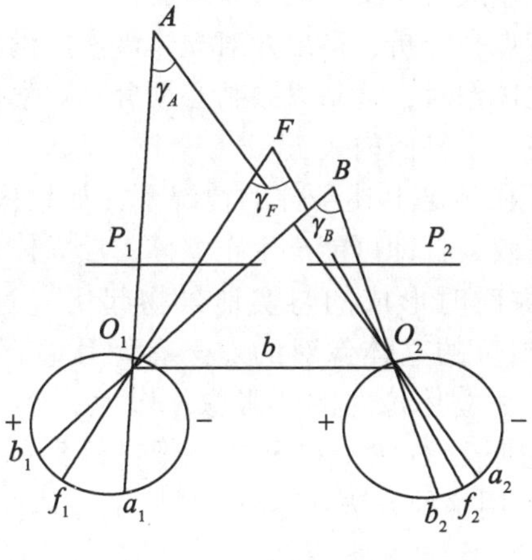

图 4.4　双眼观察

双眼观察能判别物体有远近的能力，称为双眼视力。通常用两物点（其中一点为注视点）的视差角之差来表示（任一物点的两相应视线的交角称为视差角，如图 4.4 中的 γ）。双眼视力也分为两类，能判别两物点有远近差别的能力叫做第一类双眼视力，约为 30″；能判别平行线有远近差别的能力叫做第二类双眼视力，为 10″~15″。

双眼观察时，如观察点与凝视点前后距离相差不超过一定范围，则双眼中的构像基本一样，视觉中也自然凝合为一个影像；如果前后距离相差较大，两个眼中的相应弧距是不相等的，视觉中会出现双影。这个现象是容易观察到的，只要在观察者面前举起两支铅笔，使它们前后相距 15~20cm，则凝视前面的铅笔时，后面的铅笔为双影；凝视后面的铅笔时，前面的铅笔为双影。经验表明，当观察目标点的视差角与凝视点的视差角之差不大于 70″时，便可以凝合成一个影像，形成立体视觉。由此可见，一定范围内的生理视差是形成立体视觉的原因。

双眼立体观察中，当被观察的景物远到一定程度时，景物间的远近凭直接观察便不可分了，必须借助背景及其他间接知识方可判断远近，这个远到一定程度的距离就叫做立体观察半径。根据双眼视力的定义可知，如果凝视点的视差角等于双眼视力，那么比凝视点更远的点的视差角必小于双眼视力，所以其远近便不可分辨了。由此可定义，视差角等于双眼视力时的凝视点距离叫做立体观察半径。

(2) 像对立体观察

人在用双眼直接观察自然景物时，能够判断出景物的远近和高低起伏，这种具有立体感觉的能力，称为天然立体视觉。利用立体像对在室内进行双眼观察，也能获得与直接观察空间物体一样的立体感觉，这种现象称为像对立体观察。

我们设想 P_1P_2（见图 4.4）是用同焦距的摄影机使镜头中心位于眼透镜中心而摄得的立体像对（处于阳位），a_1、f_1、b_1 和 a_2、f_2、b_2 为左、右像片上像点。现在我们将空间物体移开，在不改变两眼和两像片位置的情况下，使每眼各看一张像片，则各像点的视线构成的光束与摄影时的摄影光束一致，即与实际看物体时视线所构成的光束一致。这时，立体像对上各像点在两眼网膜上所构成的像和形成的生理视差与直接看实物时一样，因而可得到与直接观察空间物体时同样的立体感觉。由实验可知，如果两眼与像对的相对位置有所改变，但仍能保证相应视线成对相交，则可获得立体效果。

根据天然立体观察的特点和分析，得出像对立体观察应满足的条件有：①由两个摄站点摄取同一景物而组成的立体像对；②每只眼睛必须分别观察像对的一张像片；③两条同名像点的视线与眼基线应在一个平面内。

进行像对立体观察时，在满足上述条件的情况下，如果像片相对眼睛安放的位置不同，则可以得到不同的立体效果，即可能产生正立体、反立体和零立体效应。

正立体是指观察立体像对时形成的与实地景物起伏（远近）相一致的立体感觉。当左、右眼分别观察置于阳位的立体像对的左、右像片时，就产生正立体效应，如图 4.5（a）所示。在此基础上将立体像对的两张像片作为一个整体，在其自身平面内旋转 180°，观察位置不变，使左眼看右像、右眼看左像，得到的仍是正立体，仅方位相差 180°，如图 4.5（b）所示。用这种方法观察航空摄影的立体像对，就能看到连绵起伏的

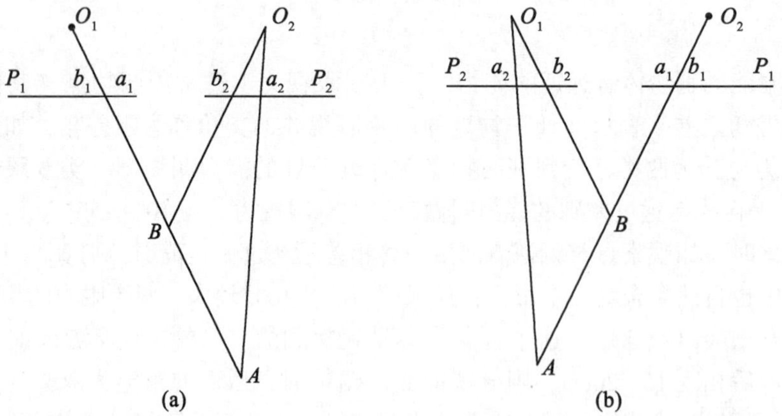

图 4.5　正立体

山脉、低洼的山谷、河流，获得与地形相似的立体模型。正立体效应广泛应用于摄影测量的各个环节之中。

反立体是指观察立体像对时产生的与实地景物起伏（远近）相反的一种立体感觉。在正立体效应（图4.5（a））的基础上，将各自平面内旋转180°（图4.6（a））或两张像片的位置互换（图4.6（b）），此时所产生的生理视差与直接观察空间实物时的生理视差符号相反，所获得的立体效应与实际情况恰恰相反，山脊线变成了山谷线，洼地变成了山头。在摄影测量作业中，常用反立体效应检查正立体观测的正确性。

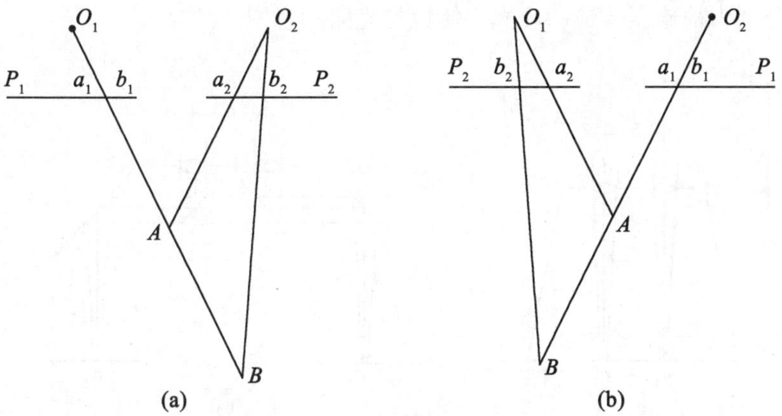

图4.6　反立体

像对立体观察中形成的原景物起伏（远近）消失了的一种效应，称为零立体效应。这是将立体像对的两张像片各旋转90°，使同名像点的连线都相等，并且原左右视差方向改变为与眼基线垂直所得到的结果。这时，所有同名像点的生理视差都变为零，故消失了远近的感觉。

三种立体效应像片的放置位置如图4.7所示，图（a）为正立体，像对影像重叠向内；图（b）为反立体，重叠向外；图（c）为零立体。图中 o_1、o_1'和 o_2、o_2'分别为左、右像片的像主点及其同名点。

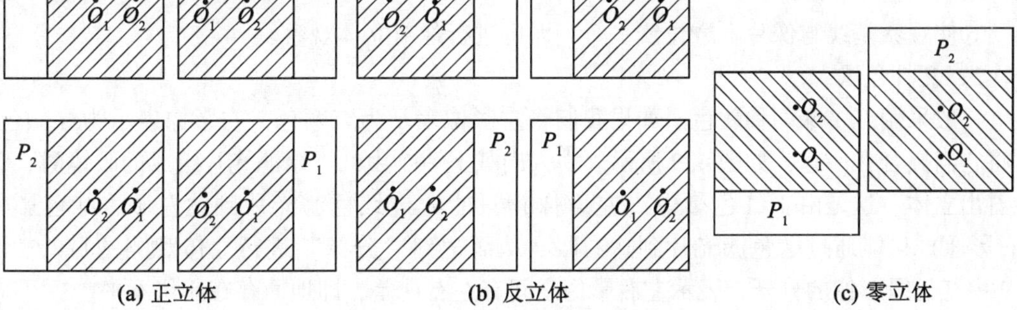

图4.7　三种立体效应的观察方法

(3) 像对立体观察的工具

像对立体观察时，必须每眼各看一张像片，即必须进行分像。肉眼直接观察像对时要达到分像的目的比较困难，这是因为，一方面，改变了视轴交会于所视物点上的习惯(每眼各看一张像片)，另一方面，交会与调节两动作不协调，即交会角随着左右视差的大小不断改变，而观察距离不变始终调节在明视距离上。因此，一般要借助于专门的观察工具，立体摄影测量仪器都具有相应的观察系统。

1) 立体镜观察

立体观察最简单的工具是袖珍立体镜，观察较大像幅的像对时用反光立体镜。图4.8(a)、(b) 分别为袖珍立体镜和反光立体镜的光路示意图。

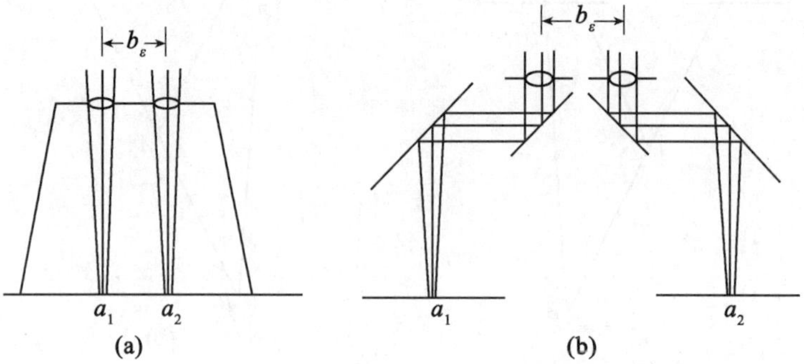

图4.8 用立体镜进行立体观察示意图

反光立体镜由两对反光平面镜和一对透镜组成，平面镜安置成45°的倾角。在反光镜下面安置的左右像片上的像点所发出的光线，经反光镜的两次反射后分别进入人的左右两眼，达到了分像的目的；同时观察的像片位于反光镜透镜的焦面附近，像点发出的光线经透镜后差不多成平行光束，因而眼睛始终调节在远点上，很容易使交会与调节相适应而得到清晰的立体效果。透镜的唯一作用是放大，反光立体镜放大倍率为1.5~2倍。

用袖珍立体镜观察立体像对的步骤如下：

①将像对按方位线定向，即使两像片上的相应方位线（本片的像主点与邻片像主点的相应像点的连线）位于一条直线上。

②沿方位线方向使两像片相对地左右移动，以改变像片之间的距离，使相应视线的交角与眼的交会角相适应。

③使观察基线与像片上方位线平行，即可进行像对立体观察。

2) 互补色法

一般采用红、绿两种颜色。如果我们将左影像表示为红颜色，右影像表示为绿颜色，并将它们叠合在一起，如图4.9所示。当人们戴上一个由红、绿滤光片组成的眼镜时，就能看出立体。这是由于红色影像（左影像）只能通过红色滤光片到达左眼，绿色影像（右影像）只能通过绿色滤光片到达右眼，从而达到“分像”进行立体观测的目的。图4.9中红与绿影像的分开，表示左右影像之间有左右视差，即地面存在起伏不平。

目前，在数字摄影测量系统中常用的是以下两种方法：

图 4.9　互补色法立体观测

3）同步闪闭法

影像在计算机屏幕上以高于 100 帧/秒频率交替显示，同时通过红外发射器，将信号发射给具有液晶开关的眼镜，液晶开关与计算机显示屏上的影像同步开、关，实现分像，以达到立体观测的目的。

4）偏振光法

偏振光眼镜是立体电影常用的方法。在数字摄影测量工作站中，需在计算机屏幕前安装偏振光屏，当计算机屏幕上分别交替显示左右影像时，屏幕前的偏振光屏就会产生不同的偏振方向，因此作业员只要戴一副偏振光眼镜，即能观测到立体。

4.1.2　像对立体量测

在摄影测量中，用立体观察方法以立体测标切准模型点作为量测手段，测定地面点的空间位置或像点的平面坐标。

摄影测量中建立立体测标，可使用双测标和单测标两种量测方法。

1. 双测标量测法

双测标法是将两个真实的测标放在左右像片上或左右像点观察视线的光路中，在立体观察时，左右两个测标会凝合形成一个空间的立体虚测标。当立体像对满足人造立体效应条件时，同名像点 a_1 和 a_2 在立体观察下形成视模型点 A，如图 4.10 所示。若实测标 M 落在左像片 M_1' 处，M_2 落在右相片上 a_2 像点上，在立体观察下，立体测标 M 并未切准模型点 A。将实测标 M_1 在左像片上移动，就会看到立体测标在空间运动，当 M_1 自 M_1' 处移动到像点 a_1 上时，就可看到立体测标 M 恰与模型 A 相重合（相切）。据此即可测定地形点的空间位置。或者根据两个实测标即时位置的分划尺读数相对各自的起始位置相应读数的差值，即可求出像点在像片的坐标值。

2. 单测标法立体量测

单测标法是用一个实测标量测模型。在用互补色法进行立体量测时，在承影面 E 上放置一个测标台，测标台上有小承影面 e，其上有一个实测标 M，如图 4.11 所示，同名像点 a_1、a_2 的投影光线相交，其交点为几何模型点，无数同名投影光线对相交，即可得到一个几何模型，几何模型是看不见的，但它与实地形状是保持几何相似的。观测者戴上红、绿眼镜，观察小承影面上的同名投影像点 a_1 和 a_2，其同名视线的交点 A' 即为视模型点，显然，视模型与几何模型并不重合。在承影面 E 上推动测标台，用测标去切准模型点，当小承影面 e 低（高）于 A 点时，测标 M 不与 A' 点重合，将小承影面 e 连同其上的测标相对于承影面 E 升高（降低），小承影面 e 上的同名投影像点就会逐渐靠拢，视模型的 A' 点就会随之下降，当小承影面升到 e' 处，正好通过几何模型的 A 点时，同名投影像点 a_1 与 a_2 均落到测标上，则视模型点 A' 恰与几何模型点 A 重合，测标 M 在承影面 E 上的正射投影点 M_0，就是 A 点的正射投影位置，测标的高度确定了 A 点的空间位置。虽然互补色立体量测法观察和量测的都是视模型，但量测的结果却是看不见的，而是与实地保持几何相似的几何模型上相应点的正确数值。

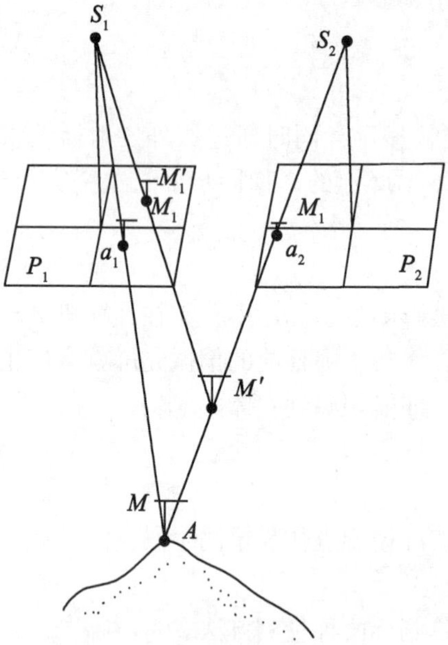

图 4.10　双测标法立体量测

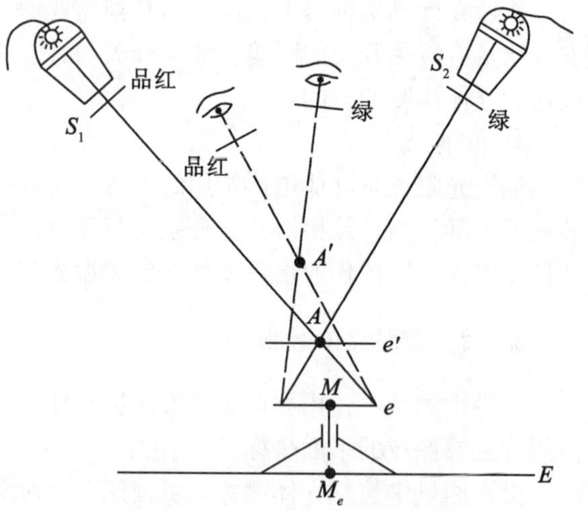

图 4.11　单测标法立体量测

4.2　模拟法立体测图的原理与方法

4.2.1　立体测图的概述

利用摄取的立体像对进行相对定向、绝对定向或空间后方交会、空间前方交会，可重建地面按比例尺缩小的立体模型。在模型上进行量测，可直接测绘出符合规定比例尺的地形图，获取地理基础信息。其产品可以是图件（如地图），也可以是数字化的产品（如地面数字高程模型或数字地图）。这种测绘方式将外业测绘工作搬到室内进行，减少了天气、地形对测图的不利影响，提高了工作效率，并使测绘工作逐步向自动化、数字化方向发展，因此，摄影测量成图方式已成为测绘地形图的主要方法。摄影测量立体测图经历了以下三个阶段。

1. 模拟法立体测图

这是一种经典的摄影测量制图方法，所用的仪器称为模拟测图仪（图 4. 12（a））。它是利用两个投影器，将航摄的透明底片装在投影器中，再用灯光照射，用与立体电影相似的原理，重建地面立体模型。在测绘承影面上，用一个量测用的测绘台进行测图。这种方法曾经是测图的重要方法。由于它是用立体型的摄影测量仪器模拟摄影过程的反转，所以称为模拟摄影测量。这种方法所用的仪器类型很多，20 世纪 70 年代后，由于电子技术的发展，这类仪器已被解析测图仪代替。这种仪器测绘的地形图都是线画产品，用于建立地理基础信息库时，还需将地图进行数字化，增加了工作量。因此，目前这类仪器都在进行技术改造，增加计算机与接口设备，用计算机辅助测图，提高测图效率，并使产品具有线画与数字两种形式，可直接进入地理信息库。

(a) 模拟测图仪A8　(b) 解析测图仪　(c) 数字摄影测量系统

图 4. 12　摄影测量立体测图三个发展阶段的三种典型仪器

2. 解析法立体测图

这是 1957 年以后，随着电子技术的发展而形成的一种测图方法。所用的仪器称为解析测图仪（图 4. 12（b）），它由一台精密立体坐标量测仪、计算机接口设备、绘图仪、计算机软件系统等组成一像片，安置在像片盘上，按计算公式进行解析相对定向、解析绝对定向等，求解建立立体模型的各种元素后，存储在计算机中。测图时，软件自动计算模型点对应的左、右像片上同名像点坐标，并通过伺服系统自动推动左、右像片盘和左、右测标运动，使测标切准模型点，从而满足共线方程，进行立体测图。这种方法精度高，且不受模拟法的某些限制，适用于各种摄影资料、各种比例尺测图任务，其产品首先以数字形式存储在计算机中，可直接提供数字形式的地理基础信息。目前这种方法也已经被淘汰。

3. 数字化测图

这是目前生产中的主要方法。它所用的仪器称为数字摄影测量系统（图 4. 12（c）），主要由像片数字化仪、计算机、输出设备及摄影测量软件系统组成。透明底片或像片经数字化以后，变成数字形式的影像，利用数字相关技术，代替人眼观察，自动寻找同名像点，并量测坐标。采用解析计算的方法建立数字立体模型，由此建立数字高程模型，自动绘制等高线，制作正射影像图，提供地理基础信息等。整个过程除少量人机交互外，全部自动化。从正射影像上进行地物目标和信息提取，目前仍是半自动的人机交互方法。例如，我国自行研制的全数字摄影测量系统 VirtuoZo 与 JX-4C 已大规模用于摄影测量生产作业。随着计算机技术、数字图像处理技术、计算机视觉技术、专家系统等的发展，在摄影测量成图方面，数字化测图以其高效率、自动化、智能化而得到了广泛应用。

4.2.2 立体像对的相对定向元素和模型的绝对定向元素

1. 相对定向元素

相对定向元素是确定两张像片相对位置的元素。相对方位元素与摄影测量坐标系统的选择有关，对于不同的摄影测量坐标系，相对方位元素可以有不同的选择。下面介绍两种常用的相对方位元素系统。

（1）连续像对的相对方位元素

这一系统是把立体像对中的左像片平面当做一个假定的水平面，而求右片相对于左片的相对方位。这也就是说，这种相对方位元素系统是以左片的像空间坐标系 $S_1-x_1y_1z_1$ 作为参照基准的。

如图 4.13 所示，若取左片的像空间坐标系 $S_1-x_1y_1z_1$ 作为我们的摄影测量坐标系 S_1-XYZ，则可认为左片在此摄影测量坐标系统 S_1-XYZ 中的外方位元素全部为零。因此，右片对于左片的相对方位元素就是右片在摄影测量坐标系 S_1-XYZ 中的所谓外方位元素（由于这里的外方位元素并不一定是对地面辅助坐标系而言的，所以加上“所谓”二字）。因此，连续像对相对方位元素系统由下述五个元素组成：$\overline{T}$、$\overline{V}$、$\Delta\overline{\varphi}$、$\Delta\overline{\omega}$、$\Delta\overline{\kappa}$。

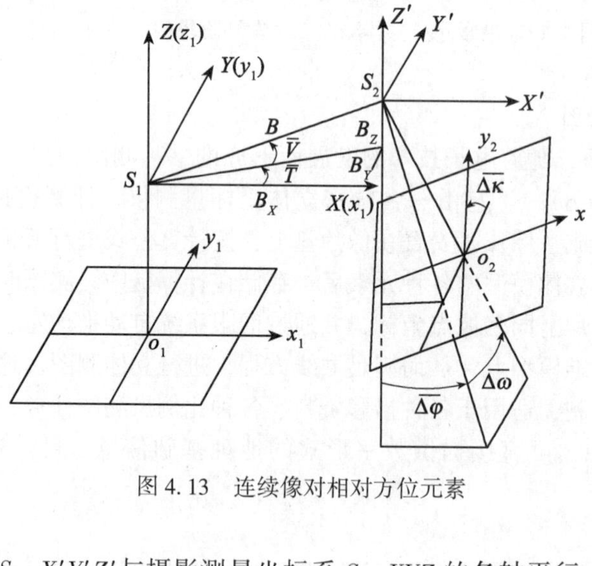

图 4.13 连续像对相对方位元素

今作一坐标系 $S_2-X'Y'Z'$ 与摄影测量坐标系 S_1-XYZ 的各轴平行，则各相对方位元素定义分别如下：

$\overline{T}$：摄影基线 B 在 XY 坐标面上的投影与 X 轴的夹角；

$\overline{V}$：摄影基线 B 与 XY 坐标面之间的夹角；

$\Delta\overline{\varphi}$：右像片主光轴 S_2O_2 在 $X'Z'$ 坐标面上的投影与 Z' 轴的夹角；

$\Delta\overline{\omega}$：右像片主光轴 S_2O_2 与 $X'Z'$ 坐标面之间的夹角；

$\Delta\overline{\kappa}$：Y' 轴在右像片平面上的投影与右像片像平面坐标系 y_2 轴之间的夹角。

各元素均从坐标轴或坐标面起算（$\Delta\overline{\kappa}$ 从 Y' 轴在右片上的投影起算），图 4.13 中所示的方向均为正。

以上五个元素中，$\overline{T}$ 和 $\overline{V}$ 确定了摄影基线在摄影测量坐标系 S_1-XYZ 中的方向；$\Delta\overline{\varphi}$ 和 $\Delta\overline{\omega}$ 确定了右光束的主光轴 S_2O_2 在摄影测量坐标系中的方向，因而也就确定了两光束之主光轴间的相对方位；$\Delta\overline{\kappa}$ 确定了右片在其自身平面内的旋转，即右光束绕其主光轴的旋转。

这种相对方位元素系统是以左片的像空间坐标系为参照基准，因此可以脱离地面辅助坐标系统而独立地确定两个光束的相对方位。这种相对方位元素系统的特点是，在相对定向过程中，只需移动或旋转其中一张像片（或光束），另一个则始终固定不变。

由上述可知，连续像对系统的相对方位元素可以理解为右光束（或右片的像空间坐标系）在左片像空间坐标系中的“外方位”元素（基线 B 或 B_X 可为任意假定值）。广义地说，连续像对系统的相对方位元素可认为是以左片（左光束）为基准的相对方位元素。假如左片在某一给定的摄影测量坐标系中的角方位元素是已知的，则可用该摄影测量坐标系为基准。此时，右片（右光束）在该摄影测量坐标系中的“外方位”元素（基线 B 或 B_X 可为任意假定值）仍叫做连续像对系统的相对方位元素，不过这时的相对方位元素是对该摄影测量坐标系而言。由于左片在该坐标系中的角方位元素为已知值，因而，也就确定了两光束间的相对方位。例如，左片在 S-XYZ 中的角方位元素（φ_1、$\overline{\omega_1}$、κ_1）为已知值，右片在 S-XYZ 中的“外方位”元素为 B_X、B_Y、B_Z、φ_2、$\overline{\omega_2}$、κ_2，则 B_X、B_Y、B_Z、φ_2、$\overline{\omega_2}$、κ_2 就是连续像对系统的相对方位元素，或用 T、V、φ_2、ω_2、κ_2 作为相对方位元素。

（2）单独像对的相对方位元素

在这一系统中，将摄影测量坐标系统的坐标原点定在摄站 S_1，其 X 轴与摄影基线 B 重合，Z 轴在左主核面内，如图 4.14 所示。我们把这一种摄影测量坐标系叫做基线坐标系。所以说，单独像对相对方位元素系统是以基线坐标系为参考基准的。

由于两个摄站 S_1 和 S_2 都在 X 轴上，它们之间的长度又无关紧要，可以为任一常数，因而两摄站之间的相对位置便可很简单地以任意比例尺确定下来。现在的问题是，如何规定两光束在基线坐标系统中的姿态。因此，单独像对相对方位元素系统由下述五个元素组成：τ_1、κ_1、ε、τ_2、κ_2。

τ_1：左主核面（即 XZ 面）上左主光轴与摄影基线的垂线（即 Z 轴）之间的夹角，由垂线起算，顺着坐标轴正向看，逆时针为正，图 4.14 中为负值。

κ_1：左像片上左主核线与像平面坐标系 x_1 轴间的夹角，由左主核线起算，逆时针至 x_1 轴正方向为正，图 4.14 中 κ_1 角为负值。

ε：左、右两像片主核面之间的夹角。由左主核面起算，图 4.14 中箭头所示的方向

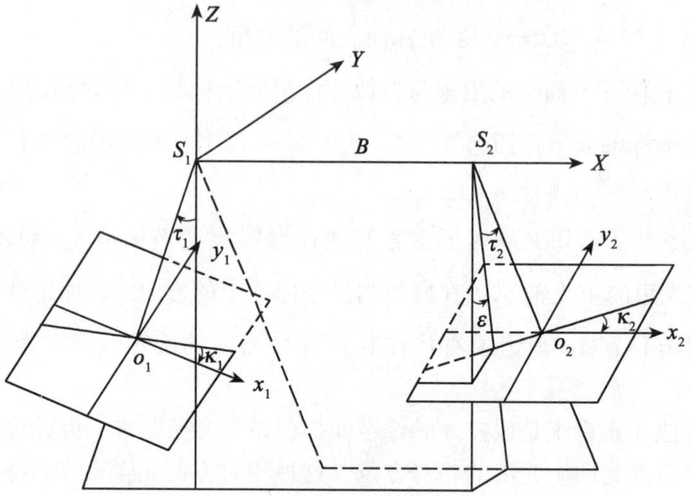

图 4.14 单独像对相对方位元素

为正。

τ_2：右主核面上右主光轴与摄影基线 B 的垂线之间的夹角，由垂线起算，其方向正负与 τ_1 相同。图 4.14 中 τ_2 角为正值。

κ_2：右像片上右主核线与像平面坐标系 x_2 轴间的夹角，由右主核线起算，正负号规定与 κ_1 相同。图 4.14 中 κ_2 为负值。

上述五个元素中，ε 可以确定两主核面间的相对位置；τ_1 和 τ_2 可分别确定两主光轴对基线的相对位置；κ_1 和 κ_2 可分别确定两张像片在其自身平面内的旋转，即控制两光束分别绕其主光轴旋转。所以，用这五个元素也可以确定两光束的相对方位。这种系统的特点是确定两光束相对方位时，要分别转动两光束来实现。它们同样与地面辅助坐标系无关。

相对方位元素的单独像对系统是以基线坐标系为基准的，从这方面来理解，可以认为 ε、τ_2 和 κ_2 是右光束（右片）在基线坐标系中的“外方位”角元素；τ_1 和 κ_1 是左光束（左片）在基线坐标系中的“外方位”角元素。它们的旋转顺序与第二种外方位角元素系统一致，即以 X 轴作为第一旋转轴（主轴），以 Y 轴作为第二旋转轴。而连续系统的旋转顺序是与第一种外方位角元素系统相一致的。

2. 立体像对（模型）的绝对方位元素

在恢复了立体像对的两张像片（光线束）的相对方位之后，相应光线必在其核面内成对相交，这些交点的总和形成了一个与实地相似的几何模型。不过，由于相对方位元素系统是以摄影测量坐标系统（例如基线坐标系）为参照基准的，是独立于地面辅助坐标系的，所以，它在地面辅助坐标系中的方位是任意的，模型的比例尺也是任意的。在恢复了立体像对的相对方位之后，我们可以把立体像对的两个光束及其相应光线相交而构成的立体模型作为一个整体看待。

在恢复立体像对两张像片（光束）的相对方位的基础上，用来确定立体像对（立体模型）在地面辅助坐标系中的正确方位和比例尺所需要的参数，叫做立体像对（立体模型）的绝对方位元素。

前已述及，立体像对（模型）的绝对方位元素应有 7 个：B、X_S、Y_S、Z_S、Φ、Ω、K。

B：摄影基线长，用以确定模型的比例尺（也可以用基线分量 B_X 代替，或用模型的比例尺分母代替）；

Φ：模型在 X 方向（航线方向）的倾斜角；

Ω：模型在 Y 方向（旁向方向）的倾斜角；

K：模型在 XY 平面内的旋转角。

(X_S, Y_S, Z_S)：某一摄站（如左摄站）在地面辅助坐标系 $O_T-X_TY_TZ_T$ 中的坐标（也可以用模型中某一已知点的地面坐标）。

上述立体像对（模型）绝对方位元素的含义，还可以用解析几何学中坐标变换的方法来分析。假如在确定像对之相对方位元素时，是以摄影测量坐标系 $S-XYZ$ 为参照基准的，那么立体像对（模型）的绝对方位元素就是确定摄影测量坐标系 $S-XYZ$ 在地面辅助坐标系 $O_T-X_TY_TZ_T$ 中的方位和统一长度单位所需要的参数。为此，就需要有下述的参数：

(Φ, Ω, K)：摄影测量坐标系 $S-XYZ$ 对于地面辅助坐标系 $O_T-X_TY_TZ_T$ 的三个旋转角；

(X_S, Y_S, Z_S)：摄影测量坐标系 $S-XYZ$ 的坐标原点 S 在地面辅助坐标系 $O_T-X_TY_TZ_T$ 中的坐标；

λ：两坐标系的单位长度的比值，即为模型的比例尺分母。

这样，立体像对的绝对方位元素为七个：λ、X_S、Y_S、Z_S、Φ、Ω、K。

一般来讲，每个像对有十二个外方位元素，可以分成两组：五个相对定向元素和七个绝对定向元素。

4.2.3　立体模型的模拟法相对定向

模拟法测图是应用光学投影或机械投影的方法来模拟像对的摄影反转过程，建立测图所需的立体模型。相对定向的目的是恢复两张像片的相对位置，达到同名射线成对相交，建立起与地面相似的几何模型。在模拟测图仪上，像对的相对定向通常是将两相邻像片安置在投影器上，恢复内方位元素以后，光线经投影器物镜投影到承影面上成像。这时，同名光线一般不会相交，即承影面上的两个同名投影像点不重合，其差异可分解到 X 和 Y 两个方向上，X 方向上的差异称为左右视差 P，Y 方向的差异称为上下视差 Q，如图 4.15（a）所示。当升降测绘台时，左右视差可以消除，只存在上下视差，如图4.15（b）所示。因此，上下视差是衡量同名光线是否相交的标志，或者说，若同名像点上存在上下视差，就说明没有恢复两张像片的相对关系，即没有完成相对定向。根据这一原则，我们可以通过运动投影器，改变投影光束的方位，来消除同名点的上下视差，当承影面上所有同名点的上下视差都为零时，相对定向也就完成了。

1. 相对定向的方程式

当立体像对没有相对定向时，承影面上诸同名点存在上下视差 Q，如图 4.16 所示。某一对同名像点在承影面上的投影点为 A_1、A_2，其 Y 坐标为 Y_1、Y_2，坐标差就是同名点的上下视差 Q

$$Q = Y_1 - Y_2 \tag{4.3}$$

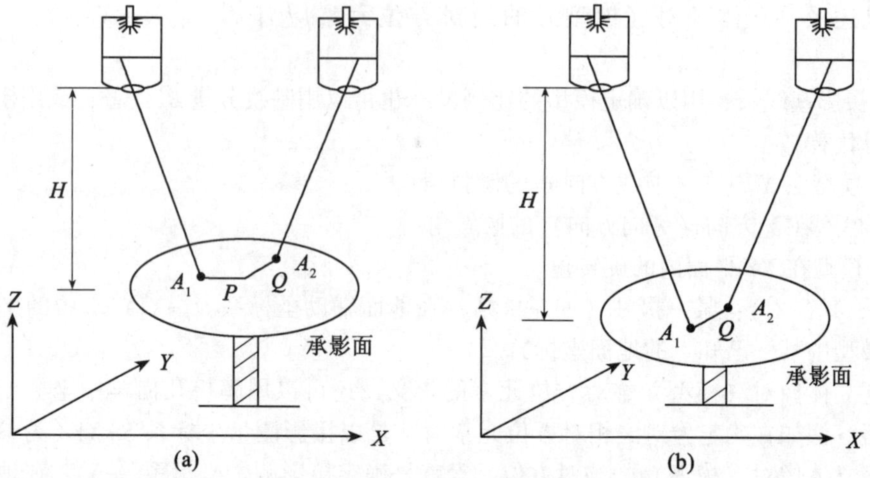

图 4.15　立体像对相对定向

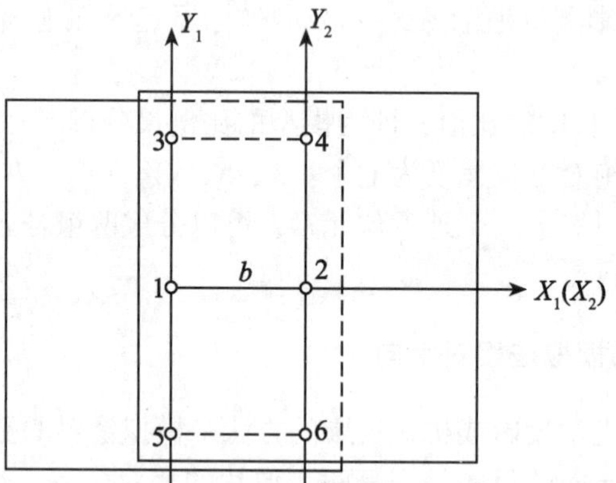

图 4.16　相对定向的标准点位

光学机械法相对定向，就是通过有目的地微动投影器的相对定向螺旋，不断加入坐标改正数，即纵向坐标位移 dY_1、dY_2，使同名点的纵坐标发生变化，实现同名点的纵坐标加上改正数后的差值为零，以完成相对定向，即

$$(Y_1+dY_1)-(Y_2+dY_2)=0 \tag{4.4}$$

将式（4.3）代入式（4.4）得

$$Q=dY_2-dY_1 \tag{4.5}$$

式（4.5）就是模拟立体测图仪相对定向的基本关系方程式。

（1）连续像对的相对定向方程式

连续像对相对定向的 6 个相对定向元素为 bx、by、bz、φ、ω、κ，通常固定左像片而移动右像片。因此，左投影器的投影点位不动，即 $dY_1=0$。根据式（4.5），可得连续像对相对定向方程式为

$$Q = \mathrm{d}Y_2 = \mathrm{d}by + \frac{Y_2}{H}\mathrm{d}bz + \frac{X_2 Y_2}{H}\mathrm{d}\varphi_2 + H\left(1 + \frac{Y_2^2}{H^2}\right)\mathrm{d}\omega_2 + X_2\mathrm{d}\kappa_2 \tag{4.6}$$

式中，H 为投影器的高度；X_2、Y_2为右投影点相对于右方主点的坐标。

（2）单独像对的相对定向方程式

单独像对相对定向时基线保持不动，5 个相对定向元素为 φ_1、κ_1、φ_2、ω_2、κ_2，即只动左投影器的 φ_1、κ_1螺旋，右投影器只动 φ_2、ω_2、κ_2螺旋。因此，由式（4.6）可得单独像对相对定向方程式为

$$Q = \mathrm{d}Y_2 - \mathrm{d}Y_1 = \frac{X_2 Y_2}{H}\mathrm{d}\varphi_2 - \frac{X_1 Y_1}{H}\mathrm{d}\varphi_1 + H\left(1 + \frac{Y_2^2}{H^2}\right)\mathrm{d}\omega_2 + X_2\mathrm{d}\kappa_2 - X_1\mathrm{d}\kappa_1 \tag{4.7}$$

式中，X_1、Y_1为左投影点相对于左方主点的坐标；X_2、Y_2为右投影点相对于右方主点的坐标。

2. 相对定向作业步骤

（1）定向点的选择

1）定向点的数量

光学机械法相对定向，是通过消除承影面上所有同名点上下视差完成的。然而，生产中不可能也没必要做到对所有同名点消除上下视差。实际做法是：通过少量点位上下视差的消除而完成两像片相对位置的恢复。为完成相对定向所选择的必需的少量点位，称为相对定向的定向点。由于相对定向方程式中有 5 个待求值，即 5 个相对定向元素，为此，至少应选择 5 个定向点，按其定向方程列出 5 个独立方程式，组成相对定向的标准点位方程组方可求解。在实际作业中，为了检核，再增加一个点，共计 6 个点。

2）定向点的位置分布

由上述讨论可知，光学机械法相对定向是依赖 6 个定向点的上下视差消除实现的。显然，定向点的位置分布是否合理，将直接决定相对定向的精度和工作效率。为提高相对定向精度和作业速度，选择的定向点的位置如图 4.16 所示，称为相对定向的标准点位。1 和 2 两点分别为左、右片的主点，并分别作为左、右片的坐标原点。

各定向点的坐标见表 4.1，其中 b 为模型基线，$Y_1 \approx Y_2 = Y$。

表 4.1　**定向点的坐标**

点名	坐标		
	X_1	X_2	$Y_1 = Y_2$
1	0	$-b$	0
3	0	$-b$	Y
5	0	$-b$	$-Y$
2	b	0	0
4	b	0	Y
6	b	0	$-Y$

(2) 连续像对相对定向的作业步骤

设地面平坦，且所有点的投影高度为 H。将表 4.1 中各标准定向点坐标分别代入式(4.6)，可以得到 6 个定向点的连续像对相对定向方程

$$\begin{bmatrix} Q_1 \\ Q_2 \\ Q_3 \\ Q_4 \\ Q_5 \\ Q_6 \end{bmatrix} = \begin{bmatrix} 1 & 0 & 0 & H & -b \\ 1 & 0 & 0 & H & 0 \\ 1 & \frac{Y}{H} & -\frac{bY}{H} & H+\frac{Y^2}{H} & -b \\ 1 & \frac{Y}{H} & 0 & H+\frac{Y^2}{H} & 0 \\ 1 & -\frac{Y}{H} & \frac{bY}{H} & H+\frac{Y^2}{H} & -b \\ 1 & -\frac{Y}{H} & 0 & H+\frac{Y^2}{H} & 0 \end{bmatrix} \cdot \begin{bmatrix} \mathrm{d}by \\ \mathrm{d}bz \\ \mathrm{d}\varphi_2 \\ \mathrm{d}\omega_2 \\ \mathrm{d}\kappa_2 \end{bmatrix} \tag{4.8}$$

按此方程，并遵循一个动作消除一个定向点上全部上下视差，且后一步动作尽可能不破坏前一步结果的思想，可以得出平坦地区连续法相对定向的作业步骤如下：

第一步，移动 $\mathrm{d}by$，消除 2 点的上下视差；

第二步，旋转 $\mathrm{d}\kappa$，消除 1 点的上下视差；

第三步，移动 $\mathrm{d}bz$，消除 4 点的上下视差；

第四步，旋转 $\mathrm{d}\varphi$，消除 3 点的上下视差；

第五步，旋转 $\mathrm{d}\omega$，在 6 点上作过度改正 $\mu \cdot \Delta$；

第六步，重新移动 $\mathrm{d}by$，消除 2 点的上下视差；

第七步，重新移动 $\mathrm{d}bz$，消除 4 点的上下视差；

第八步，观察 5 点进行检查，如果不存在上下视差或者上下视差在限差之内，则相对定向完成；否则，重复以上步骤，直到达到要求为止。

所谓过度改正，是指经过一至四步的相对定向后，已经消除 1、2、3、4 点的上下视差，且后一步动作都不会破坏前一步的结果。第五步要动 ω 螺旋，消除 6 点（或 5 点）的上下视差，但这时 $\mathrm{d}\omega$ 必然会破坏以前几个动作的结果，使 1、2、3、4 点上产生新的上下视差。为了提高作业效率，减少循环趋近的次数，对第 6 点现有的上下视差乘以一个 μ 后再进行消除，即用 ω 螺旋将 6 点上的上下视差全部消除后，还要继续作适当的旋转，使 6 点上重新出现反方向的上下视差，这称为过度改正，μ 称为过度改正系数。

图 4.17（a）表示完成第一步至第四步的结果，这时在 6 点上存在上下视差 Δ，图中○表示左投影点，×表示右投影点。动 ω 螺旋消除 6 点的上下视差以后，作过度改正，其总改正量为 $\mu \cdot \Delta$，使 6 点出现反方向上下视差，即右投影点从原来左投影点的下方移动到左投影点的上方，如图 4.17（b）所示。

μ 的计算公式如下：

$$\mu = \frac{H^2+Y^2}{2Y^2} \text{或} \mu = \frac{f^2+y^2}{2y^2} \tag{4.9}$$

式中，H 为标准点的投影高度；Y 为投影点的纵坐标；f 为航摄像片主距；y 为标准点的像平坐标。此时，6 点的总改正量 $\mu \cdot \Delta$ 为

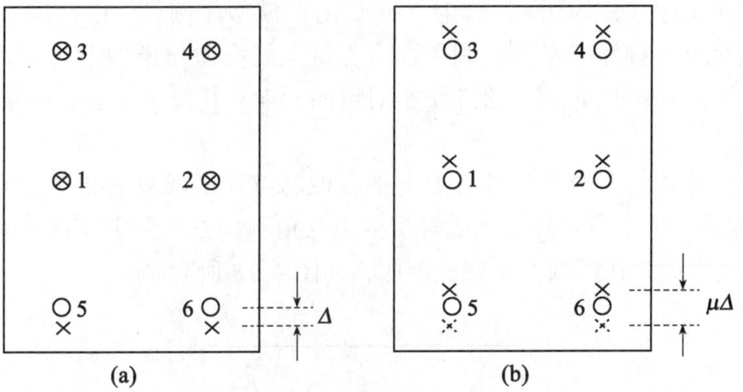

图 4.17　相对定向过度改正

$$\mu \cdot \Delta = \frac{H^2+Y^2}{2Y^2} \cdot \frac{2Y^2}{H}\mathrm{d}\omega_2 = \left(H+\frac{Y^2}{H}\right)\mathrm{d}\omega_2 \tag{4.10}$$

实际相对定向时，定向点在多数情况下并非位于标准点位，而是取标准点位附近的目标点；同时，地面并非平坦地区，即各点的 H 值不等；而且过度改正系数估算不准，致使定向步骤要重复若干次才能得到正确的结果。

(3) 单独像对相对定向的作业步骤

对于单独像对相对定向，与以上连续像对相对定向讨论方法相同。现给出作业步骤如下：

第一步，旋转 $\mathrm{d}\kappa_1$，消除 2 点的上下视差；

第二步，旋转 $\mathrm{d}\kappa_2$，消除 1 点的上下视差；

第三步，旋转 $\mathrm{d}\varphi_1$，消除 4 点的上下视差；

第四步，旋转 $\mathrm{d}\varphi_2$，消除 3 点的上下视差；

第五步，旋转 $\mathrm{d}\omega_2$，在 6 点作过度改正，过度改正系数 μ 的计算同式（4.9）；

第六步，旋转 $\mathrm{d}\kappa_1$ 和 $\mathrm{d}\kappa_2$，分别消除 2 点和 1 点上新出现的上下视差；

第七步，旋转 $\mathrm{d}\varphi_1$ 和 $\mathrm{d}\varphi_2$，分别消除 4 点和 3 点上新出现的上下视差；

第八步，观察 5 点进行检查，如果不存在上下视差或者上下视差在限差之内，则相对定向完成；否则，重复以上步骤，直到达到要求为止。

4.2.4　立体模型的绝对定向

立体像对的相对定向完成后，也就建立起了与地面相似的立体模型。但这个模型的比例尺和空间位置均是任意的，为了用立体模型进行量测，获取正射投影的地形图，必须将该模型纳入地面测量坐标系中，并归化为测图比例尺。这一过程称为立体模型的绝对定向。

模型绝对定向就是如何利用一定数量的地面控制点反求 7 个绝对定向元素。而在模拟立体测图仪上完成这一工作时，则是通过已相对定向好的模型的平移、旋转和缩放，使模型上的控制点与按大地坐标展绘的相应控制点的图底对应起来完成的。这一工作可分两大步完成，即确定模型比例尺与模型置平。确定模型比例尺是通过比较图底上两控制点间距离与模型上对应点间的水平距离，确定（或归化）模型比例尺，由此解求出 X_S、Y_S、κ、λ4 个绝对定向元素；模型置平则是利用 3 个控制点间高差与模型上对应点间高差的不符值进行模型置平，以解求 Φ、Ω、Z_S3 个绝对定向元素。其作业方法和步骤如下：

1. 准备图底

在立体像对重叠范围的 4 角各有 1 个平高控制点（实际只需 3 个，多余 1 个用于检核），其地面测量坐标已由野外实测或解析空中三角测量方法测定。将控制点根据其平面坐标按测图比例尺展绘在图纸上，制成图底，如图 4. 18 所示。

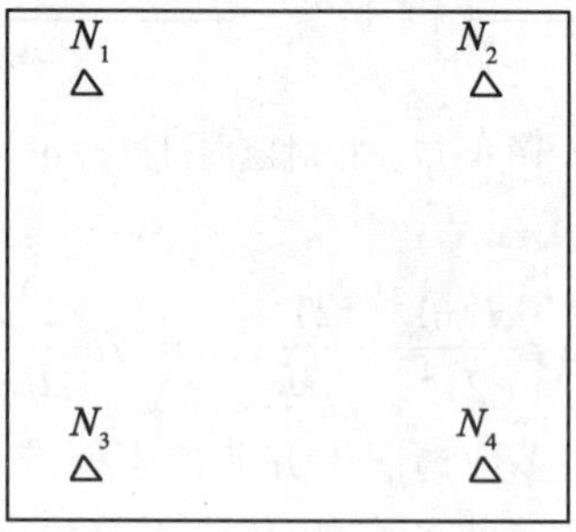

图 4. 18　有控制点的图底

2. 确定模型比例尺

（1）模型平移

首先将图底置于仪器的绘图桌面上，比较模型上某一控制点在绘图桌面上的正射投影点 N'_1 与图底上相应点 N 的位置。若不重合，则通过移动图底使其重合。这相当于解求模型绝对定向元素 X_S、Y_S。

（2）模型旋转

在第一步的基础上，比较对角线上另一模型控制点的正射投影 N'_4 与图底上相应点 N_4 的位置差异，若 $N'_1N'_4$ 连线与 N_1N_4 连线不重合，则以 N_1（N'_1）为圆心旋转图底使其重合。这相当于解求模型绕竖轴 z 的旋角 κ。

（3）模型比例尺的归化

在前两步的基础上，比较图底上两控制点（N_1 和 N_4）间的长度与相应模型点投影（N'_1 和 N'_4）间的长度，两者若不相等，则说明模型比例尺与测图比例尺不一致。此时，沿投影基线方向移动其中一个投影器，改变模型基线的长度（即改变模型比例尺），直到两模型点的投影正好与图底上相应点重合。这相当于解求模型比例尺归化系数 k。

3. 模型置平

（1）航向置平

取仪器 X 轴方向两控制点 N_1 和 N_2 中任一点，如 N_1 为起始，求出 N_2 对 N_1 的实地高差 $\Delta H_{2-1}=H_2-H_1$，并化算为按测图比例尺计量的数值 $\Delta h_{2-1}=h'_2-h_1$，然后通过浮游测标立体量测出模型上相应点之间的高差 $\Delta h'_{2-1}=h'_2-h'_1$，比较 Δh_{2-1} 与 $\Delta h'_{2-1}$ 两者之间是否相符，若不符，则说明模型在仪器 X 轴方向有倾斜，此时，把模型作为一个整体绕 Y 轴旋转一个 Φ

角，注意，当仪器无公共 Φ 螺旋时，可用 φ_1 与 φ_2 螺旋使每张像片绕 Y 轴同步旋转，并配合 bZ 消除重新出现的上下视差，使得 $\Delta h_{2-1}=\Delta h'_{2-1}$。这相当于解求模型绕 Y 轴的旋角 Φ。

（2）旁向置平

按与航向置平相仿的办法，比较 Δh_{3-1} 与 $\Delta h'_{3-1}$ 两者之间是否相符，若不符，则说明模型在仪器 Y 轴方向有倾斜，同样，把模型作为一个整体绕仪器 X 轴旋转 Ω 角（或用 ω_1、ω_2 使每张像片绕 X 轴同步旋转，并配合 bY 和 bZ 消除重新出现的上下视差），使得 $\Delta h_{3-1}=\Delta h'_{3-1}$。这相当于解求模型绕 X 轴的旋角 Ω。

在上述模型置平时，当把模型上起始点的高程量测读数代表该点的实际高程时，即解求了绝对定向元素 Z_S。定向时，用 N 作为检查点。至此，模型绝对定向的 7 个元素全部得到解求。

需要指出的是，上述光学机械法绝对定向各步骤带有近似性，需重复进行、反复趋近，直到符合限差要求为止。

4.2.5　模拟法立体测图

模拟法立体测图是以一个像对作为测图的基本单元，根据摄影过程的几何反转原理，采用光学或机械投影的方法，在室内重建和摄区地面相似的立体模型，在构成的立体模型中进行量测，从而获得该测区的地形原图。

模拟法立体测图是摄影测量中立体测图使用最早的一种方法，目前已不再使用。它是摄影测量立体测图的基本方法之一，这种方法直观性强，除用于各种模型立体测图仪上测图外，对进一步加深解析摄影测量的几何概念也有着重要的意义。

1. 模拟法立体测图原理

地面点反射出的光线通过摄影物镜记录在感光材料上，经摄影处理得到摄影底片。如图 4.19（a）所示，地面点 A、M、D、C 等发出的光线通过相邻两摄影机物镜 S_1 和 S_2，分别构像在左、右像片上重叠范围内，成为两个摄影光束。两摄影站 S_1 和 S_2 的距离是空间摄影基线 B。光线 AS_1 和 AS_2、CS_1 和 CS_2……都是相应的同名光线，这时同名光线与基线总在一个竖直平面内，即三矢量 $\boldsymbol{S_1S_2}$、$\boldsymbol{S_1A}$、$\boldsymbol{S_2A}$ 共面，又常称为同名光线成对相交。根据摄影过程的可逆性，将底片 P_1 与 P_2 装回到与摄影机相同的两个投影镜箱内，保持两投影机的方位与摄影时方位相同，但物镜间的距离缩小，即投影器从 S_2 搬到 S'_2 处，此时投影基线为 $S_1S'_2=b$ 在投影器上，用聚光灯照明，则两投影器光束中所有同名光线仍对对相交，构成空间的交点 A'、M'、D'、C' 等。所有这些交点的集合，构成与地面相似的光学立体模型。这个过程称为摄影过程的几何反转。因此，立体像对测图的原理就是摄影过程的几何反转原理。在构成的立体模型中，如用一个有标志的测绘台，如图 4.19（b）所示，在承影面上利用测绘台的升降来使测标与地面相切，再加上测绘台的平面移动，测绘台下的绘图笔就可测绘出地形图。

2. 模拟法立体测图的作业过程

如何恢复投影光束的方位，使它与摄影测绘时的方位相同，从而建立立体模型进行测图？这是双像测图中需要解决的问题。在模拟法立体测图中，通过以下几个作业步骤来完成：

第一步：内定向。恢复像片的内方位元素，建立与摄影光束相似的投影光束。

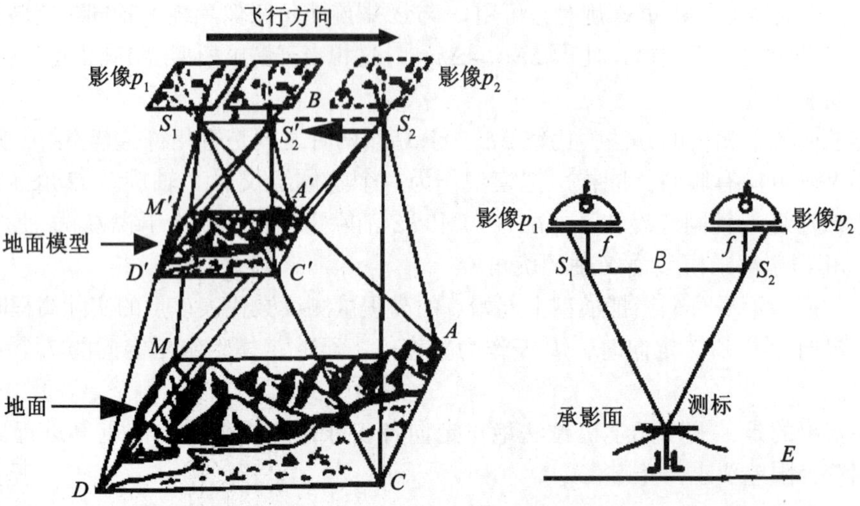

(a) 航空摄影过程　　(b) 摄影过程的几何反转—测图

图 4.19　模拟摄影测量的原理

第二步：相对定向。恢复两张像片（两投影器）的相对位置，暂不考虑模型比例尺，可粗略地安置投影基线，运用两个投影器的运动，使得像对重叠范围内适当分布的 5 对同名点的射线成对相交，就可保证所有同名射线成对相交，即恢复了两张像片的相对位置，形成地面的几何模型。

第三步：绝对定向。完成了相对定向，并没有恢复两张像片的外方位元素，而建立起来的几何模型的比例尺和空间方位都是任意的，即模型可能是倾斜的，因此还要确定（或调整）模型比例尺，并将模型置平。进行模型的绝对定向至少要有适当分布的三个地面控制点，作为模型绝对定向的依据。

第四步：立体测图。用测量工具量测立体模型，测制地形图。

3. 模拟测图仪上的测图

在立体测图仪上根据建立的几何模型测绘地形图与平板仪在实地测绘地形图两者相比较，就显出了立体测图的优越性，立体测图不但大大减少野外劳动，不受天气的影响，而且描绘出的等高线所反映的地貌以及描绘出的地物都更为逼真。

在立体测图仪上，像对经过相对定向和模型的绝对定向以后，建立起与地面相似的几何模型，比例尺是一定的。进行图底定向，使在它上面展绘出的测图控制点一一与相应模型点的投影重合，相对于图底而言，模型的空间方位也是正确的。

像片或负片装于投影器中，保证恢复摄影光束的内方位元素后，经相对定向建立立体模型；通过控制点进行绝对定向，则建立的立体模型与地面完全一样，可进行立体测图。

测图时，要立体切准某一控制点，调整高程读数的起始位置，使仪器上的高程读数等于该点的实测高程。如要记录该点平面位置，还需要安置 X、Y 的读数，即调整 X、Y 的零位置，使其等于该控制点的坐标，以此为起始位置。观测任何模型点时，读取该点的 X、Y、Z 即是该点的地面三维坐标。若要测绘某一等高线，则将高程读数调到等高线的高程，并固定此读数，转动 X 与 Y 手轮，或推动测绘台，使测标与立体表面相切，沿切线处移动时，测绘笔在图纸上绘出的曲线即为该高程的等高线。若用测标立体切准跟踪地物轮廓，描笔勾画的平面位置，即为该地物的正射投影。由此即可绘出地形图。

测绘地物和地貌之前，应仔细研究作业规范与技术指示书。全面观察整个立体，了解地形总貌，并考虑如何更好地反映地面的地貌和地物特征，然后先测地物，再绘地貌。

（1）测绘地物

测绘地物时，要参照调绘像片，将测标照准在模型的相应点上。然后，在测标与立体模型表面保持相切的条件下，使测标沿着地物轮廓移动，测绘出地物，并按调绘片进行注记。测绘地物的顺序通常是：居民地、道路网、水系、地貌要素和土壤植被、地类界等。测绘时可用不同色调表示，清绘时再按规定的符号描绘，并加注记。如用电子绘图桌，则可借用符号库加以描绘，以提高工作效率。

地物的取舍根据不同比例尺的要求而定。对于像片上没有构像和难以辨别的地物，如涵洞、山洞、暗流和水井、通信线路等，要根据外业的调绘像片，对照影像加以描绘。有关注记资料，如道路等级、路堤和路堑的比高以及地理名称等，也是从调绘片上取得的。

（2）测定高程注记点

测图规范规定，每幅图内每 $100cm^2$ 需测注一定数量（如15个左右）高程注记点，这些点在测绘等高线前完成。高程注记点要选在能清晰易读的地形特征点上，如制高点、山头、谷底、鞍部和倾斜变换点，点位要求分布均匀，每个高程注记点要量测两次，差值在容许范围内取中数，作为注记高程。

（3）描绘等高线

地貌测绘最好先勾绘地性线，这样所画等高线能更逼真地表现地貌的特征。等高线的描绘，最好从最能显示地貌特征的截面开始，对于一般地区，常从低至高描绘；若切割明显的山地或平地，则可从高处开始。等高线原则上都应实测，但在等倾斜处允许只画计曲线，清绘时再内插加密。当地势较平坦，计曲线间隔大于图上1cm时，也应实测。在坡度平缓地区，除测绘出计曲线、首曲线外，还应适当地测绘出间曲线。

（4）检查接边

所有内容测绘完毕后，要进行检查并处理好接边工作。像对与像对、航线与航线、图幅与图幅之间都要接边。拼接误差超过限差时要查明原因，进行修改。待完成一个图幅后，才取下图纸，然后对铅笔描绘的底图进行加工、着墨以及图幅整饬，得到地形图。检查的内容包括：高程注记点位是否合理、均匀，数量是否满足规范要求，注记点高程与等高线有无矛盾；山头、鞍部、曲线有否遗漏；曲线是否合理，有无地形变形；等高线与河流、湖泊、水库等水系关系是否合理，有否两次过河现象，注记填写是否齐全等。

4.3　解析法立体测图的原理与方法

4.3.1　解析法确定立体像对地面点坐标

1. 立体像对的相对定向——共面条件方程

恢复立体像对中两张像片（或光束）间的相对方位的过程，叫做立体像对的相对定向。在讲述立体像对的基本定义时，我们已经知道，相应光线和摄影基线共处于一个核面内，这也是恢复立体像对的相对方位的几何条件，称为共面条件。共面条件的解析表达，叫做共面条件方程。

(1) 共面条件方程的一般形式

如图 4.20 所示，在摄影站 S 和 S' 处摄取一个立体像对 P-P'，任一地面点 A 在像片 P 和 P' 上的相应像点分别为 a 和 a'。图中 S-XYZ 为所选定的摄影测量坐标系。过 S' 作一辅助的摄影测量坐标系 S'-XYZ，使其各坐标轴与 S-XYZ 的相应坐标轴平行。设：

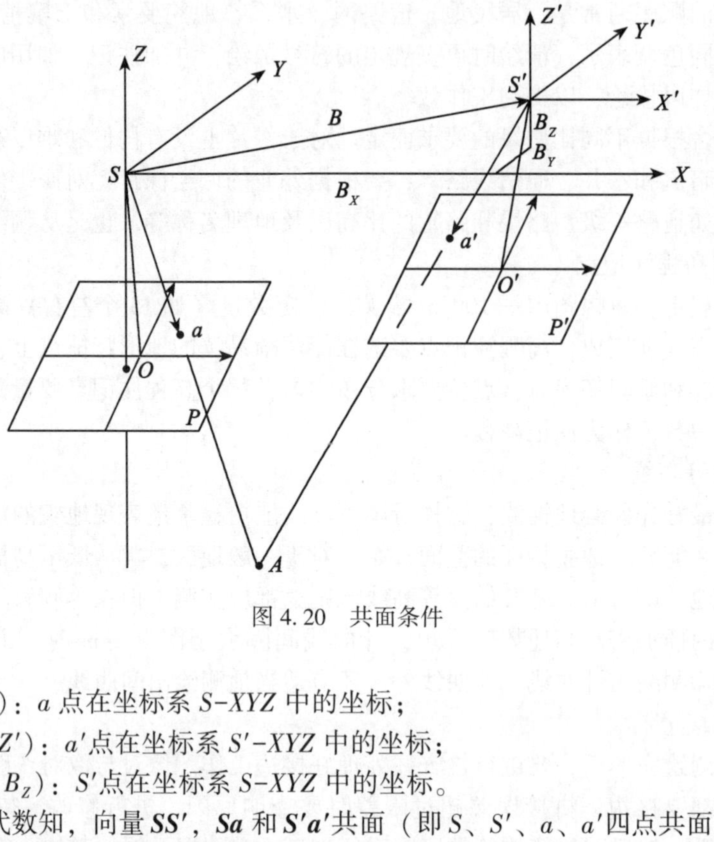

图 4.20 共面条件

(X, Y, Z)：a 点在坐标系 S-XYZ 中的坐标；

(X', Y', Z')：a' 点在坐标系 S'-XYZ 中的坐标；

(B_X, B_Y, B_Z)：S' 点在坐标系 S-XYZ 中的坐标。

则由向量代数知，向量 $\boldsymbol{SS'}$，$\boldsymbol{Sa}$ 和 $\boldsymbol{S'a'}$ 共面（即 S、S'、a、a' 四点共面）的充要条件是它们所组成的数量向量积等于零，即

$$\boldsymbol{SS'} \cdot (\boldsymbol{Sa} \times \boldsymbol{S'a'}) = 0 \tag{4.11}$$

式 (4.11) 就是共面条件方程的向量表达式。其相应的坐标表达形式为

$$\begin{vmatrix} B_X & B_Y' & B_Z \\ X & Y & Z \\ X' & Y' & Z' \end{vmatrix} = 0 \tag{4.12}$$

它的几何解释是，由此三向量所形成的平行六面体的体积必须等于零，由此保证这一对相应光线共处于一个核面之内，成对相交。

当然，式 (4.12) 还可以改化成其他的表达形式。如将式 (4.12) 按第一行元素展开，有

$$B_X \begin{vmatrix} Y & Z \\ Y' & Z' \end{vmatrix} - B_Y \begin{vmatrix} X & Z \\ X' & Z' \end{vmatrix} + B_Z \begin{vmatrix} X & Y \\ X' & Y' \end{vmatrix} = 0$$

即
$$\begin{bmatrix} B_X & B_Y & B_Z \end{bmatrix} \begin{bmatrix} YZ'-Y'Z \\ X'Z-XZ' \\ XY'-X'Y \end{bmatrix} = 0$$

因
$$\begin{bmatrix} YZ'-Y'Z \\ X'Z-XZ' \\ XY'-X'Y \end{bmatrix} = \begin{bmatrix} 0 & -Z & Y \\ Z & 0 & -X \\ -Y & X & 0 \end{bmatrix} \begin{bmatrix} X' \\ Y' \\ Z' \end{bmatrix}$$

故
$$\begin{bmatrix} B_X & B_Y & B_Z \end{bmatrix} \cdot \begin{bmatrix} 0 & -Z & Y \\ Z & 0 & -X \\ -Y & X & 0 \end{bmatrix} \cdot \begin{bmatrix} X' \\ Y' \\ Z' \end{bmatrix} = 0 \tag{4.13}$$

式（4.13）是共面方程的另一表达形式，这一表达式是和式（4.11）的向量表达式对应的。

（2）连续像对系统相对方位元素的计算

1）共面条件方程的线性化

连续像对系统相对方位元素的计算是以共面条件方程为依据的。但是，共面方程式（4.13）是立体像对方位元素的非线性函数。为了能够按照最小二乘法平差的原理解算出相对方位元素的最小二乘解，需要首先将共面方程式（4.13）线性化。

在连续像对相对定向中，总认为左方像片在摄影测量坐标系统 $S-XYZ$ 中是固定不动的，只移动或旋转右方像片就行了。也就是说，左方像片在 $S-XYZ$ 中的角方位元素是已知的。所以，左片上像点的摄影测量坐标 X、Y、Z 也是已知的。基线分量 B_X 可任意给定，是一个常数。在这样的条件下，像对的相对方位元素便是右方像片（光束）对于摄影测量坐标系统 $S-XYZ$ 的“外方位”元素：B_Y，B_Z，$\Delta\varphi$，$\Delta\omega$，$\Delta\kappa$。

依空间坐标的旋转变换式求出右片上相应像点 a' 在摄测坐标系 $S'-XYZ$ 中的坐标 X'、Y'、Z' 的近似值（图 4.20）为

$$\begin{bmatrix} (X')^0 \\ (Y')^0 \\ (Z')^0 \end{bmatrix} = M' \begin{bmatrix} x' \\ y' \\ -f \end{bmatrix} \tag{4.14}$$

式中，M' 为右片对摄影测量坐标系 $S'-XYZ$ 的旋转矩阵，是 $\Delta\varphi$，$\Delta\omega$，$\Delta\kappa$ 的函数；$(x', y', -f)$ 是右片上相应像点 a' 的像空间坐标。若将这些近似值代入到共面方程式（4.12）中，则左方的三阶行列式必不等于零，而等于某一非零的数值 R，则有

$$\begin{vmatrix} B_X & B_Y^0 & B_Z^0 \\ X & Y & Z \\ (X')^0 & (Y')^0 & (Z')^0 \end{vmatrix} = R \tag{4.15}$$

这就表明，此时没有满足共面条件。要使共面条件得以满足，必须在相对方位元素的近似值中加入相应的改正数，即有

$$\begin{vmatrix} B_X & B_Y+\mathrm{d}B_Y & B_Z+\mathrm{d}B_Z \\ X & Y & Z \\ X'+\mathrm{d}X' & Y'+\mathrm{d}Y' & Z'+\mathrm{d}Z' \end{vmatrix} = 0 \tag{4.16}$$

注意，从上式开始，为符号的简便起见，省去了代表近似值的括号和上角标“0”，

但应明确式中的 B_X、B_Z、X'、Y'、Z'都是近似值。

将式（4.16）展开，略去二次微小项，有

$$\begin{vmatrix} B_X & B_Y & B_Z \\ X & Y & Z \\ X' & Y' & Z' \end{vmatrix} + \begin{vmatrix} 0 & dB_Y & dB_Z \\ X & Y & Z \\ X' & Y' & Z' \end{vmatrix} + \begin{vmatrix} B_X & B_Y & B_Z \\ X & Y & Z \\ dX' & dY' & dZ' \end{vmatrix} = 0 \tag{4.17}$$

参照旋转变换的微分关系展开，可以写出

$$\begin{bmatrix} dX' \\ dY' \\ dZ' \end{bmatrix} = \begin{bmatrix} 0 & -d\Delta\kappa & -d\Delta\varphi \\ d\Delta\kappa & 0 & -d\Delta\omega \\ d\Delta\varphi & d\Delta\omega & 0 \end{bmatrix} \begin{bmatrix} X' \\ Y' \\ Z' \end{bmatrix} \tag{4.18}$$

将式（4.18）代入式（4.17）中，得

$$\begin{vmatrix} B_X & B_Y & B_Z \\ X & Y & Z \\ X' & Y' & Z' \end{vmatrix} + \begin{vmatrix} 0 & dB_Y & dB_Z \\ X & Y & Z \\ X' & Y' & Z' \end{vmatrix} +$$

$$\begin{vmatrix} B_X & B_Y & B_Z \\ X & Y & Z \\ -Y'd\Delta\kappa - Z'd\Delta\varphi & X'd\Delta\kappa - Z'd\Delta\varphi & X'd\Delta\varphi + Y'd\Delta\omega \end{vmatrix} = 0 \tag{4.19}$$

按相对方位元素集项，将上式整理成如下的形式：

$$\begin{vmatrix} B_X & B_Y & B_Z \\ X & Y & Z \\ 0 & -Z' & Y' \end{vmatrix} d\omega + \begin{vmatrix} B_X & B_Y & B_Z \\ X & Y & Z \\ -Z' & 0 & X' \end{vmatrix} d\Delta\varphi + \begin{vmatrix} B_X & B_Y & B_Z \\ X & Y & Z \\ -Y' & X' & 0 \end{vmatrix} d\Delta\kappa -$$

$$-\begin{vmatrix} X & Z \\ X' & Z' \end{vmatrix} dB_Y + \begin{vmatrix} X & Y \\ X' & Y' \end{vmatrix} dB_Z + R = 0 \tag{4.20}$$

其中，R 如式（4.15）所示。式（4.20）就是共面条件方程的线性化形式。

使用 $\Delta\varphi$、$\Delta\omega$、$\Delta\kappa$ 三个角元素为独立参数构成各片的旋转矩阵 M'将会用到许多角函数的运算，不大方便。为计算便利起见，在近似垂直摄影的情况下，像片的倾斜角一般很小，我们直接取用三个独立的方向余弦作为独立参数，以取代 $\Delta\varphi$、$\Delta\omega$、$\Delta\kappa$ 等三个角元素。为此，可作如下代换：

$$da_2 = d\Delta\kappa,\ da_3 = d\Delta\varphi,\ b_3 = d\Delta\omega$$

此外，在线性化的共面条件方程式（4.20）中，dB_Y和 dB_Z是长度值，而 $d\Delta\varphi$、$d\Delta\omega$、$d\Delta\kappa$ 是角度值，在迭代运算的过程中不便于统一规定限差的标准。为此，再作如下的代换：

$$T = \frac{B_Y}{B_X},\ BY = BXT,\ db_y = B_X dT;$$

$$v = \frac{B_Z}{B_X},\ B_Z = B_X v,\ dbz = B_X dv。$$

经过上述之代换以后，便得到作业中广泛使用的线性化共面条件方程式为

$$\begin{vmatrix} B_X & B_Y & B_Z \\ X & Y & Z \\ 0 & Z' & -Y' \end{vmatrix} db_3 + \begin{vmatrix} B_X & B_Y & B_Z \\ X & Y & Z \\ Z' & 0 & -X' \end{vmatrix} da_3 + \begin{vmatrix} B_X & B_Y & B_Z \\ X & Y & Z \\ Y' & -X' & 0 \end{vmatrix} da_2 -$$

$$\begin{vmatrix} X & Z \\ X' & Z' \end{vmatrix} B_X \mathrm{d}T + \begin{vmatrix} X & Y \\ X' & Y' \end{vmatrix} B_X \mathrm{d}v + R = 0 \tag{4.21}$$

上式可改化为下列形式，具体推导过程从略：

$$\left(\Delta Z' + \frac{\Delta Y' \Delta Y'}{\Delta Z'}\right) \mathrm{d}b_3 + \frac{\Delta X' \Delta Y'}{\Delta Z'} \mathrm{d}a_3 - \Delta X' \mathrm{d}a_2 + B_X \mathrm{d}T - B_X \frac{\Delta Y'}{\Delta Z'} \mathrm{d}v - Q = 0 \tag{4.22}$$

其中，

$$Q = -BY + NY - N'Y' \tag{4.23}$$

（$\Delta X'$，$\Delta Y'$，$\Delta Z'$）是模型点在以右方摄站 S' 为原点的摄影测量坐标系 $S'-XYZ$ 中的坐标。

2）连续像对相对方位元素的计算过程

①输入原始数据：

a. 定向点的像坐标（x_i，y_i）和（x_i'，y_i'），$i=1$，2，…，n（$n \geqslant 5$）；

b. 航摄仪主距 f；

c. 已知的左片的旋转矩阵 M；

d. 给定的模型基线分量 B_X（一般可任意给定为某一适当的常数）。

②确定相对方位元素的初始近似值：在近似垂直摄影的情况下，这五个相对方位元素的近似值通常可给定为零。

③由 b_3、a_3、a_2 的近似值计算右片的旋转矩阵 M'。

④计算左片和右片相应像点的摄影测量坐标：

$$\begin{bmatrix} X \\ Y \\ Z \end{bmatrix} = M \begin{bmatrix} x \\ y \\ -f \end{bmatrix} \qquad \begin{bmatrix} X' \\ Y' \\ Z' \end{bmatrix} = M' \begin{bmatrix} x' \\ y' \\ -f \end{bmatrix} \tag{4.24}$$

⑤按式（4.24）逐点组成误差方程式，并逐点地加以法化，以形成法方程式。其中所用到的模型坐标（ΔX，ΔY，ΔZ）和（$\Delta X'$，$\Delta Y'$，$\Delta Z'$）等数据按空间前方交会的公式计算。

⑥求解法方程式，求出相对方位元素近似值的改正数。

⑦计算改正后的相对方位元素值：

$$\begin{bmatrix} b_3 \\ a_3 \\ a_2 \\ T \\ v \end{bmatrix}^{k+1} = \begin{bmatrix} b_3 \\ a_3 \\ a_2 \\ T \\ v \end{bmatrix}^{k} + \begin{bmatrix} \mathrm{d}b_3 \\ \mathrm{d}a_3 \\ \mathrm{d}a_2 \\ \mathrm{d}T \\ \mathrm{d}v \end{bmatrix}^{k+1} \tag{4.25}$$

式中，k 代表迭代的次数。

⑧重复上述③~⑦各步骤的计算过程，直到所求出的相对方位元素的改正数小于规定的限差时，即可以忽略时为止。这时，就把最后一次迭代计算所求得的改正后的相对方位元素值作为该像对的相对方位元素的精确值使用。

2. 立体模型的绝对定向——空间相似变换

当一个立体像对完成相对定向之后，相应光线在各自的核面内成对相交，其交点的集合便形成了一个与实地相似的几何模型。这些模型点在摄影测量坐标系统（有时亦称为模型坐标系统）中的坐标，可用空间前方交会的方法计算出来。但是，这样建立的模型是相对于摄影测量坐标系统的，它在地面坐标系统中的方位是未知的，其比例尺也是任意的。现在的问题就是要确定立体模型在地面坐标系中的正确方位和比例尺归化因子，从而确定各模型点所对应的地面点在地面辅助坐标系中的坐标，这项工作叫做立体模型的绝对定向。

把模型点的摄影测量坐标变换成相应地面点的地面坐标，包含三方面内容：一是模型坐标系对于地面辅助坐标系的旋转，二是模型坐标系对于地面辅助坐标系的平移，三是确定模型缩放的比例尺因子（图 4.21）。现在，假定某模型点在模型坐标系统中的坐标为 (X, Y, Z)，其对应的地面点在地面辅助坐标系中的坐标为 (X_T, Y_T, Z_T)，那么上述变换在数学上可表达为

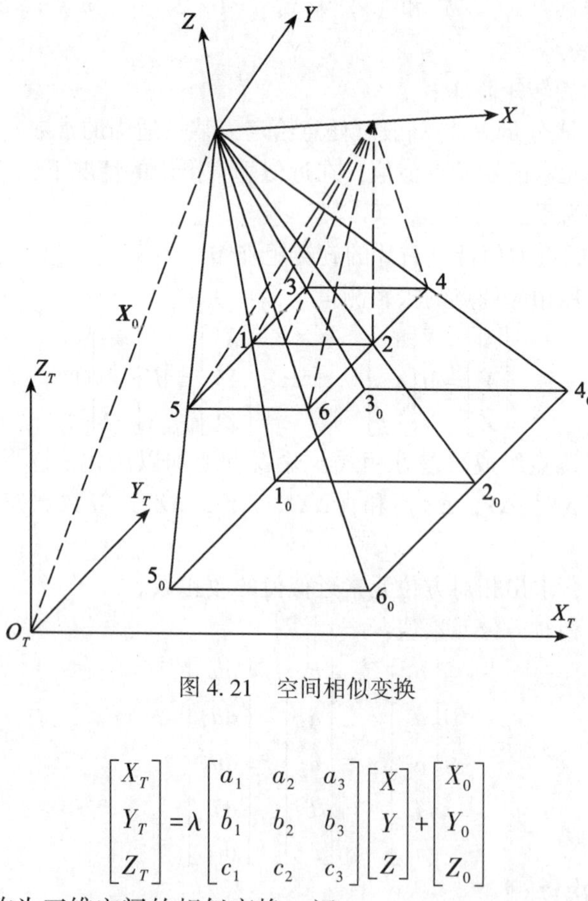

图 4.21　空间相似变换

$$\begin{bmatrix} X_T \\ Y_T \\ Z_T \end{bmatrix} = \lambda \begin{bmatrix} a_1 & a_2 & a_3 \\ b_1 & b_2 & b_3 \\ c_1 & c_2 & c_3 \end{bmatrix} \begin{bmatrix} X \\ Y \\ Z \end{bmatrix} + \begin{bmatrix} X_0 \\ Y_0 \\ Z_0 \end{bmatrix} \tag{4.26}$$

这在数学上通称为三维空间的相似变换。记：

$X_T = (X_T \quad Y_T \quad Z_T)^{\mathrm{T}}$代表模型点所对应的地面点在地面辅助坐标系中的坐标列向量；

$X = (X \quad Y \quad Z)^{\mathrm{T}}$代表模型点在模型坐标系中的坐标列向量；

$X_0 = (X_0 \quad Y_0 \quad Z_0)^{\mathrm{T}}$代表模型坐标系原点在地面辅助坐标系中的位置向量；

$M = \begin{bmatrix} a_1 & a_2 & a_3 \\ b_1 & b_2 & b_3 \\ c_1 & c_2 & c_3 \end{bmatrix}$代表模型坐标系对于地面辅助坐标系的旋转矩阵（它有三个独立

参数)。

则式 (4.26) 可用矩阵符号简写为

$$X_T=\lambda MX+X_0 \tag{4.27}$$

式 (4.26) 或式 (4.27) 便是立体模型绝对定向用的严格的数学方程式。在这个方程式中共有 7 个变换参数：三个平移参数 X_0、Y_0、Z_0；构成旋转矩阵 M 的三个独立的角元素，习惯上都用 Φ、Ω、K 表示；再一个就是比例尺归化因子 λ。我们称此 7 个参数为模型的绝对定向元素。

显然，如果 7 个绝对定向元素 (或称相似变换的 7 个变换参数) 为已知，就可以按照式 (4.26)，将模型点的摄影测量坐标归算成相应地面点的地面坐标。

现在的问题是，如何求出这 7 个绝对定向元素，通常都是通过一定数量的控制点反求。但是由于式 (4.26) 所表达的三维空间相似变换是变换参数的非线性函数，为了适应于最小二乘法平差运算，必须首先将式 (4.26) 线性化。为了推导的简单起见，我们从式 (4.27) 出发。设：

λ_0为比例尺因子 λ 的近似值；

$d\lambda$ 为比例尺因子 λ 的近似值的改正数；

M_0为旋转矩阵 M 的近似值 (应是正交的)；

$(E+dM)$ 为旋转矩阵近似值 M_0应该与之相乘的补充旋转矩阵，它本身应是正交的，但与单位阵 E 稍有差别；

$X_0{}^0$为平移向量 X_0的近似值；

dX_0为平移向量 X_0的近似值的改正数。

则对于给定的近似值 λ_0、M_0、X_0，可将式 (4.27) 写为

$$X_T=(\lambda^0+d\lambda)\cdot(E+dM)\ M^0X+X_0^0+dX_0 \tag{4.28}$$

为了符号的简明起见，在不致引起混淆的原则下，我们取消近似值上的角标“0”，但应明确，它们仍是近似值。于是记为

$$X_T=(\lambda+d\lambda)\cdot(E+dM)\ MX+X_0+dX_0 \tag{4.29}$$

将上式展开，取至一次项，得线性化绝对定向方程式的矩阵表达式为

$$X_T=(X_T)^0+d\lambda MX+\lambda dM\cdot MX+dX_0 \tag{4.30}$$

式中，$(X_T)^0=\lambda MX+X_0$，是用相似变换参数的近似值计算的地面点坐标的近似值。记 $X_{tr}=\lambda MX$，即

$$\begin{bmatrix} X_{tr} \\ Y_{tr} \\ Z_{tr} \end{bmatrix}=\lambda\begin{bmatrix} a_1 & a_2 & a_3 \\ b_1 & b_2 & b_3 \\ c_1 & c_2 & c_3 \end{bmatrix}\begin{bmatrix} X \\ Y \\ Z \end{bmatrix}$$

并且取

$$dM=\begin{bmatrix} 0 & -dK & -d\Phi \\ dK & 0 & -d\Omega \\ d\Phi & d\Omega & 0 \end{bmatrix}$$

(注意这里已有近似性，$E+dM$ 已非正交)，则可写出

$$X_T=(X_{tr})^0+X_{tr}\frac{d\lambda}{\lambda}+dM\cdot X_{tr}+dX_0 \tag{4.31}$$

记 $\delta_X=X_T-(X_T)^0$，$d\lambda'=d\lambda/\lambda$，则有

$$\delta_X = \mathrm{d}X_0 + \mathrm{d}\lambda' X_{\mathrm{tr}} + \mathrm{d}M \cdot X_{\mathrm{tr}} \tag{4.32}$$

写成具体的展开形式为

$$\begin{bmatrix} \delta X \\ \delta Y \\ \delta Z \end{bmatrix} = \begin{bmatrix} \mathrm{d}X_0 \\ \mathrm{d}Y_0 \\ \mathrm{d}Z_0 \end{bmatrix} + \mathrm{d}\lambda' \begin{bmatrix} X_{\mathrm{tr}} \\ Y_{\mathrm{tr}} \\ Z_{\mathrm{tr}} \end{bmatrix} + \begin{bmatrix} 0 & -\mathrm{d}K & -\mathrm{d}\Phi \\ \mathrm{d}K & 0 & -\mathrm{d}\Omega \\ \mathrm{d}\Phi & \mathrm{d}\Omega & 0 \end{bmatrix} \begin{bmatrix} X_{\mathrm{tr}} \\ Y_{\mathrm{tr}} \\ Z_{\mathrm{tr}} \end{bmatrix} \tag{4.33}$$

或改写成

$$\begin{bmatrix} 1 & 0 & 0 & X_{\mathrm{tr}} & 0 & -Z_{\mathrm{tr}} & Y_{\mathrm{tr}} \\ 0 & 1 & 0 & Y_{\mathrm{tr}} & -Z_{\mathrm{tr}} & 0 & X_{\mathrm{tr}} \\ 0 & 0 & 1 & Z_{\mathrm{tr}} & Y_{\mathrm{tr}} & X_{\mathrm{tr}} & 0 \end{bmatrix} \begin{bmatrix} \mathrm{d}X_0 \\ \mathrm{d}Y_0 \\ \mathrm{d}Z_0 \\ \mathrm{d}\lambda' \\ \mathrm{d}\Omega \\ \mathrm{d}\Phi \\ \mathrm{d}K \end{bmatrix} = \begin{bmatrix} \delta X \\ \delta Y \\ \delta Z \end{bmatrix} \tag{4.34}$$

式（4.34）就是线性化的绝对定向方程式。在此方程式中，如果给出了立体模型绝对定向元素的近似值 λ^0、Ω^0、Φ^0、K^0、X_0^0、Y_0^0、Z_0^0，那么，其中的未知数便只有 7 个，即 7 个绝对定向元素的近似值的改正数。给定一个平面高程控制点，便可按式（4.34）列出一组三个方程式；给定两个平面高程控制点和一个高程控制点，即可列出 7 个方程式。联立求解这 7 个方程式，便可求得 7 个绝对定向元素之近似值的改正数；加之修正绝对定向元素的近似值，从而取得更精确的绝对定向元素值。

由于式（4.34）是线性化的近似公式，要取得足够精确的绝对定向元素值，绝对定向的计算过程必须是反复趋近的迭代过程。

前文已述，一个立体模型的绝对定向起码要有两个平面高程控制点和一个高程控制点。但是，为了保证绝对定向的质量和提供检核数据，通常总是有多余的地面控制点。这就要按最小二乘法求解绝对定向元素的最小二乘解。

绝对定向元素之近似值的确定应视具体情况而定。在竖直摄影的情况下，模型的倾斜角很小，可取 $\Omega^0 = \Phi^0 = K^0 = 0$，$\lambda_0$可由两个已知控制点间的实地距离和其在模型上的相应距离之比来确定，即

$$\lambda_0 = \frac{\sqrt{(X_{T1}-X_{T2})^2+(Y_{T1}-Y_{T2})^2+(Z_{T1}-Z_{T2})^2}}{\sqrt{(X_1-X_2)^2+(Y_1-Y_2)^2+(Z_1-Z_2)^2}} \tag{4.35}$$

在使用空间相似变换进行模型连接运算的时候，由于相邻模型的比例尺大体相当，此时可直接取用 $\lambda_0 = 1$。至于三个平移参数的初始近似值 X_0^0、Y_0^0、Z_0^0，一般可先将摄影测量坐标系统的原点移到某一个控制点上，此时，该控制点的地面坐标便提供了相当精确的三个平移参数的近似值。

4.3.2 解析测图仪立体测图原理

解析测图仪是数字投影的立体测图仪，模拟测图仪上的作业，如像片内定向、像对相对定向和绝对定向、像点坐标和模型点坐标的测求等摄影测量的问题，在这类仪器上都是用计算方法解求的。由于仪器是根据数学原理用解析方式工作的，这就便于在解算过程中

引入各项系统误差的改正和利用多余观测按最小二乘法进行平差运算，因而能保证获得高精度的成果。既然仪器采用数字投影的方式，则不论用何种摄影机，采用什么摄影方式取得的像对，几乎都能在解析测图仪上作业，不受限制，适用于各种摄影资料、各种比例尺测图任务，其产品首先以数字形式存储在计算机中，可直接提供数字形式的地理基础信息。目前这种方法也已经被淘汰。

解析测图仪是由精密立体坐标量测仪（带伺服系统）、计算机、数控绘图仪、接口设备及相应软件组成的立体测图系统。

解析测图仪（其原理如图 4.22 所示）是用数字导杆（共线方程）代替机械导杆，它由手轮、脚盘的转动向计算机输入地面坐标 X、Y、Z，然后由计算机计算共线方程，即由 X、Y、Z 求得对应的像点坐标 x'、y'与 x''、y''，分别输出给左、右像片盘（或观测系统），并实时驱动它们的运动，使作业员在转动手轮、脚盘的同时，始终能在观测系统中观测到对应的像点，从而实现摄影过程的几何反转。代表产品有联邦德国波同厂的 P1、P2、P3 系列仪器。在测绘过程中，从手轮、脚盘读出模型的地面摄测坐标（X，Y，Z），输入计算机计算得相应的像平面坐标，伺服系统驱动测标运动到对应像点位置。其数学基础乃是三点共线方程式

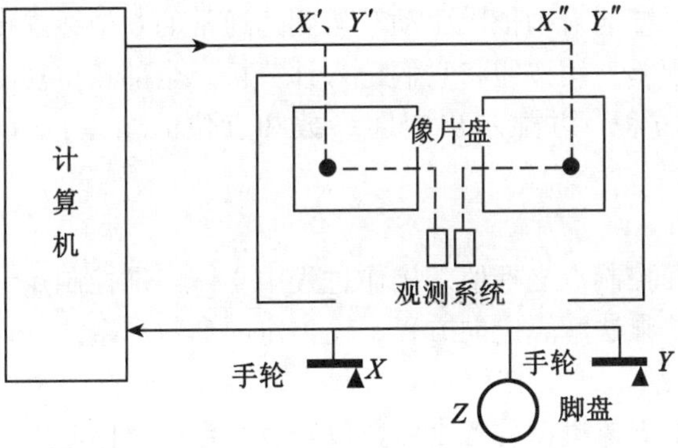

图 4.22　解析测图仪原理

$$\begin{cases} x=-f\dfrac{a_1(X-X_S)+b_1(Y-Y_S)+c_1(Z-Z_S)}{a_3(X-X_S)+b_3(Y-Y_S)+c_3(Z-Z_S)} \\ y=-f\dfrac{a_2(X-X_S)+b_2(Y-Y_S)+c_2(Z-Z_S)}{a_3(X-X_S)+b_3(Y-Y_S)+c_3(Z-Z_S)} \end{cases}$$

式中，航摄像片的外方位元素 X_S、Y_S、Z_S和 ω、φ、κ（或者方向余弦 a_i、b_i、c_i）是像对在仪器上经像片的内定向、相对定向和绝对定向之后求出的。计算出的像点坐标是像空间直角坐标系的数值。

4.3.3　解析测图仪作业流程（图 4.23）

1. 内定向

在解析测图仪上像片是任意安放在像片架上的。像片坐标与像片架坐标间的关系依靠

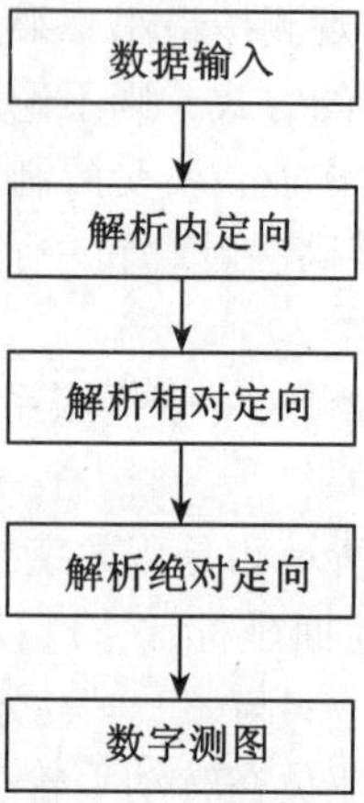

图 4.23 解析测图仪作业流程

内定向软件来建立，通过量测 4 个（或 8 个）框标点的像片架坐标，其像片坐标认为是理论值。用最小二乘法解算就可求出内定向元素。

2. 相对定向

解析法立体测图系统能自动依次驱动车架到达通常的 6 个标准点位，作业员每次只需消除观察点处的上下视差，用按钮将它们记入计算机。全部点位观测完毕后，计算机就用最小二乘法解算定向方程，并显示出定向参数和点位的余差，由作业员判定是否需要重测。

3. 绝对定向

用户预先输入地面控制点坐标值。操作过程中立体切准控制点，记入控制点观测的模型坐标，然后按最小二乘法解算定向方程，输出定向参数和余差。

4. 模型存储与恢复

可将每个所确定的立体模型的各个参数以及有关数据存储起来，以后需要时，可再精确恢复原来的模型。

5. 模型点观察

在输入了像片坐标或者地面坐标后，能自动驱动到指定的观察点位。

6. 数字测图

控制浮游测标沿 XY 平面按任意给定的轨迹移动，作业员控制 Z 方向，使浮游测标保持与模型表面接触。按给定的间隔自动地或作业员控制下记录模型点坐标，输入计算机储存备用。给予的轨迹可以是 X 方向、Y 方向、任意直线方向或沿不规则曲线。

4.4 数字摄影测量系统的测图方法

4.4.1 数字摄影测量系统的概述

摄影测量的基本原理就是利用立体像对上的同名点进行空中前方交会、利用三度重叠的同名点进行模型连接、利用航带间的同名点进行航带连接、利用同名点进行光束法区域网平差等，因此，如何代替作业员的眼睛进行立体观测、实现确定同名点的自动化，是摄影测量工作者长期追求的目标。在数字摄影测量研究的早期，许多研究者在解析测图仪或坐标仪上附加影像数字化装置及影像匹配等软件，构成在线自动测图系统。这些系统只对所处理的局部影像数字化，可以不需大容量的计算机内存与外存。例如早期的 AS-11B-X、GPM 以及 RASTAR 系统均属于此类。这些系统的共同特点是用专门的硬件数字化相关系统，速度快，但其算法已被固化，无法修改。随着计算容量的加大和速度的加快，可以在常规民用解析测图仪上附加全部由软件实现的数字相关系统，这种在解析测图仪（或坐标仪）上加装 CCD 数字相机的系统属于混合型数字摄影测量工作站。著名的混合数字摄影测量工作站有美国的 DCCS 与日本 TOPCON 的 PI-1000。

全数字型的数字摄影测量系统首先将影像完全数字化，而不是像在混合星系同中只对影像做部分数字化。这种系统无需精密光学机械部件，可集数据获取、存储、处理、管理、成果输出为一体，在单独的一套系统中即可完成所有摄影测量任务，因而有人建议把它称为"数字测图仪"。由于它可产生三维图示的形象化产品，其应用将远远超过传统摄影测量的范畴，因此人们更倾向于称其为数字摄影测量工作站（DPW）或软拷贝(Softcopy）摄影测量工作站，甚至更简单、更概括地称之为数字站。数字立体测图仪的概念是 Sarjakoski 于 1981 年首先提出来的，但第一套全数字摄影测量工作站是 20 世纪 60 年代在美国建立的 DAWC。20 世纪 80 年代以来，由于计算机技术的飞速发展，许多数字摄影测量工作站相继建立，利用计算机的计算代替作业员的眼睛进行立体观测就是数字摄影测量的核心。早期较著名的数字摄影测量工作站有 Helava 公司的 DPW610/650/710/750；Zeiss 公司的 PHODIS；Intergraph 公司的 ImageStaion；武汉适普有限公司的 VirtuoZo 数字摄影测量工作站（图 4. 24）；北京四维远见信息技术有限公司的 JX-4C 数字摄影测量工作站（图 4. 25）。

图 4. 24　VirtuoZo 数字摄影测量工作站

图 4. 25　JX-4C 数字摄影测量工作站

4. 4. 2　数字摄影测量系统立体测图

目前国内的单位大部分使用的都是国产的 VirtuoZo 和 JX-4C 数字摄影测量工作站，二者的工作功能与流程大体相同。下面以 VirtuoZo 数字摄影测量工作站为对象，讲解数字摄影测量系统 VirtuoZo 主要功能与立体测图的作业流程及操作步骤。

1. VirtuoZo 主要功能

(1) 数据输入

1) 影像数据输入

接受数字影像。接受的数据格式有 TIFF（具体包括：标准格式的 TIFF、Tiled TIFF、JPEG TIFF、GeoTIFF 和以 11 Bit 位存储的 TIFF 影像）、NITF、SGI（RGB）、BMP、TGA、SUN Raster、VIT、JFIF/JPEG 和 Mr. SID 格式。

2) 等高线矢量数据输入

输入已有地形信息（等高线、特征线、特征点）的 DXF 和 USGS 格式文件，构造三角网，并内插矩形格网。

3) DEM 数据输入

可直接将 USGS DTED2 格式的 DEM 转换为 VirtuoZo 格式的 DEM。可直接将 Lidar 格式的 DTM 数据（一般为 *. xyz 文件）转换为 VirtuoZo 格式的 DEM。

(2) 自动空中三角测量

包括全自动内定向、全自动选点、全自动相对定向、全自动转点和半自动量测地面控制点。本模块具备预测地面控制点和交互式编辑连接点的功能，并能自动整理成果，建立各模型的参数文件。

(3) 内定向

框标的自动识别与定位。利用相机检校参数，计算扫描坐标系与像片坐标系之间的变换参数，自动进行内定向。提供人机交互后处理功能。注意：自动空中三角测量后无需此项处理。

(4) 相对定向

左右影像分别提取特征点，利用二维相关寻找同名点，计算相对定向参数，自动进行相对定向。提供人机交互后处理功能。注意：自动空中三角测量后无需此项处理。

(5) 绝对定向

由人工在左、右影像上定位控制点点位，采用影像匹配技术确定同名点，计算绝对定向参数，完成绝对定向。支持立体量测功能，可通过手轮、脚盘直接驱动立体影像来调整控制点和像点坐标。注意：自动空中三角测量后无需此项处理。

(6) 生成核线影像

将原始影像中用户选定的区域，按同名核线重新采样，形成按核线方向排列的立体影像。可采用两种方式生成核线影像：非水平核线方式和水平核线方式。非水平核线方式的优点在于，影像的生成速度较快、处理比较灵活，不依赖于控制点定向的结果；缺点在于，航空摄影时并非竖直摄影，最后生成的模型为倾斜模型，立体显示与真实感不强(但不会出现观测误差)。水平方式的优点在于，无论是否为竖直摄影，得到的模型始终是水平的，立体显示会比较真实；缺点在于，必须先做完绝对定向后方可采集，其观测的精度部分依赖于绝对定向的成果，采集速度较非水平方式慢一些。

(7) 匹配预处理

进行自动匹配之前，可在立体模型中量测部分特征点、特征线和特征面，作为影像自动匹配的控制。

(8) 影像匹配

在核线影像上进行一维影像匹配，确定同名点。匹配中，采用金字塔影像数据结构和基于跨接法的松弛法整体匹配算法。

(9) 匹配结果的显示和编辑

完成自动匹配后，对匹配结果进行交互式编辑。系统能显示不可靠的点。可在分屏模式或立体模式下进行调整。在立体模型中可显示视差断面或等视差曲线，以便发现粗差。交互式编辑有点、线和面的方式。

(10) 建立 DTM/DEM

将匹配后的视差格网投影于地面坐标系，利用移动曲面拟合，内插生成不规则的数字表面模型 DTM。再进行插值计算，建立矩形格网的精确的数字高程模型 DEM。

(11) 正射影像的自动制作

采用反解法进行数字纠正，自动生成正射影像图。比例尺由参数确定。可以使用 VirtuoZo 系统产生的 DEM 文件、DTM 文件、甚至是 XYZ（VirtuoZo 生成的矢量测图文件格式）和 DXF（由 AUTOCAD V12 生成的矢量数据文件）格式的矢量数据文件，直接对原始影像进行纠正。并且可以选择纠正格网的类型（三角网或矩形格网）。

(12) 自动生成等高线

由 DEM 自动生成等高线图。等高线间隔由参数设定。DEM 可以使用 VirtuoZo 系统产生的 DEM 文件、DTM 文件、甚至是 XYZ（VirtuoZo 矢量测图文件格式）、DXF（AUTOCAD V12 生成的矢量数据文件）格式的矢量数据。并且可以选择纠正格网类型（三角网或矩形格网）。

(13) 正射影像和等高线叠合

正射影像和等高线生成后，将等高线叠合到正射影像上，获得带有等高线的正射影像图。

(14) 地物数字化

用计算机代替解析测图仪、用数字影像代替模拟像片、用数字光标代替光学测标，在计算机上对地物进行数字化。

(15) 影像与立体影像显示

在屏幕上显示三维立体影像。可查看整个数字影像的完整性，检查当前数字影像是否清晰、方位是否正确。

(16) 景观图或透视图显示

在屏幕上显示景观图或透视图。可任意设定观察视角，无级缩放三维影像。

(17) DEM 拼接与正射影像镶嵌

对多个立体模型进行 DEM 拼接。对正射影像、等高线和等高线叠合正射影像进行镶嵌。系统实现了正射影像的无缝拼接，并能对任意影像进行镶嵌。

(18) 批处理

对多个模型成批进行自动处理。设置参数选择模型和处理类型、如相对定向、绝对定向、采核线影像、影像匹配、生成 DEM、正射影像、等高线和正射影像与等高线的叠合等。系统自动进行批处理，完全不需要人工干预，大大提高了工作效率。

(19) 数据输出

①将 VirtuoZo 格式的 DEM 文件转换为 DXF、Arc/Info GridASCII 纯文本格式或 BIL、

NSDTF-DEM 和 TEXT（xyz）等格式。

②将 VirtuoZo 格式的等高线转换为 DXF 或 ASCII 纯文本格式。

③将 VirtuoZo 格式的影像转换为通用的 TIFF、GeoTIFF、TIFF World、TGA、SUN RASTER、SGI（RGB）、BMP、JPEG 和美国地质调查局（USGS）使用的 DOQQ 格式。其中，GeoTIFF、TIFF World 和 DOQQ 属于国际上通用的正射影像文件格式，可将 VirtuoZo 生成的正射影像文件直接转换为这些标准的正射影像文件格式。

2. 数字摄影测量系统立体测图的作业流程（图 4.26）

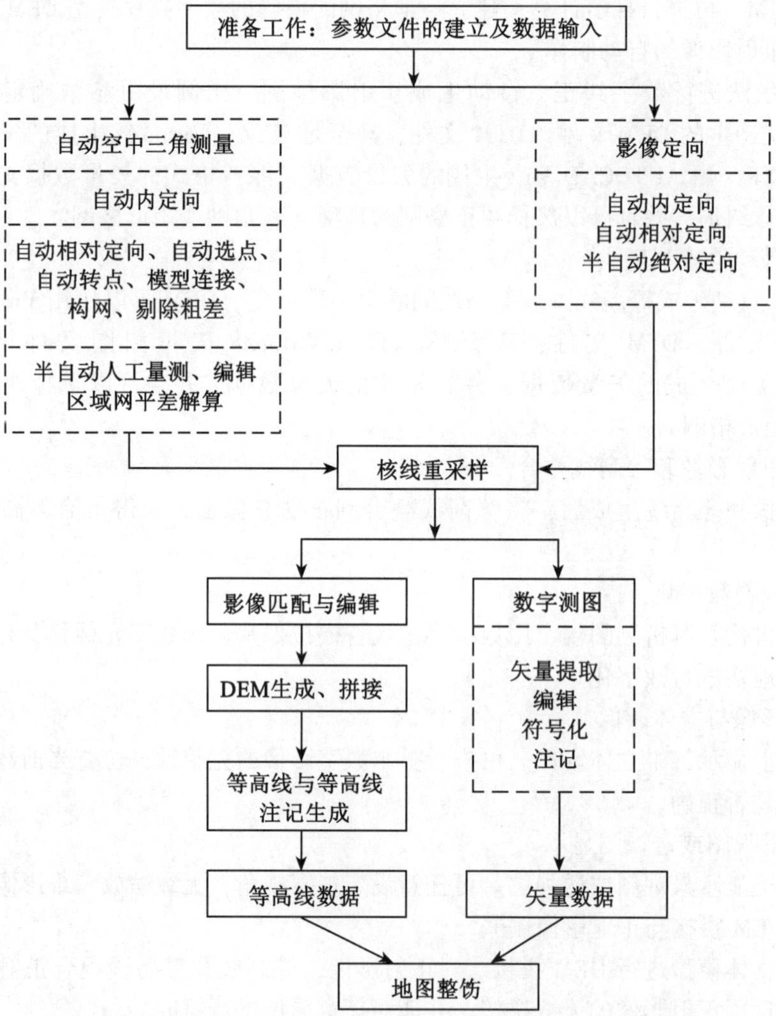

图 4.26 数字摄影测量系统立体测图作业流程

3. 数字摄影测量工作站立体测图的作业步骤

(1) 测区参数文件的建立及数据输入

第一步：资料分析。包括控制点数据、相机参数、原始影像的分辨率与像片比例尺等。

第二步：创建新测区。在 VirtuoZo 系统中，测区的概念可以理解为一个区域，也可以是一个图幅范围内的所有像对，甚至只是一个立体像对。本次实验的测区名为“shixi”，在 VirtuoZo NT 主菜单中，选择设置→测区参数项，屏幕显示【打开或创建一个测区文件】对话框，输入测区名，即“shixi”，进入测区参数界面，如图 4.27 所示。现以测区名为“shixi”为例。

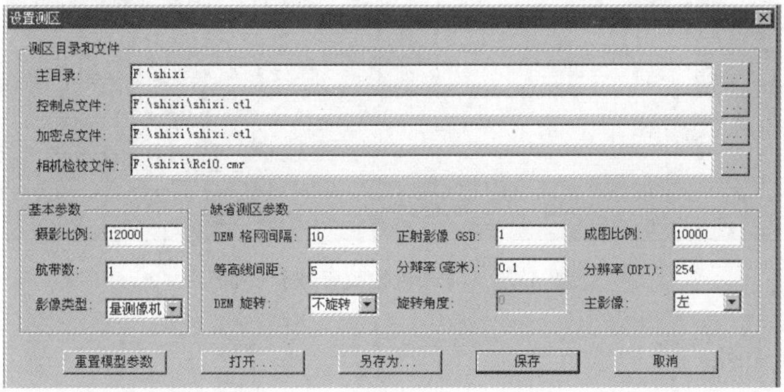

图 4.27　【测量测区】界面

测区参数输入要求如下：

①测区目录和文件：

主目录行：输入测区路径和测区名，即 d：\ <班级学号>。本系统自动在 d 盘建立名为【shixi】文件夹；

控制点文件行：输入控制点文件名，即 d：\ shixi \ shixi. ctl；

加密点文件行：输入与上行相同，即 d：\ shixi \ shixi. ctl；

相机检校文件行：输入 d：\ shixi \ Rc10. cmr。

注意文件的后缀格式。

②基本参数：摄影比例：输入“30000”；航带数：输入“1”；影像类型：选择“量测相机”。

③缺省测区参数：DEM 间隔：10m；等高线间距：5m；分辨率（DPI）：254（即正射影像的输出分辨率）。

④选择【保存】按钮，将测区参数存盘。其参数文件存放在【shixi】文件夹中。

第三步：设置测区参数文件。根据实际情况可以进行测区参数的修改。

第四步：录入相机参数。相机检校数据用以做内定相计算。在 VirtuoZo NT 主菜单中，选择设置→相机参数项，屏幕弹出相机参数界面，如图 4.28 所示（注意：若新建时，界面中无参数，请输入）。

相机检校文件名是在测区参数中生成的，即“Rc10. cmr”。

本次实验的相机数据：由已知资料的相机数据，在输入处双击鼠标左键，将相机数据对应填写到本界面中，如图 4.28 所示。选择【确定】按钮，将参数存盘。

第五步：输入控制点数据。控制点参数用以绝对定向计算。在 VirtuoZo NT 主菜单中，选择设置→地面控制点项，屏幕显示当前控制点文件，如图 4.29 所示（注意：若新建时，

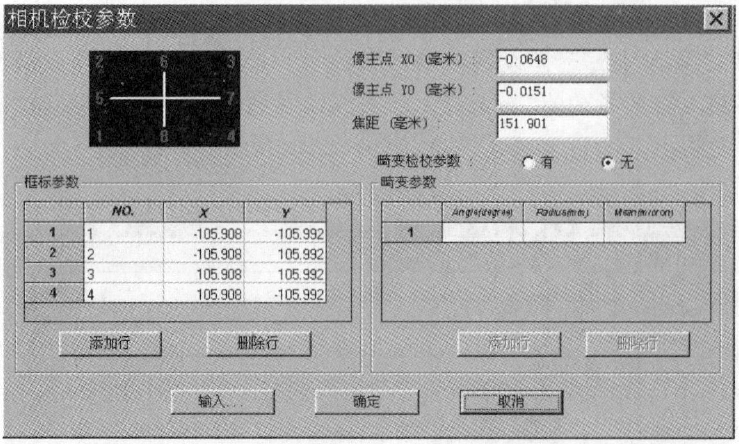

图 4.28 【相机检校参数】界面

界面中无参数，请输入)。

控制点文件名是在测区参数中生成的，即“shixi. ctl”。

控制点数据：由已知资料控制点数据，在输入处双击鼠标左键，将控制点数据依次填写到本界中，如图 4.29 所示。选择【确定】按钮，将控制点参数存盘。

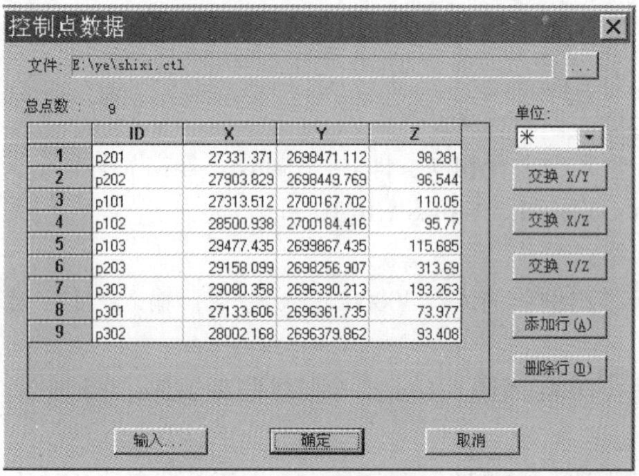

图 4.29 【控制点数据】界面

第六步：原始影像的数据格式转换。本次实验所采用的原始资料是由航片经扫描而获得的数字化影像，为 tif 格式，必须转换为 *. vz 的格式。在 VirtuoZo NT 主菜单中，选择文件→引入→影像文件项，屏幕显示输入影像对话窗（图 4. 30）。

在其窗口中选择：输入路径、输入影像文件名、输入（*. tif）与输出影像文件名（*. vz）与路径（测区目录下的 images 分目录）等。然后，选择处理按钮，即将 *. tif 文件转换为 *. vz 文件，并将 *. vz 文件存放在测区目录下的 images 分目录中。

（2）模型定向与生成核线影像

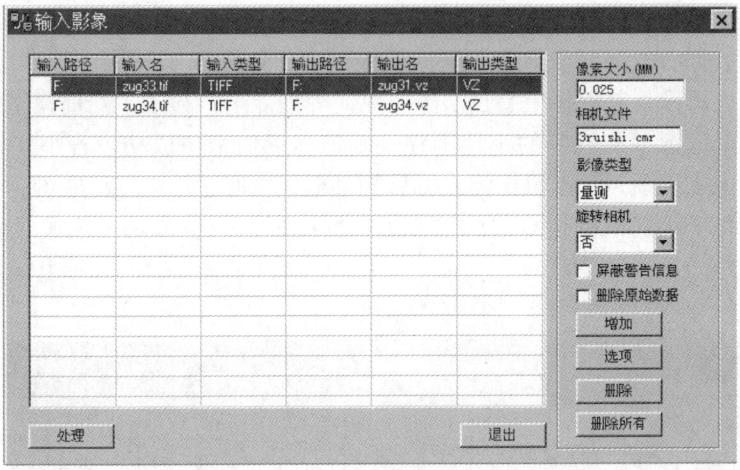

图 4.30　【输入影像】对话窗

第一步：创建新模型。新模型指尚未在当前测区建立目录的模型，作业要从创建模型开始。在当前测区“shixi.blk”创建 37-38 模型。

在系统主菜单中，选择文件→打开模型项，屏幕显示【打开或创建一个模型】文件对话框，输入当前模型名，即“37-38”，进入模型参数界面，如图 4.31 所示。

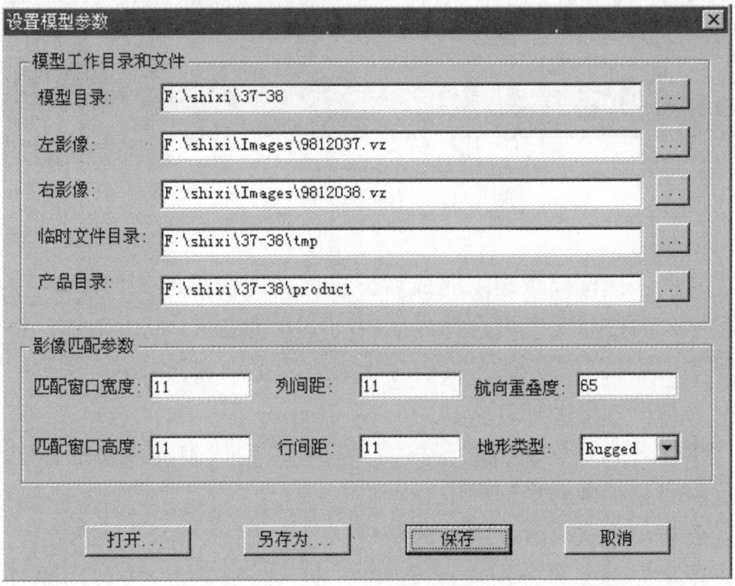

图 4.31　模型参数界面

其中，模型目录、临时文件目录、产品目录均由程序自动产生，只需在左影像、右影像栏分别引入左影像名及右影像名。影像匹配窗口和间距一般相同（其参数为奇数，最小值为 5）。模型参数填写好后，选择【保存】按钮即可。

第二步：自动内定向。

①建立框标模板：当模型打开后，在系统主菜单中，选择处理→定向→内定向项，程序读入左影像数据后，屏幕显示建立框标模板界面，如图 4. 32 所示。界面右边小窗口为某个框标的放大影像，其框标中心点清晰可见。界面左窗口显示了当前模型的左影像，若影像四角的每个框标都有红色的小框围住，则框标近似定位成功。若小红框没有围住框标，则需进行人工干预。移动鼠标将光标移到某框标中心，单击鼠标左键，使小红框围住框标。依次将每个小红框围住对应的框标后，框标近似定位成功。选择界面左窗口下的【接受】按钮。

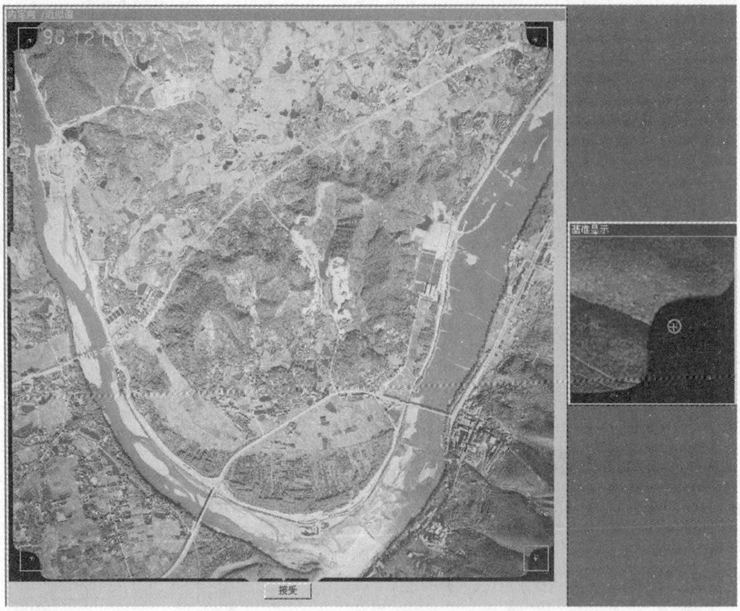

图 4. 32 【框标模板】界面

②左影像内定向：框标模板建立完成后，进入内定向界面，如图 4. 33 所示。该界面显示了框标自动定位后的状况。可选择界面中间小方块按钮，将其对应的框标放大显示于右窗口内，观察小十字丝中心是否对准框标中心，若不满意，可进行调整。

框标调整有自动或人工两种方式：

自动方式：选择【自动】按钮后，移动鼠标在左窗口中的当前框标中心点附近单击左键，小十字丝将自动精确对准框标中心。

人工方式：若自动方式失败，则可选择【人工】按钮，移动鼠标在左窗口中的当前框标中心点附近单击左键，再分别选择【上】、【下】、【左】、【右】按钮，微调小十字丝，使之精确对准框标中心。

注意：调整中应参看界面右上方的误差显示，当达到精度要求后，选择【保存退出】按钮。

③右影像内定向：左影像内定向完成后，程序读入右影像数据，对右影像进行内定向。具体操作同上。至此，一个新模型的内定向完成。程序返回系统主界面。紧接着，可

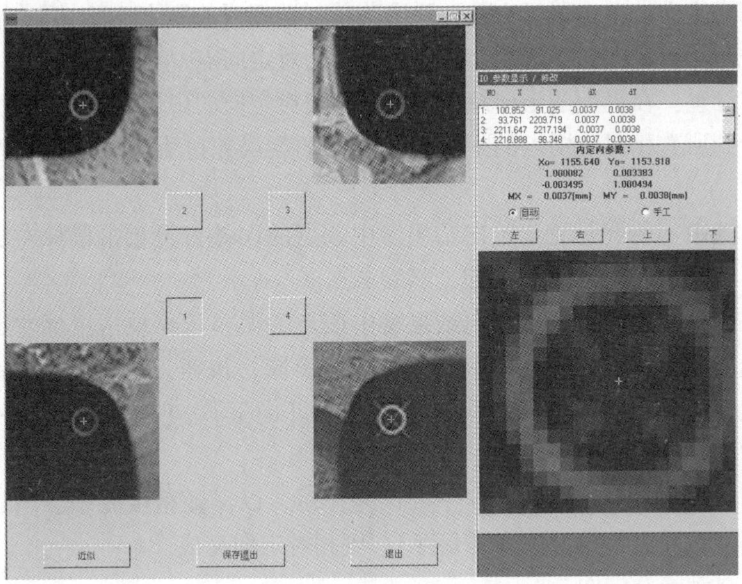

图 4.33　【内定向】界面

进行模型的相对定向。

第三步：自动相对定向。

①进入相对定向界面：在系统主菜单中，选择处理→定向→相对定向项，系统读入当前模型的左右影像数据，屏幕显示相对定向界面，如图 4.34 所示。

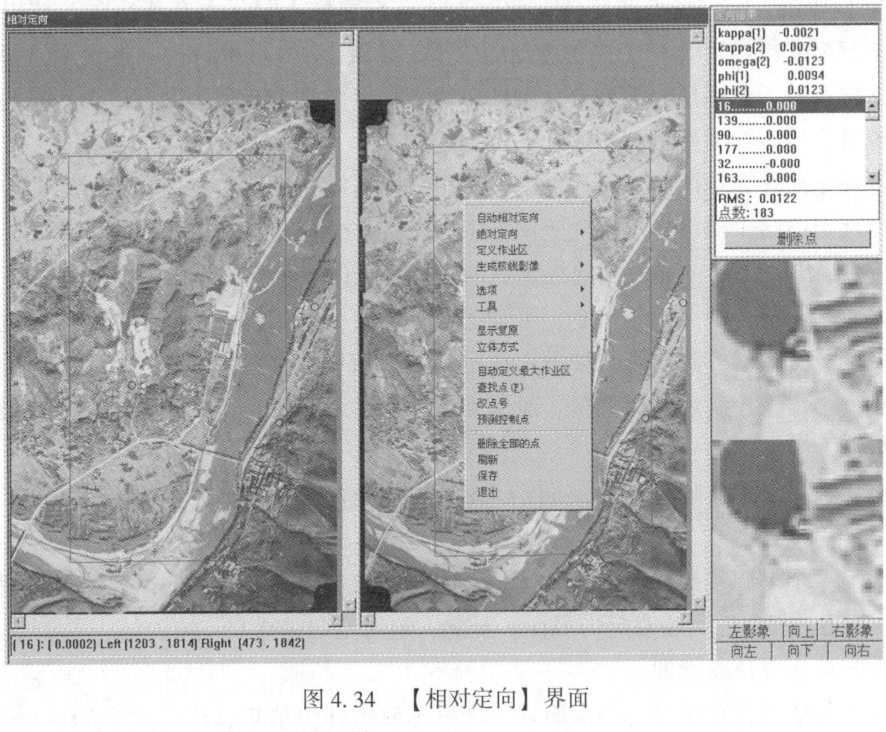

图 4.34　【相对定向】界面

②自动相对定向：单击鼠标右键，弹出菜单，选择【自动相对定向】，程序将自动寻找同名点，进行相对定向。完成后，影像上显示相对定向点（红十字丝）。

③检查与调整：在界面的定向结果窗中显示相对定向的中误差等。拉动定向结果窗的滚动条，可看到所有相对定向点的上下视差。如某点误差过大，可进行调整（删除或微调）。

删除点：选中（将光标置于定向结果窗中该点的误差行再点击鼠标左键）要删除的点后，选择界面上的【删除点】按钮，删除该点。

微调点：选中（将光标置于定向结果窗中该点的误差行再单击鼠标左键）要微调的点后，分别选择界面右下方的【左影像】或【右影像】按钮，然后对应按钮上方的两个点位影像放大窗中的十字丝，分别点击【向上】、【向下】、【向左】、【向右】按钮，使左、右影像的十字丝中心位于同一影像点上。

注意：调整中应参看定向结果窗中的误差显示，以保证精度要求。当达到精度要求后，单击鼠标左键弹出菜单，选择【保存】，则相对定向完成。

第四步：自动绝对定向。

①量测控制点：在相对定向的界面下，按照控制点的真实地面位置中的图片点位，在影像上逐个量测。其量测方法一般采用半自动量测。移动鼠标，将光标对准左影像上的某个控制点的点位，单击左键弹出该点位放大影像窗。再将光标移至点位放大影像窗，精确对准其点位单击鼠标左键，程序自动匹配到右影像的同名点后，弹出该点位的右影像放大窗以及点位微调窗（图 4.35）。在点位微调窗中可以鼠标左键点击左或右影像的微调按钮，精确调整点位直至满意。在点位微调窗中的点号栏中输入当前所测点的点号，然后选择【确定】按钮，则该点量测完毕。此时，该点在影像上显示黄色十字丝。按以上操作依次量测三个控制点后（三个控制点不能位于一条线上），可进行控制点预测，即单击鼠标右键弹出菜单，选择预测控制点。随即影像上显示出几个蓝色小圈，以表示待测控制点的近视位置。然后继续量测蓝圈所示的待测控制点。

②绝对定向计算：控制点量测完后，单击鼠标右键弹出菜单，选择绝对定向→普通方式，随即在定向结果窗中显示绝对定向的中误差及每个控制点的定向误差。另弹出控制点微调窗（图 4.35），窗中显示当前控制点的坐标，且设置了立体下的微调按钮。

③检查与调整：根据误差显示，可知绝对定向的精度如何，若某控制点误差过大，则可进行微调。其微调方法与步骤如下：在定向结果窗中对某控制点误差行单击鼠标左键，选中该点，弹出该控制点的微调窗。对于立体影像微调，在立体模式下带上立体眼镜对影像进行微调。

注意：在操作中应随时参看定向结果窗中的误差变化，以确保控制点位和计算精度要求。

选中另一个需调整的点，进行微调。所需调整的点均完成后，选择控制点微调窗中的【确定】按钮，程序返回相对定向界面。至此，绝对定向完成。

第五步：生成核线影像。

①定义作业区：在相对定向界面，单击鼠标右键弹出菜单，选择“全局显示”，界面

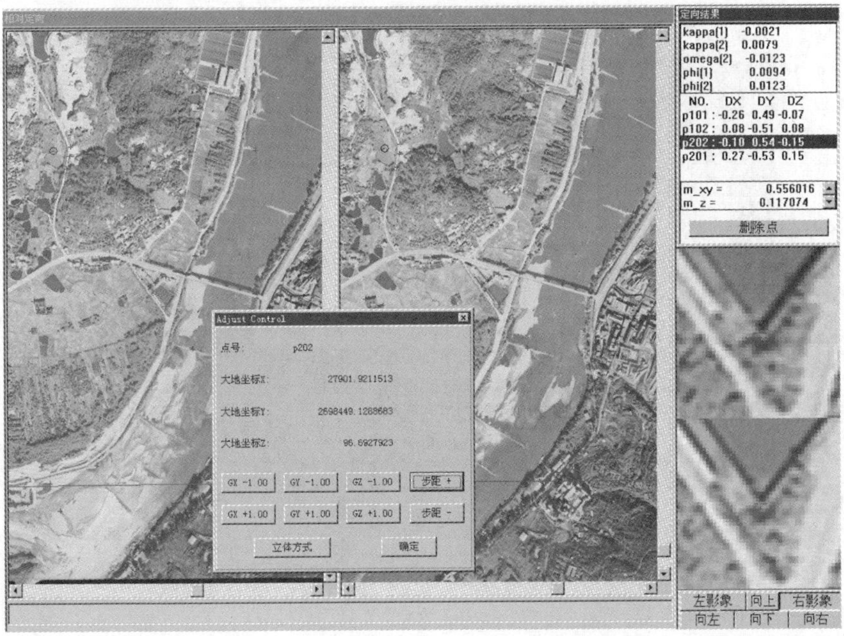

图 4.35　【绝对定向】界面

显示模型的整体影像，然后再弹出菜单，选择“定义作业区”，随之将光标移至右影像窗中，置于作业区左边一角点处，按下鼠标左键，然后拖动鼠标朝对角方向移动，当屏幕显示的绿色四边形框符合作业区范围时，停止拖动，松开鼠标左键，则作业区定义好，显示为绿色四边形框。如果在弹出的菜单中，选择“自动定义最大作业区”，程序将自动定义一个最大作业区。

②生成核线影像：单击鼠标右键弹出菜单，选择生成核线影像→非水平核线，程序依次对左、右影像进行核线重采样，生成模型的核线影像。

③退出：单击鼠标右键弹出菜单，选择【保存】，然后再弹出菜单，选择【退出】，然后回答界面上的提示，程序退出相对定向的界面，回到系统主界面。

至此，该模型的内定向、相对定向、绝对定向及核线影像生成均已完成。同样，接着可以建立第二个模型。

（3）自动影像匹配

在 VirtuoZo NT 主菜单中，选择菜单处理→影像匹配项，出现影像匹配计算的进程显示窗口，自动进行影像匹配。

（4）VirtuoZo NT 软件 DLG 制作

第一步：进入测图界面。

在 VirtuoZo 主菜单中，单击测图→IGS 数字化测图菜单项，进入测图模块，系统弹出测图窗口（图 4.36）。

第二步：新建一个测图文件。

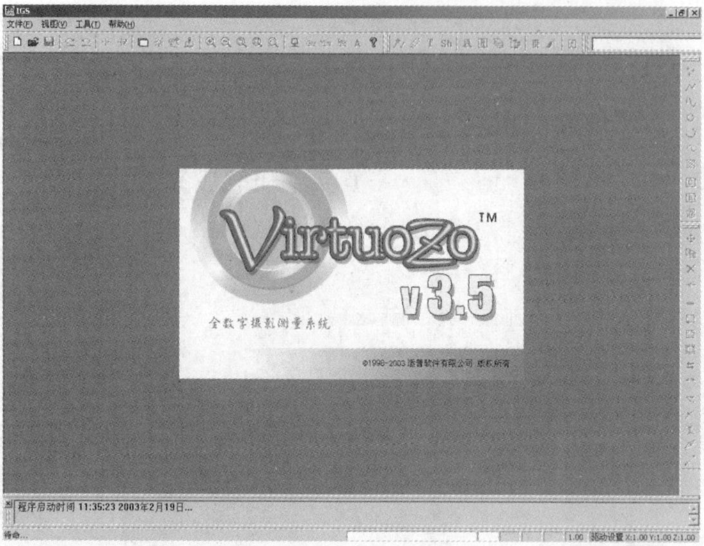

图 4.36　测图窗口

单击文件→新建＊.xyz 文件菜单项，系统弹出新建 IGS 文件对话框，输入一个新的＊.xyz 文件名，系统弹出地图参数对话框（图 4.37）。

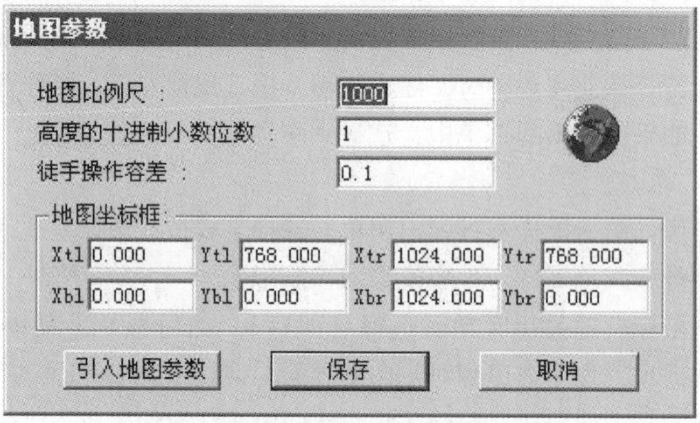

图 4.37　【地图参数】对话框

地图比例尺：设置相应的成图比例尺。

高度的十进制小数位数：设置显示高程值的小数保留位数。

徒手操作容差：设置流曲线点的数据压缩比例。设置的数值越大，最后的保留点位越少，但设置的最大数值不能超过“1”。

地图坐标框：如果已知矢量图的坐标范围，可直接在地图坐标框的各个文本框中输入相应的坐标范围（表 4.2）

表 4.2　**点位坐标说明**

Xtl	左上角 X 坐标	Ytl	左上角 Y 坐标	Xtr	右上角 X 坐标	Ytr	右上角 Y 坐标
Xbl	左下角 X 坐标	Ybl	左下角 Y 坐标	Xbr	右下角 X 坐标	Ybr	右下角 Y 坐标

在对话框中输入各项测图参数，单击【保存】按钮后，将创建一个新的测图文件。此时系统弹出矢量图形窗口，并显示其图廓范围（红色框）（图 4.38）。

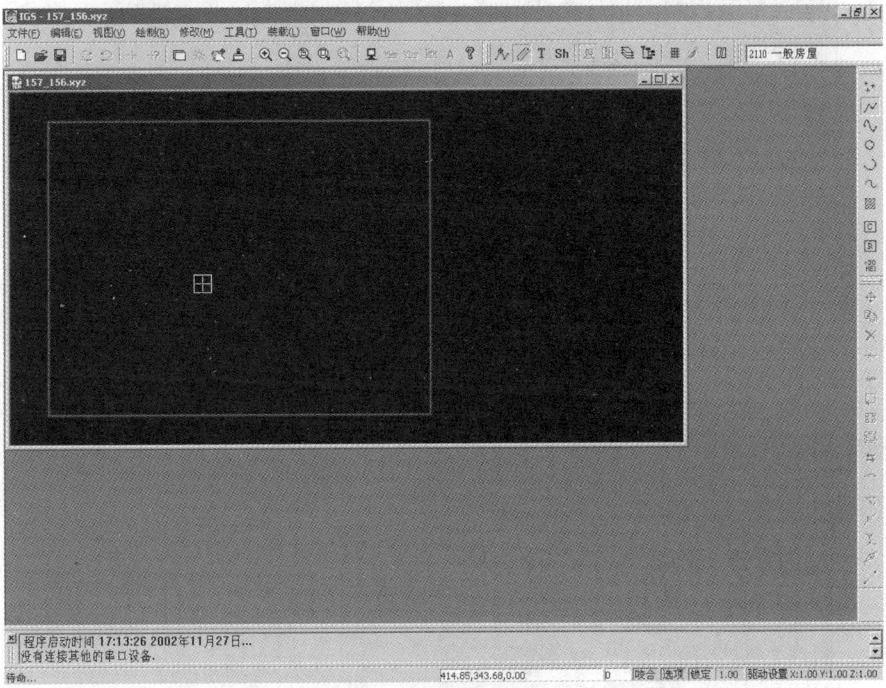

图 4.38　测图矢量窗口

第三步：打开一个测图文件。

单击文件→打开菜单项，系统弹出“打开”对话框，选择一个 *.xyz 文件，单击【打开】按钮，系统打开一个矢量窗口显示该矢量文件（图 4.39）。

第三步：装载立体模型。

注意：只有当打开了测图文件后，方可装载立体模型。

在 IGS 主界面中单击→装载立体模型菜单项，在系统弹出的对话框中选择一个模型文件（*.mdl 或 *.ste），单击【打开】按钮，系统弹出影像窗口，显示立体影像（图 4.40）。

第四步：地物的测绘。

①输入地物特征码：每种地物都有各自的标准测图符号，而每种测图符号都对应一个

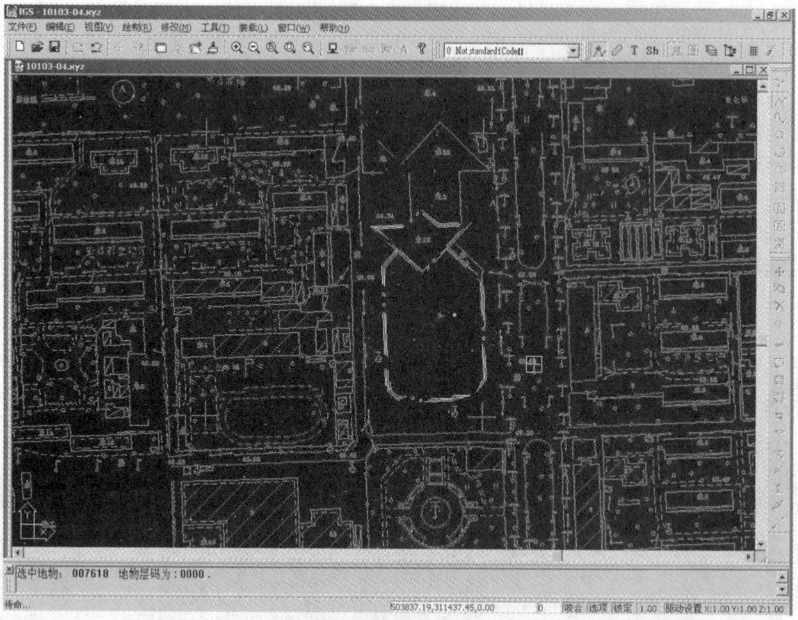

图 4.39　测图矢量窗口

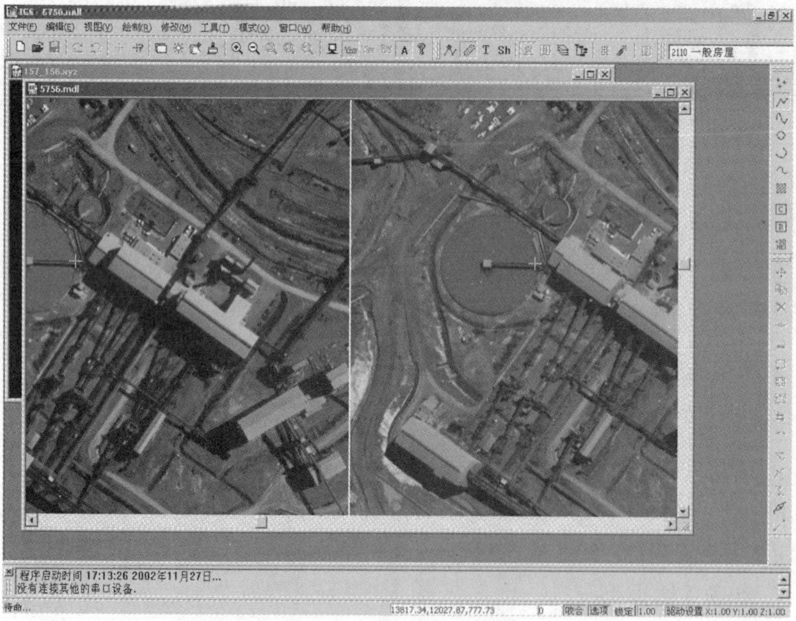

图 4.40　装载立体模型窗口

地物特征码。数字化量测地物时，首先要输入待测地物的特征码。

方法一：直接输入其数字号码。若用户已熟记了特征码，可在状态栏的特征码显示框中输入待测地物的特征码。

方法二：单击图标，在弹出的对话框中选择地物特征码

②进入量测状态：有两种方式可进入量测状态：

方式一：按下图标，可进入量测状态。

方式二：单击鼠标右键，在编辑状态和量测状态之间切换。

③选择线型和辅助测图功能：地物特征码选定后，可进行线型选择和辅助测图功能的选择。

选择线型：IGS 根据符号的形状，将之分为七种类型（统称为线型）。在绘制工具栏中有这七种类型的图标，其含义说明如下：

点：用于点状地物，即只需单点定位的地物，只记录一个点；

折线：用于折线状地物，如多边形、矩形状地物等，记录多个节点；

曲线：用于曲线状地物，如道路等，记录多个节点；

圆：用于圆形状地物，记录三个点；

圆弧：用于圆弧状地物，记录三个点；

手画线：用于小路、河流等曲线地物，可加快量测速度，按数据流模式记录；

隐藏线：只记录数据不显示图形，用于绘制斜坡的坡度线等。

选择了一种地物特征码以后，系统会自动将该特征码所对应符号的线型设置为缺省线型（定义符号时已确定），表现为绘制工具栏中相应的线型图标处于按下状态，同时，该符号可以采用的线型的图标被激活（定义符号时已确定）。在量测前，用户可选择其中任意一种线型开始量测，在量测过程中，用户还可以通过使用快捷键切换来改变线型，以便使用各种线型的符号来表示一个地物。

选择辅助测图功能：系统提供的辅助测图功能，可使地物量测更加方便。可通过绘制菜单、快捷键或绘制工具栏图标来启动或关闭辅助测图功能。具体说明如下：

自动闭合：启动该功能，系统将自动在所测地物的起点与终点之间连线，自动闭合该地物。

自动直角化与补点：对于房屋等拐角为直角的地物，启动直角化功能，可对所测点的平面坐标按直角化条件进行平差，得到标准的直角图形。对于满足直角化条件的地物，启动自动补点功能，可不量测最后一点，而由系统自动按正交条件进行增补。

自动高程注记：启动该功能，系统将自动注记高程碎部点的高程。

第五步：地物的编辑。

地物编辑的基本步骤：进入编辑状态→选择将要编辑的某个地物及某个点→选择所需的编辑命令→进行具体的修测、修改等。

第六步：数据的输入与输出。

用 ctrl+Tab 快捷键切换当前窗口为矢量窗口时，点击文件菜单如图 4.34 所示。

①数据输入：单击文件→引入→＊.xyz 文件菜单项。单击该菜单项，系统弹出引入＊.xyz 文件对话框（图 4.41）。

单击【浏览】按钮，选择需要引入的测图矢量文件“＊.xyz”，单击【打开】→【确定】即可。

图 4.41 引入 *. xyz 文件

②数据输出：单击文件→导出→ *. dxf 文件菜单项。单击该菜单项，系统弹出“输出文件”对话框。

第七步：数据的编辑。

在 CASS 背景下打开 VirtuoZo 导出的 *. dxf 文件，进行数据的编辑。

习 题

1. 立体像对中有哪些基本点、线、面？
2. 简述单眼观察和双眼观察的区别。
3. 简述像对立体观察应该满足的条件。
4. 通过观察立体，结合自己体会，试总结像对立体观察的详细步骤。
5. 简述立体像对相对方位及相对方位元素的概念。
6. 简述立体像对绝对方位及绝对方位元素的概念。
7. 简述空间前方交会、共面条件方程、空间相似变换的原理。
8. 简述模拟法立体测图的原理与方法。
9. 简述解析法立体测图的原理与方法。
10. 简述数字摄影测量测图的方法步骤（以 VirtuoZo 软件为例）。

第 5 章　影像的判读与调绘

☞ 教学目标

掌握影像判读与调绘的方法和步骤，掌握像片判读特征、调绘的步骤、居民地、水系、植被等调绘的方法，了解新增地物补测的方法和调绘片的接边与整饰。

5.1　影像判读基本方法

航摄像片和遥感摄影像片大部分采用中心投影方式成像，像片上的影像与相应目标在形状、大小、色调、阴影、纹形、布局和位置等特征方面有着密切的关系，人们就是根据这些特征去识别目标和解释某种现象的。这些特征称为判读特征。值得注意的是，不同类型的像片以及像片倾斜和地形起伏等因素的影响会使判读特征有很大差异。因此，掌握判读特征以及各种因素对它们的影响，对像片判读有很重要的意义。下面介绍几种遥感摄影像片的种类和摄影像片的主要判读特征。

5.1.1　像片判读特征

1. 摄影像片的种类

摄影像片的种类很多，常采用的摄影像片有可见光黑白全色像片、黑白红外像片、彩色像片、彩红外像片、多波段摄影像片和热红外摄影像片。

可见光黑白全色像片采用的胶片乳剂感光范围为 0.36~0.72μm，它与人眼对光的敏感范围 0.4~0.7μm 接近，像片上的明暗色调与人们日常熟悉的真实景物明暗色调近似，与真实景物相比，像片上反差稍低，加上黑白像片多为航空像片，具有高分辨率，像片上的各种目标地物与现象很容易为人们判读。

黑白红外像片采用的胶片乳剂对蓝色、紫色、红色和近红外光敏感。由于植被在近红外波段具有较高的光谱反射率，采用红色滤光片对红外像片胶片曝光后，可以增强目标地物与背景的反差，大大增加不同植被之间的反差。我们在黑白红外像片上看到的地物色调与人们日常熟悉的真实景物不同，其明暗色调是由地物在近红外波段反射率强弱所决定的。

彩色像片采用的胶片乳剂分别对蓝色、绿色和红色敏感，彩色胶片上记录的影像信息经过显影洗印后获得的像片能够达到或接近天然彩色，它与人们日常熟悉的真实景物色彩非常相似，因此利用彩色像片判读要比黑白全色像片更加容易。采用航空彩色像片判读，可以提高判读精度、缩短判读时间，但是一些目标地物在可见光波段反差对比不明显，在彩色图像上则不易于判读。

彩红外像片的胶片乳剂分别对绿色、红色和近红外光敏感，经过显影洗印后获得的彩红外像片上各种地物颜色与人们日常熟悉的真实景物不同。原来的绿色地物被赋予蓝色，原来的红色地物被赋予绿色，反射红外线的地物被赋予红色。

多波段摄影像片包括航空和航天两种类型，其基本成像原理是：把电磁波分成多个特定的波段，每个摄像镜头使用不同波段的滤光片和不同感光胶片，采用不同波段同步摄取同一区域的多种黑白像片，记录下目标地物在不同波段的特征。这种像片的优点是：可以利用地物在不同波段具有不同的电磁波反射率和吸收率的特点，通过多波段黑白像片的比较来识别地物目标。它也可以选取同一地区三个波段像片进行组合，合成彩色图像来增强目标地物与背景之间的对比度。

2. 摄影像片判读特征

(1) 形状特征

形状特征是指地物外部轮廓在像片上所表现出的影像形状。地物的形状不同，其影像形状也不同。影像形状在一定程度上反映出地物的某种性质，所以形状特征是识别目标的重要依据之一。

在近似垂直摄影的像片上，倾斜误差对地物影像形状的影响很小，平坦地面上地物影像形状与其俯视图形相似。但是投影误差对具有一定高度的目标影像形状的影响是不能忽视的。高于地面的地物影像一般都有变形，相邻像片上相应影像的形状也不一致。位于斜面而不突出所依附斜面上的地物，由于斜面受投影误差的影响，地物影像形状也有变形，物、像形状不相似，相邻像片上同一地物影像形状也不一致。从投影误差的性质知道，这种变形不仅与目标本身高度有关，而且与地物相对于航摄机镜头的位置有关。当目标位于底点处，不管多高，影像形状与相应地物顶部形状相似，没有变形；离底点愈远，变形愈大，影像不仅反映了地物顶部形状，而且也显示了地物侧面形状。

投影误差引起高出地面目标影像变形，而且压盖其他地物，对判读和量测有不利的一面。但是，投影误差对于判读也有有利的一面，例如，可以根据投影影像反映的地物侧面形状识别地物，根据投影误差的大小确定地物高度。

(2) 大小特征

大小特征是指地物在像片上的影像尺寸。根据像片比例尺，能明确绘出地物大小的概念。因此判读前，应弄清像片比例尺和像片比例尺的变化。在航空摄影像片上，平坦地区各地物影像的比例尺基本一致，实际大的地物反映在像片上的影像尺寸也大，反之则小；起伏不平的丘陵地和山地的影像在同一张像片上比例尺处处不一致，处于高处的地物，相对航高小，影像比例尺大；处于低处的地物，相对航高大，影像比例尺小。因此，同样大小的地物，反映在像片上的影像，位于山顶的比位于山脚的大。

大小特征除主要取决于像片比例尺外，还与地物形状和地物的背景有关。例如，在航空摄影像片上，与背景密度差较大的小路和通信线等线状地物的影像宽度往往超过根据像片比例尺计算所应有的宽度。

(3) 色调特征

地面物体呈现出的各种自然色在黑白像片上会以不同的黑度层次表现出来，这种黑度差别称为色调。影像的色调主要取决于感光材料（航摄底片）的感光特性、地物表面的照度和地物表面的反射能力。

全色摄影像片上的影像色调主要取决于地物表面亮度，而地物表面亮度与照度、地物亮度系数、地物表面粗糙程度有关。

1）色调与地物表面照度的关系

地物表面受太阳光直接照射和天空光照射，照度的大小和光谱成分随太阳高度角而变化，在太阳高度角相同的情况下，如同类地物亮度系数相同，则照度大的部分亮度大，在像片上的影像色调浅，反之则深。

2）色调与亮度系数的关系

物体的亮度系数是指照度相同的条件下物体表面的亮度与理想的纯白表面的亮度之比值。亮度系数大的地物在像片上的影像色调浅，反之就深。

不同性质的地物亮度系数不同；同类性质的地物，表面状态不同，亮度系数也不一样。同类性质的地物，表面干湿程度不同，亮度系数也不同，含水量多，亮度系数小，在像片上的影像色调深；粗糙程度不同，亮度系数也不同，表面愈粗糙，亮度系数愈小，在像片上的影像色调愈深；植被的亮度系数随着生长期不同而变化，即随着季节不同而变化。

航摄底片对天然颜色的感光程度是不一样的，所以在像片上呈现的色调也不一样，如白色、黄色物体在像片上为白色或浅灰色，红色、深棕色物体在像片上为灰色，绿色、黑色物体在像片上为深灰色或黑色。

（4）阴影特征

阴影是指地面物体在阳光照射下投落在地面上的影子。阴影在像片上也是有影像的，它的方向取决于太阳的照射方向。航空摄影是在晴天进行的，故高出地面的物体，如水塔、烟囱、悬崖等，以及低于地面的物体，如冲沟、雨裂等，均会出现阴影。阴影一般与物体的高度成正比，与阳光的高度角成反比。在同一张像片上，各地物阴影影像的方向都是一致的，不因点的位置不同而异。阴影对突出地面物体的判读有重要意义，特别是当物体较小，而与周围地物的影像缺乏色调上的差异时，阴影特征显得特别有用。但有时阴影也会造成判读上的困难，例如，大建筑物的阴影盖住小而重要的地物影像，或把阴影误认为的物的影像等。所以，当判读有阴影地物时，最好用立体观察，以免造成错觉。

（5）纹形图案特征

细小地物在像片上有规律地重复出现所组成花纹图案的影像，称为纹形图案特征。纹形图案是形状、大小、阴影、空间方向和分布的综合表现，反映了色调变化的频率。纹形图案的形式很多，有点、斑、纹、格、垅和栅等。在这些形式的基础上，根据粗细、疏密、宽窄、长短、直斜和隐显等条件，还可再细分为更多的类型。

每种类型的地物在像片上都有本身的纹形图案。因此，可以从影像的这一特征识别相应地物。如针叶树与阔叶树可根据影像纹形图案的差异进行区分；沙漠类型、海滩性质等可以根据纹形图案进行识别。有些地物，如草地与灌木，依照影像的形状和色调不易区分，但草地影像呈现细致丝绒状的纹理，而灌木林则呈现点状纹理，比草地粗糙，容易区分。

（6）位置布局特征

位置布局特征是指地物的环境位置以及地物间空间位置配置关系在像片上的反映，也称为相关位置特征，是最重要的间接判读特征。

地面上的各种地物都有其存在的位置，并且与周围其他地物之间有某种联系。例如，造船厂要求设置在江边、河边、湖边、海边，不会在没有水域的地段出现；公路与沟渠相交处一般为桥涵。特别是组合目标，它们由一些单个目标按一定的关系位置布局配置，如火力发电厂由燃料场、主厂房、变电所和供水设备等地物组成，这些地物按电力生产的流程顺序配置。因此，地物间的相关位置特征有助于识别地物性质。

例如，草原上有的水井影像很小，不容易直接判读，但可以根据很多条放牧小路的影像相交于一处进行识别；又如河流的流向可根据河流中沙洲滴水状尖端方向、支流汇入主流相交处的锐角指向、停泊船只尾部方向，浪花与桥的相关位置等标志进行判断。

(7) 活动特征

活动特征是指目标的活动所形成的征候在像片上的反映。坦克在地面活动后留下的履带痕迹、舰船行驶时激起的浪花、工厂生产时烟囱排烟等，这些都是目标活动的征候，是判读的重要依据。

上述七个判读特征，在应用中要综合分析、综合考虑，单凭某一特征来判读，通常是不完全可靠的。对于判读特征的运用，必须通过不断地学习和实践，不断地总结经验，才能较好地掌握。

5.1.2 像片判读方法

不论是室内判读、野外判读或综合判读，普遍采用的都是目视判读方法。

1. 目视判读前的准备工作

(1) 收集各种辅助资料

收集地形图、图表、现状图以及官方确认的文字说明等。

(2) 收集或制作样片

我国幅员辽阔、地形复杂，判读人员要了解各种地物地貌的信息，必须借助于判读样片，判读样片可以帮助判读人员构思以图像形式出现的信息，并指导判读人员正确识别未知物体。

判读样片可以自己制作，也可以利用有关单位的样片图集。

(3) 训练判读能力

作为一个航测外业工作者，必须有较好的视觉敏锐度和立体效应、逻辑推理能力、自然地理和地貌学知识以及专业知识，还要有一定的社会经验和工作责任心。这些能力都必须在平时加以训练提高。

(4) 准备辅助判读的仪器设备

准备放大镜、立体镜、航空判读仪等仪器设备。

(5) 评定像片影像质量

用于判读的像片，必须满足以下条件：

①航片上所有地面景物的细节必须充分显示，并具有适当密度。

②相邻地物影像和同一地物的细节影像都应具有明显的、眼睛能觉察到的反差。

③亮度相同的地物，不论它构像于像幅中的任何位置，都应当有相同的色调和密度

2. 目视判读的一般方法

(1) 判读的一般原则

一般情况下，判读可首先从宏观的整个地区分析开始，然后再对细部进行认真的判读分析。判读者要按顺序编排像片、爱护像片，有条不紊地进行工作，从一般细部到个别细部、从已知特征到未知特征、从局部特征到整个区域的判读特征，循序渐进地进行工作。

(2) 目视判读的一般方法

1) 直判法

直判法是根据目视判读直接标志，直接确定目标地物属性与范围的一种方法。一般针对形状独特、色调特征明显的地物和自然现象，如道路、建筑物、河流、树木、岩体、火山锥、褶皱、断层等，均可用直判法辨认。例如，在可见光黑白像片上，水体对光线的吸收率强、反射率低，水体呈现灰黑色到黑色，根据色调，可以从影像上直接判读出水体，根据水体的形状，则可以直接分辨出水体是河流还是湖泊。

2) 对比法

对比法包括同类地物对比分析法、空间对比分析法和时相动态对比分析法。同类地物对比分析法是在同一景影像上，由已知地物推出未知目标地物的方法。空间对比分析法是根据待判读区域的特点，判读人员选择另一个熟悉的与影像区域特征类似的影像，将两个影像相互对比分析，由已知影像为依据判读未知影像的一种方法。时相动态对比分析法是利用同一地区不同时间成像的影像加以对比分析，了解同一目标地物动态变化的一种判读方法。

3) 信息复合法

信息复合法是利用透明专题图或者透明地形图与影像重合，根据专题图或者地形图提供的多种辅助信息，识别影像上目标地物的方法。

4) 综合推理法

综合推理法是综合考虑影像多种判读标志，结合生活常识，分析、推断某种目标地物的方法。在摄影航空像片中，公路在像片上的构像为狭长带状，在晴朗天气下成像时，公路因为平坦、反射率高，影像呈现灰白色或浅灰色调，铁路在形状上的构像与公路相似，但色调为灰色或深灰色，从色调上比较易于识别。但在大雨过后成像的航空像片上，公路因路面积水，影像色调也呈现灰色至深灰色，很难依据色调区分公路与铁路，此时就需要采用综合推理法，汽车转弯相对灵活，公路转弯处半径很小，而火车转弯不灵活，铁路在转弯处半径很大；铁路在道口与公路或大路直角相交，而大路与公路既有直角相交，也有锐角相交；铁路每隔一定距离就有一个车站，根据这些特征进行综合分析，就可以将公路与铁路区别开来。

5) 地理相关分析法

地理相关分析法是根据地理环境中各种地理要素之间的相互依存、相互制约的关系，借助专业知识，分析推断某种地理要素性质、类型、状况与分布的方法。

(3) 摄影像片的判读方法

1) 可见光黑白像片和黑白红外像片判读

在可见光黑白像片和黑白红外像片上，目标地物的形状和色调是识别地物的主要标志。由于人们习惯在可见光条件下观察地物，因此可见光黑白像片上各种地物比较容易识别。黑白像片识别与判读的规律是：可见光范围内反射率高的地物在航空像片上（正片）上呈现淡白色调，反射率低的地物在像片上呈现暗灰色调，如水泥路面呈现灰白色，而湖泊中的水体呈现深暗色。可见光黑白像片多数为大比例尺像片，地物形状特征明显，形状特征与色调特征等多种判读标志综合使用，可以提高目标地物的正确识别率。

黑白红外像片上地物色调深浅的判读不同于可见光黑白像片。在可见光黑白像片上，茂密植被的颜色为暗灰色，但在黑白红外像片上为浅灰色，这是因为植物的叶子在近红外波段具有强烈反射的特点。各种植被类型或植物处在不同的生长阶段或受不同环境的影响，其近红外线反射强度不同，在黑白红外像片上表现的明暗程度也不同，根据像片色调差异可以区分出不同的植被类型。

植物在近红外波段的反射率高低决定了在黑白红外像片上影像色调的深浅，例如水体在近红外波段具有高的吸收率、很低的分射率，因此在黑白红外像片上呈现深灰色或灰黑色。同样是道路，水泥路面反射率高，影像色调浅；柏油路面反射率低，影像色调深。农田土壤含水量的多寡可以通过影像色调的深浅反映出来，含水量多，影像色调呈现暗灰色；含水量少，影像色调呈现灰白色。

由于大气散射、吸收对红外波段摄影影响小，雾霾、烟尘对红外波段影响也小，因此利用红外摄影进行土地资源调查、洪水灾害评估、军事侦察是十分有效的。

2）彩色像片与彩色红外像片判读

彩色像片基本反映了地物的天然色彩，地物类型间的细微差异可以通过色彩的变化表现出来，如清澈的水体呈现为蓝绿色，含有淤泥的水体呈现为浅绿色。彩色像片上的丰富色彩提供了比可见光黑白像片更多的信息，其形状特征的识别类似于可见光黑白像片。利用彩色像片比利用可见光黑白像片判读更加容易，也可以获得更多的信息。

由于受到大气散射与吸收的影响，在航空摄影高度相同的条件下，彩色摄影信息损失量远大于彩红外摄影，并且随着航摄高度增加，其损失的信息量也在加大，因此航空遥感中广泛使用彩红外摄影，彩红外像片可以应用在许多领域。例如，利用彩红外像片来调查森林、农作物遭受病虫害情况。在同一个生长季节中，正常生长的绿色植物在彩红外像片上呈红色，受到虫害的植物在植被的光谱特征上会有不同的反映。在虫害初期，人眼还看不出植被异常现象时，在彩红外像片上却已显示出病变的色彩。彩红外像片上遭受病虫害的植物呈现为暗红色，严重的甚至达到浅青色。利用航空成像光谱仪获取的影像，在近红外波段还可以发现土壤中金属元素过高对植物产生的“毒害”影响。

彩红外像片在识别伪装方面也有突出的功用。例如，正常生长的植物在近红外波段具有较高的反射率，在像片上呈现红色；而采用绿色植物进行伪装的物体，其光谱特征与植被不同，用植物枝叶伪装的目标地物在像片上呈现紫红色，披盖绿色伪装物的目标地物在像片上呈现蓝色。

各种植被类型或植物处在不同的生长阶段或受不同环境的影响，其光谱特性不同，因而在彩红外像片上红色的深浅程度不同。例如，生长正常的针叶林呈现红色到品红色，枯萎的植被呈现暗红色，即将枯死的植被呈现青色。

水体污染、泥沙和水深等因素都对像片上水体的颜色产生影响。例如，富营养化的水体呈现棕褐色至暗红色，含有泥沙或淤泥的水体呈现青色至浅蓝色，清洁的浅水呈现青蓝色，水体很深且洁净时呈现深蓝色至暗黑色。

因此，必须根据地面实际调查建立各种地物的判读标志，在判读中，要考虑环境等多种因素的影响。

3）热红外像片的判读

热红外像片记录了地物发射热红外线的强度。地物本身具有热辐射特性，各种地物热辐射强度不同，在像片上具有不同的色调和形状，这是识别热红外像片地物类型的重要标志，热红外像片的直接判读标志包括：

①色调：地物亮度温度的构像。判读热红外像片时，关键是要细致区分影像色调的差异。影像的不同灰度表征了地物不同的辐射特征。影像正片上深色调代表地物热辐射能力弱，浅色调代表地物热辐射能力强。各种地物热辐射状况的不同，在影像上形成了深浅不同的色调，这是判别地物的基础。

②形状和大小：热红外探测器检测到物体温度与背景温度存在差异时，就能在影像上构成物体的“热分布”形状。山区河流在白天拍摄的热红外像片上呈现暗灰色调，这是因为水体热容量大、增温慢，周围丘陵和山地增温快，成为一个热辐射区域。但对于夜间拍摄的山区河流，由于河水热容量大、散热慢，河流成为一个热辐射带，在热红外像片上为灰白色的飘带。由于河水表面热辐射特性基本相同，这个灰白色的飘带的形状基本反映了河流的形状特征。一般说来，物体的“热分布”形状不是它的真正形状，除非物体表面热辐射能力处处相同，例如，高温目标的热扩散可导致物体形状扩大变形。

③地物大小：地物的形状和热辐射特性影响物体在热红外像片上的尺寸。当高温物体与背景具有明显热辐射差异时，即使很小的物体都可以在热红外像片上表现出来。由于高温物体向外辐射热源，因此其在影像中的大小往往比实际尺寸要大。但地物与背景之间温差很小时，地物的大小不易辨识。

④阴影：热红外影像上的阴影是目标地物与背景之间辐射差异造成的，可分为冷阴影和暖阴影两种。例如，在烈日下，飞机停放在飞机场，飞机遮挡了阳光直射，飞机下面被遮挡的地面与阳光直射的停机场接收的太阳辐射不同，它们发射的热辐射强度也不同。当飞机发动机发动时，高温热气流冲出，在地面留下很强的热辐射。飞机起飞后对机场进行热红外摄影，可以在像片上看到飞机喷气尾流在地面形成的喷雾状白色调阴影（热阴影），以及飞机在地面上留下的暗黑色轮廓（冷阴影）。热红外像片上的军事目标阴影在军事侦察上是十分有价值的。

3. 野外判读

（1）了解像片比例尺

了解像片比例尺对于判读有重要的意义，因为利用它可以衡量判读的难易程度。一般来讲，像片比例尺越大，影像特征越明显，越易于判读。而且确定了像片比例尺后，可以在影像上进行尺寸量测，从而确定较小地物及新增地物的准确位置、大小，有利于综合取舍等。

像片比例尺大概的数值可以从航摄鉴定书查找，但该比例尺是依据每个航摄区的平均航高概算的，不能用于地物的实际尺寸计算。较精确的测定比例尺的方法有：

1）利用地形图求像片比例尺

用像片上某一线段的量测值和由旧地形图上量得的相应线段实际长度之比即可求得像片比例尺。

在选择线段时，一般应大致对称于像主点，且选择互相垂直的两条线段来计算像片比例尺，以减少像片倾斜带来的影响。

2）利用实地距离求像片比例尺

用像片上某地物影像的量测值和该地物的实际长度之比即可求得像片比例尺。

一般在1∶10000航测成图中，要求用于像片判读的像片比例尺应大于1∶16000。为了保证精度，当像片比例尺太小时，可在放大后用于作业。

(2) 了解摄影时间

摄影时间也可以从航摄资料鉴定表中查取。了解摄影时间，可以从中了解到航摄像片新近程度。摄影时间距离实际进行野外判读的时间越长，测区的变化越大，判读越困难。另外，了解摄影时间可以知道摄影的季节。不同季节摄影，地物的面貌有很大不同，地物在像片上构像的色调相应也会不一样，地物存在的状况也会产生变化。如雨季摄影时，季节性河流和干河床可能暂时有水，判读时实际无水；河流、湖泊、水库的水涯线比常水位高。又如冬季摄影，田里庄稼已收割，大部分树林已落叶，像片上的色调与夏季判读时看到的相应颜色不相适应，等等。这些情况在判读时都应注意。

(3) 了解测区的一般情况

在进入实地判读之前，应根据像片、老图和其他资料，对测区进行一般的了解，做到判读心中有数，如了解测区的地形情况，平地、丘陵、山地、沙漠、草原等；了解测区的水系状况、交通状况、森林的品种、类别以及分布情况、居民地的类型和分布情况等等。了解这些情况对于在像片判读中宏观地分析问题会有许多帮助。

(4) 野外判读的方法

到实地判读，对于初学者而言，最好先选择地物比较简单、像片比例尺比较大的航摄像片进行练习。因为像片比例尺大，判读特征在像片上就表现得比较明显；地物简单，判读就比较容易，这对掌握基本判读方法有利。之后，像片比例尺可以逐步由大到小，地物可由简到繁，逐渐提高判读技术。

1）选好判读时的站立位置

判读时，判读人员要尽可能站在判读范围内比较高的地方。这样，看的范围大，总貌特征比较明显，容易确定像片方位和自己在像片上所处的位置。

2）确定像片方位

确定像片方位就是将像片的方向与实地的方位联系起来，使它们基本一致，这也叫做像片定向。像片定向时，首先要判读出判读人员所在的位置，然后与周围明显突出的目标相对照，旋转像片，使之与实地方位一致，像片定向后再进行详细的判读就比较容易了。

3）判读地物、地貌元素

像片判读最终的目的是判读航测成图所需要的地物、地貌元素。在像片定向后即可进行。此时，应注意掌握“由远到近、由易到难、由总貌到碎部、逐步推移”的方法，寻找判读目标的准确位置。

由远到近：远处范围大，总貌清楚，容易弄清大的、明显的地物之间的关系，从而迅速地在像片上找到它们的具体位置；近是指判读目标。由远到近就是先判读远处大的明显的目标的位置，再推向近处，寻找判读目标的准确位置。

由易到难：是指先抓住容易判定的特征地形，迅速找到它们在像片上的单体位置，作为判读其他地物的突破口。以此为基础，向周围扩展开去，找出较难判定的目标的准确位置。

由总貌到碎部：一个地区、大的河流、村庄、山岭、铁路、公路、森林等主要明显的地物，构成这一地区地形的总貌，总貌描绘了这一地区地形的轮廓，清晰、突出，给人以很深的印象，在像片上也最容易判定。在判定总貌的基础上，再缩小到某一范围去判定某一目标的位置就比较容易了。

逐步推移：这是判读中常使用的方法。假设第一个地物已经判出，则紧靠着的第二个地物不难判定；第二个地物已经判出，则紧靠着的第三个地物也就判定了。如此逐步推移下去，一定可以准确判出所需要判读的目标。

综合运用以上方法，就能较迅速、准确地判定全部地物、地貌元素的位置。

4）走路过程中的判读

全野外调绘就意味着全野外判读，因此更多的时候是在走路进程中进行判读，或者叫做边走边判读。尤其是在地物密集的地区，到处都分布着需要判读的目标，这时就应注意“看、听、想、记”相结合，才能收到良好的效果。

看：边走边看，留心周围需要判读的目标。一旦发现目标，立即判读、记录。

听：用耳朵寻找需要判读的目标。如听见汽车、火车的声音，就一定有公路或铁路；听见流水声，就可能有河流或其他水源；听见放炮的爆炸的声音就可能有采石场，等等。

想：边走边思索、分析。例如，想一想现在在像片上什么位置，下面该往哪里走；想一想还有什么目标需要判读，是否有遗漏；想一想是否有需要量注数据的地物……

记：要记住走过地方的特征，读过的地物的形状、位置、方向等特点。这样，就可以在清绘时检查记录的正确性，修正和补充记录的不足，而实际判读时，许多地物往往不需要记录，而全凭记忆在清绘时绘出，如铁路、公路、树林、大的桥梁、大面积的旱地、水稻田、甚至比较明显的乡村路、小路等。判读人员应培养自己职业记忆的能力。

（5）勤看立体，随时检核

看立体是帮助判读的重要手段。立体模型可以使需要判读的地物显得更清楚、更生动、对比感更强。许多从平面像片上很难辨认的地物，在立体模型下却很清楚，尤其是对于地形起伏、地物繁杂的地区更为重要。

应当指出，由于地物众多、地形千变万化，判读中出现错判的事时有发生，因此在判读过程中经常要进行检查，从多方面推判。直到确信无误为止。

总之，野外判读是一项复杂、细致、责任心很重、技术性很强的工作。要求从事这项工作的专业人员，不但要有很好的技术水平，而且要有优良的思想素质，才能有效地完成这项工作任务。

5.2　像片调绘基本方法

摄影像片调绘是以像片判读为基础的，把摄影像片上的影像所代表的地物识别和辨认出来，并按照规定的图式符号和注记方式表示在摄影像片上。这是摄影测量中一项复杂而不可缺少的工作，是航测外业的工作内容之一。目前大多采用先室内判绘，后野外检查补绘的方法来完成。

5.2.1 图式符号的运用

地形图图式是测制地形图的依据之一，地形图的使用者也是按地形图图式来识别和使用地形图的。因此在像片调绘作用中，正确理解和正确运用图式符号十分重要。

1. 地形图图式符号的分类

图式符号的种类很多，形状各异。为便于记忆和查找，一般可按下述两种情况分类：

（1）根据物体的性质分类

根据物体的性质，包括文字注记在内，可将地形图图式符号分为十大类，又称为调绘的十大要素。

①测量控制点：包括三角点、水准点、埋石点等。

②居民地：包括独立房屋、街区、窑洞、蒙古包等。

③独立地物：包括革命烈士纪念碑、亭、庙宇、宝塔、水塔、烟囱、发电站、采掘场、窑、水车等。

④管线及垣栅：包括通信线、电力线、管道、围墙等。

⑤境界：包括国界、省界、地区界、县界、乡界等。

⑥道路：包括铁路、车站及附属建筑物；道路附属建筑物、公路、大车路、乡村路、小路等。

⑦水系：包括河系、湖泊、池塘、水库、沟渠、输水槽、人行桥、车行桥、渡口、拦水坝、瀑布、码头、水井、泉、沼泽、海岸线及干出滩等。

⑧地貌及土质：包括等高线、独立石、土堆、坑穴、山洞、岩峰、陡崖、冲沟、梯田坎等。

⑨植被：包括地类界、树林、疏林、独立树、竹林、灌木林、草地、经济林、菜地、耕地等。

⑩注记：包括居民地名称、各种地理名称、各种数字注记、各种说明注记等。

地形图图式符号这么多，而且，对于不同成图比例尺，地形图图式符号还有一些变化，要全部记住是困难的。因此要掌握根据物体的类型去查阅图式的方法。一些常用的图式符号还应当逐渐熟悉、记住，这样有助于提高调绘速度，给作业带来方便。

（2）根据地形元素在图上的表示情况分类

1）依比例尺表示的符号

这种符号表示的形状、大小是根据地面物体的实际情况按像片比例尺或成图比例尺缩小以后的尺寸进行描绘的，即实际的物体是什么形状（指俯视图形形状）就绘什么形状，有多大就绘多大，只是描绘在图上的相应尺寸应依比例尺缩小，而且应按图式规定的方法表示。

依比例尺表示的符号一般用于表示在图上占有较大面积的地物、地貌元素，如面积较大的居民地、树林、湖泊、河流、耕地等。

依比例尺表示的符号能较全面反映地物、地貌元素的主要特征，如轮廓形状、位置、大小、性质、数量、质量等。

2）不依比例尺表示的符号

这种符号的形状、大小应按图式规定的标准描绘，与实际物体的形状、大小无关。它只能表示物体的位置、性质（有的还能表示方向），而不能表示物体实际的形状和大小。这种符号一般用来表示地面上面积小而又具有重要作用的地物、地貌元素。如控制点、独立树、烟囱、宝塔、水井、独立小屋等。

3）半依比例尺表示的符号

这种符号的长度是依比例尺表示的，而宽度又是不依比例尺表示的，这种符号一般用于表示线状地物，如道路、管道、电力线、围墙以及较小的河流、沟渠等。

在实际运用时，应注意上述三种类型符号与测图比例尺有密切关系。对于同一地物，在大比例尺测图时，须用依比例尺符号，而在小比例尺测图时又可能要用不依比例尺或半依比例尺符号。因此要以相应的图式的规定为准。一般情况下，测图比例尺越大，采用依比例尺表示的符号越多；测图比例尺越小，采用不依比例尺或半依比例尺表示的符号越多。

2. 图式符号的定位和方向

（1）图式符号的定位

所谓符号定位，是指确定地形图图式符号与实地相应物体之间位置关系的方法。也就是要明确规定出符号的哪一点代表实地相应物体的中心点；哪一条线代表实地相应物体的中心线或外部轮廓线。这样才能实际上准确地知道实地物体在地形图上的位置。

符号的定位有以下规定：

①依比例尺表示的符号：符号的轮廓线表示实地相应物体轮廓的真实位置。

②独立的几何图形符号：其几何中心点代表实地相应物体的中心位置，如三角点、埋石点、燃料库、水井。

③宽底图形符号：底部中心点为地物的中心位置，如烟囱、蒙古包、水塔、宝塔。

④底部为直角形的符号：直角的顶点为地物的中心位置，如独立树、风车、加油站、路标。

⑤几种几何图形组合成的符号：下方图形的中心点或交叉点代表地物的中心位置，如跳伞塔、无线电塔、石油井、变电室。

⑥下方没有底线的符号：其下方两端点间的中心点代表地物的中心位置，如窑、山洞、窑洞、亭。

⑦半依比例尺表示的符号：符号的中心线代表实地地物的中心线位置，如道路以及不依比例尺表示的河流、堤、境界等。

（2）图式符号的方向

符号的方向就是符号与实地相应地物之间的方位关系，分为按真方向和固定方向描绘两种情况。

1）真方向符号

这类符号描绘的方向要求与实地地物的方向一致，如独立房屋、空洞、山洞、打谷场、河流、道路等。但城楼、城门符号要求垂直于城墙方向，向城墙外描绘。

2）定方向符号

这类符号描绘的方向不随地物的方向而改变，而是始终垂直于南北图廓线描绘，符号上方指北，如水塔、烟囱、独立树等。

清绘时，一定要事先从图式中查明符号的方向有什么要求，否则会因为符号方向的错误而使别人无法理解或得出错误的结论。

3. 光线法则

在描绘简易公路、陡石山这两种符号时，要求遵守光线法则。即在描绘符号时，将细线绘在光线照射方向的一边，粗线绘在阴影一边，此时假设光线从西北角射入。例如描绘简易公路时，细线应绘在光辉部，粗线应绘在暗影部。但遇到弯曲的道路时，为了便于描绘，不要将粗细线频繁地变换方向，而应按光线法则，认定粗细线的一边顺着描绘，一直保持到下一个居民地、桥梁或其他双线路交叉处为止，中间不必变换线号。

4. 有关规定

①图式中的各种数字中凡为“以上”者，均含数字本身（如10米以上时，含10米）；凡为“以下者”，不含数字本身（如10米以下时，不含10米）。

②各种符号之间的间隙，除允许符号交叉和结合表示者外，一般不得小于0.2毫米。

③地物符号旁注有高程数时，除有说明者外，一般为地物基部的地面高程。

5. 图式符号的运用

在野外调绘时，我们必须用辩证的和对立统一的观点来看待图式中的规定，既要遵守图式的一般规定，又要从实际出发，分析和研究地物地貌的政治、经济和军事意义，正确地解决图式中的矛盾。

（1）图式符号与实际地物的矛盾

图式中的符号虽有几百个，但也无法包括实地上成千上万的地物地貌，而只能有代表性地表示地物地貌。所以当图式符号不够用时，要首先分析地物地貌的性质、特征和用途，考虑是否用相似的其他符号表示；若用相似符号不能反映实际情况时，可根据专门的需要，另外补充设计新的符号，但要首先经有关部门批准后方能使用，而且要在技术说明书中明确规定，在调绘片上注明，在地形图上做图例说明，以免造成混乱。

（2）使用与说明不具体的矛盾

图式对每个符号都有简要说明，但因我国幅员辽阔、地物地貌种类繁多，不可能都有极严格的标准和详细的说明。所以当不够具体、不知该用哪个符号时，要对具体情况作具体分析。从用图目的着眼，看主要条件是否合乎标准。如庙宇已失去外形特征并改为它用时，可用一般房屋符号表示，若是著名的庙宇或仍有庙宇特征且有方位作用时，则仍按庙宇符号表示。另外，如位于郑州市中心的“二七”大罢工纪念塔，从政治意义来说，是革命纪念塔，从外形特征来看，像古塔。根据它的外形特征和方位作用，应以古塔符号表示，同时考虑它很著名，又应简注“二七塔”。另外，“二七塔”是双塔，与常遇到的单塔不同，但在1∶50 000的图上，显然不能同时绘下两个古塔符号，只能绘一个古塔符号，这就需要将其中心绘在双塔底部结构平面图形的中心上。

6. 简化符号的应用

立测法成图时，野外调绘片不是直接用于制作线划地的形图，而是作为内业测图时的参考片，因此在野外调绘时，根据内业成图的不同要求，可以适当采用简化符号。这样不仅可减少野外调绘整饰的工作量，而且不会增加内业工作量。

所谓简化符号，就是将图式符号的形式、颜色、长短、粗细进行简化或用文字、数字代替，表达同样的地图内容。这种简化后的符号可表达形式，统称为简化符号。其应用较广，特别是当像片比例尺偏小时，其采用价值更大。使用的简化符号有：街区、通信线、电力线、铁路、公路、土堤、路堤、滑坡、地类界、植被、干出滩、地貌及土质等。

（1）简化符号的一般使用方法

①居民地街区：可以酌量放宽晕线的间隔，但至少一个方向的晕线不得少于两条。

②通信线、电力线、城墙、栏栅、铁丝网、篱笆：符号的点线间隔可放大 0.5~3 倍。

③不依比例尺表示的独立房屋：按图式规定描绘，但改用红色。

④地类界：改用 0.15~0.2mm 的红色细线描绘。

⑤当路宽不能依比例尺表示时，公路和简易公路也可采用简化符号。分别以红色实线或虚线表示。

⑥旱地：只绘地类界，不绘旱地符号。

⑦大面积陡石山：以地类界绘出范围，在范围内注出“陡石山”（红色）即可。

⑧双线铁路、单线铁路、建筑中的铁路、窄轨铁路、路堤、滑坡：图式中有相应的简化符号，可根据具体情况统一采用。

（2）采用简化符号应注意的几个问题

①调绘采用简化符号，同样是内业成图的依据，因此简化符号的定位、范围、性质等必须表示准确。

②简化符号不能与相应的正式符号混合使用，一般采用红色以示区别。

③像片图测图、地形图修测等，是直接提供复照制版用的印刷原因，因此整饰时要用图式中的正规符号，不能用简化符号。

④简化符号必须按图式规定的范围或业务部门统一规定的办法进行，不能各行其是；否则，会使内业人员无法辨认，造成混乱。

⑤采用简化符号后，应不致引起后一工序的困难，不应增加符号移位或影响实地情况的反映。例如，两条平行道路的间隔（按道路中心计算）在图上小于 1mm 时，不能使用简化符号。这是因为，一是外业虽然可以用简化符号绘出，但内业处理有很大困难。比如在 1∶10 000 图上，公路符号的宽度是 0.8mm，两条平行公路的符号最低限度是 1.45mm（省略一条 0.15mm 的边线），如果在两条中心线小于 1mm 的情况下，采用简化符号，内业成图时必然要扩大描绘，而要扩大，就可能与道路旁的地物发生矛盾，这样的矛盾内业工作是无法处理的。二是两条平行道路的中心线之间的距离小于 1mm 时，都不能同时依其本身符号描绘，显示不出高一级和低一级道路的区别，这样的问题内业也是无法处理的。

另外，使用各种铁路和公路的简化符号时，符号的中心线应与道路的中心线一致，且符号应加粗到 0.5mm，以便正确表示道路与两侧地物间的相关位置，如果道路上有路堤，可直接用黑短线绘在简化符号的边缘。

⑥使用地类界和植被的简化符号时，要注意以下几点：

a. 地类界的红色细实线要与公路的红色细实线相区分，描绘时，地类界的线划要细一些。

b. 地类界的简化符号和文字说明一般不能用同一种颜色。如大面积地类界用红色细实线表示，文字说明或数字注记则要用黑色；小面积的植被用简化符号绘出后，内部加绘相应的植被符号即可。

c. 地类界内有两种以上的植被时，一般不用简化符号，因为不能分清主次关系。

d. 全片或面积较大的具有明显界限的同一植被、土质等，可不绘符号，在调绘线外用红色注记说明即可。如“全片均为旱地”除用相应的植被、土质符号表示外，其余均为戈壁滩等。

e. 所采用的简化符号，在同一批或同一幅图的每一张像片内应一致。

5.2.2 像片调绘的综合取舍

1. 综合取舍的含义

1∶5 000或1∶10 000成图的像片调绘时，不可能也不必要将地面上的地物地貌全部表示在像片上，因为像片上过多地表示地物地貌元素，不但会造成主次不分、影响成图的清晰，而且还会增加不必要的外业工作量。所以在外业调绘时，要进行综合取舍。所谓综合，就是根据一定的原则，在保持地物原有性质、形状、轮廓、密度和分布等主要特征的同时，对某些地物分别不同情况，进行数量和形状上的概括；所谓取舍，就是根据测制地形图的需要，在调绘的过程中，选取重要的地物地貌元素予以表示，对另一些次要的部分则舍去，不予表示。综合与取舍是互相制约的，综合取舍的过程就是对地貌地物进行选择和概括的过程。

综合还包括两层意思：一是将许多同性质而又联结在一起的某些地物，如房屋、稻田、旱地、树林等，聚集在一起，不再表示它们单个的特征，而是合并表示它们总的形状和数量；二是在许多同性质的地物中，还存在某些别的地物，如稻田中有小块旱地，连成片的房屋中还有小块空地等，这些地物如果被舍去，则意味着已经将它们合并在周围的多数地物中，改变了它们原有的性质。这也算是综合，这些地物如果被选取（如稻田中的小块旱地比较大，有一定目标作用，应单独表示），则意味着它应从周围地物中脱离出来，不能综合。

综合与取舍是互相联系、互相制约的。综合取舍过程就是对地物地貌进行选择和概括的过程。综合过程中有取舍，而取舍过程中也有综合，不能孤立地去看待它们。

2. 综合取舍的目的

第一，地面上的地物很多，从广义角度看，可以说，整个地面都被地物覆盖着，要将全部地物都表示在缩小千倍、万倍的图纸上，是不可能的。因为在这种情况下，许多地物都是要扩大以后才能在图面上表现出来，加上图面的各种注记也要占据一定的面积。这样就会造成表示的内容所需要的图幅面积超出了图幅的承受能力。也就是说，地形图在表示地面物体时，不能超出自己的承受能力，必须对地面物体进行有选择性的表示。因此，综合取舍的目的之一，就是通过综合和选择，使地面物体在地形图上得到合理的表示。

第二，测制地形图是为了给国民经济建设提供基础资料，因此，综合取舍的目的还在于从众多的地物中选取与国民经济建设有一定价值的地物进行表示；或者对某些地物进行综合表示，而保留它们对国民经济建设有一定作用的某些性质和特征。从这一观点出发，所谓重要地物，就是指在国民经济建设中有重要作用的地物，反之，就是次要地物。在综合取舍中，就是要保证选取重要地物进行突出表示，对次要地物则可以适当综合表示或舍去。这样才能使图面所表示的内容具有一定的层次，主次分明，重点突出。

第三，繁杂的地物如果都描绘在地图上，往往会掩盖这一地区的本来面貌和某些反映地物本质的特征，而且还会使重要地物得不到准确表示。因此，综合取舍的第三个目的就是更真实地、艺术地表现这一地区的特点，反映地物的本质，并使重要地物得到准确表示。

总的来说，综合取舍的目的就是：使地形图得到合理的表示方法，具有主次分明的特点，保证重要地物的准确描绘和突出显示，反映地区的真实形态，从而使地形图更有效地为国民经济建设服务。

3. 综合取舍的原则

综合取舍是调绘过程中比较复杂、难以掌握的一项技术。有的地物可以综合，如连成片的房屋、稻田、树木；有的地物又不能综合，如道路、河道、桥。同一地物在某种情况下可以综合，如房屋连成片；而在另一种情况下又不能综合，如房屋分散或整齐排列。同一地物在有些地区应该表示，如小路在道路稀少的地区应尽量表示；而在另一地区则可以舍去或者选择表示，如道路密集的地区。这就要求调绘人员认真理解综合取舍的精神和有关规定，而且只有通过长期实践，不断总结经验，才可能较好地掌握这项技术。

运用综合取舍进行调绘，还应遵循以下原则：

（1）根据地形元素在国民经济建设中的重要作用决定综合取舍

地形图主要是服务于国民经济建设的，因此地形图所表现的内容也应该服从这一主题，凡是在国民经济建设中有重要作用的地形元素，都是调绘时选择表示的主要对象，如铁路、公路、居民区、水源、三角点、水准点、电力线、较大面积的树林以及在地图判读、定位，在设计、施工中进行量算具有重要作用的各种突出于地面的独立建筑物，如宝塔、烟囱、独立树等在国民经济建设中都有各自不同的作用，是我们在调绘中应着重表示的地形元素。

（2）根据地形元素分布的密度进行综合取舍

地形元素的作用在一定条件下也有相对性。如在水网地区，个别的水源就显得不那么重要，但是在干旱地区，水源的重要性就大大提高了，因此调绘时要根据地形元素分布的密度考虑综合取舍问题。一般情况是，某一类地物分布较多时，综合取舍幅度可大一些，即可适当多舍去一些质量较次的地物；反之，综合取舍幅度就应小一些，即尽量少舍多取或进行较小的综合。如在人烟稠密的地区小路很多，则只选择主要的进行表示；在水网地区，到处都是水源，舍去几个小水坑、小水塘是常有的事；在树木生长较多的地方，田间的散树也多，可以少表示或不表示；但是，如果这些地物出现在人烟稀少的地区、干旱地区、很少生长植物的沙漠地区，就必须表示，否则就是重大遗漏。

（3）根据地区的特征决定综合取舍

在根据地形元素分布密度进行综合取舍的同时，又要注意反映实地地物分布的特征，否则就会使地形图表现的情况与实地不符，面貌失真，降低地形图的使用价值。如小路很多的地区，如果大量舍去，结果图面上变得与人烟稀少地区的小路分布差不多了，这就失去了这一地区小路分布的特征；同样，水多的地方应相对地反映水多的特点；树多的地方应相对反映树多的特点。也就是说，在综合取舍过程中，也要注意地形元素的相对密度，即实地密度大，图上所表现的密度也大；实地密度小，图上所反映的密度也小，这才符合客观分布情况，综合取舍中，必须辩证地处理两者之间的关系。

（4）根据成图比例尺的大小进行综合取舍

成图比例尺越大，图面的承受能力也越大，用图部门对图面表示内容的要求也越高，图面就应该而且有条件表示得详尽一些。因此调绘中，综合的幅度就应小一些，即多取少舍、少综合；反之，成图比例尺越小，综合取舍的幅度就可以大些，即可以相对地多舍、多综合一些地形元素。

（5）根据用图部门对地形图的不同要求进行综合取舍。

不同专业部门对地形图所表示的内容以及表示的详尽程度也有不同要求，如水利部门要求详细表示水系分布、水工建筑、地貌形态、居民地分布、交通条件等内容；林业部门要求详细表示森林分布状况、生长情况、树种名称，还有密度、森林的采伐情况、林中的空地、通行情况等。总之，这些具有专用性质的地形图都各有侧重，调绘时，可根据不同的要求决定综合取舍的内容和程度。

正确运用以上原则，还必须结合规范、图式的有关规定和实际情况，绝不能照搬，采取统一的模式。

总之，取与舍、合并与保留是既对立又统一的，有取就有舍，有舍就有取，地面上繁多的地物，必然有主要和次要之分，即是同一种地物，也要进行取舍，其原则是：取突出明显的，舍不突出不明显的；取主要的，舍次要的；取大的，舍小的；取永久性，舍临时性的；与用图直接有关的优先表示，一般酌情化简。

4. 综合取舍的过程应处理的几个关系

（1）准确与相似的关系

准确是指重要地物的位置要准确表示，次要的地物可以移位、综合或舍去。相似是指次要地物移位、综合或舍去后，要保持相关位置与实地一致，不失去总貌和轮廓特征，如工矿区的烟囱、水塔、主厂房等是主要地物，一定要准确表示，而其近旁的次要地物不能按其真实位置表示时，可以舍去或移位，但移位后必须使相关位置与实地一致。又如小路旁的独立房屋，要按其真实位置表示；河流、小路并行，且紧靠陡坎时，河流要保持真位置，小路与河流不能重叠，陡坎可适当移位。

（2）主要特征与次要特征的关系

综合取舍时，一定要保持地物、地貌的主要特征，综合和舍去次要特征。例如铁路通过居民地时，不得缩小其符号尺寸，也不得移动其位置；当然，明显突出的独立地物紧靠铁路时，则铁路符号可中断，独立地物应按其真位置表示。另外，如学校、厂矿等建筑规则的散列式居民地，不可合并；几个紧靠的池塘或砖窑，只能取舍，不能合并。

（3）同一地区的地物取舍多与少的关系

同一地区的某种地物密度基本是一致的。因此在同一地区或同一幅地图中，对某一种地物取舍的多少应保持一致，或者说，在同一地区的每一张调绘片对某一种地物取舍的多少应保持一致，以反映该地区的地物分布和密度特点。如对大面积梯田区的每张调绘片，不能在有些调绘片上取得很多，而在有些调绘片上舍得很多。

总之，综合取舍是一个比较复杂而又重要的问题，必须用对立统一的观点、辩证唯物的方法，经过实地调查和具体分析，才能取舍得当，同时也需要外业人员不断总结经验教训，使调绘成果能反映实际，满足用图需要。

5.2.3 像片调绘的准备工作

在具体进行调绘以前，还有一些必要的准备工作，这就是调绘像片的准备和调绘面积的划分。

1. 调绘像片的准备

①首先应和控制像片一样，对调绘像片进行编号。然后选择最清晰的像片作为调绘像片。同时再对像片的质量进行一次仔细的检查。这时主要检查像片影像的质量是否符合调绘的一般要求，有无云影、阴影、雪影、航摄漏洞等情况；检查像片比例尺是否能保证调绘质量，最好的办法是看看各种比例尺表示的地物是否能清楚地在像片上描绘；如果像片比例尺太小，可申请放大。

②调绘的工具也应考虑周到。除调绘像片外，还应带上配立体的像片、像片夹、老图、立体镜、铅笔、小刀、砂纸、橡皮、钢笔、草稿纸、皮尺或其他方便的量测工具、刺点针以及其他必要的安全防护用品等。另外，每一张调绘像片都要贴一张透明纸，透明纸的一边贴在像片背面边缘，透明纸的大小以翻折以后能盖住像片正面为原则，它的主要作用是在调绘时用作记录和描绘。

航摄像片比较光滑，调绘时不易着铅，清绘时也不易上墨，因此，调绘前，应对像片进行适当处理，一般的方法是用砂橡皮（即硬橡皮）在像片正面适当用力地来回擦，直到能着铅为止。但注意不要擦坏影像。

③如果第二天准备调绘某一张像片，事先应有一个小计划。所谓小计划，就是通过对像片进行立体观察，结合老图和其他有关资料，对调绘地区进行初步分析，并在分析的基础上安排第二天调绘的范围、调绘的路线、重点以及调绘中应注意解决的问题。

进行初步分析主要是指掌握调绘区域的地形特征，如居民地的分布及类型特征、水系、道路、植被、地貌、境界以及地理名称的分布情况。初步掌握这些情况后，就可以估计调绘的困难程度，调绘的重点应放在哪里，调绘的路线应如何安排，调绘可能出现哪些问题。有了这样的思想准备和打算，往往会取得较好的调绘效果。

调绘路线要根据地形情况和调绘重点进行选择。

平地：居民地多，应沿着连接居民地的主要道路进行调绘，调绘路线可采用 S 形或梅花形，但沙漠、草原、沼泽等人烟稀少的平坦地区，应沿着主要道路进行调绘。

丘陵地：居民地一般多在山沟内，调绘时，主要是跟着山沟转。但有时为了走近路，或者调绘山脊上某些地物，也要穿过某些山脊。因为丘陵地山都不高，调绘时有更多的灵活性。

山地：一般采用分层调绘的方法，即先沿沟底，再上山坡，一层调完再上更高一层，直到一条大沟调绘完，再转到另一条大沟。

调绘范围内如果有铁路、公路和较大的河流，一般应作为调绘路线，沿线调绘，这样，便于详尽地表示其附属建筑物。

调绘是比较复杂的工作，事先必须把问题想得多一些，计划安排得周到一些，这样才会取得好的调绘效果。

2. 调绘面积的划分

调绘面积是指每一张调绘像片进行调绘的有效工作范围。因为一幅图包括若干张航摄像片、而且像片之间又有一定重叠，这就一定会产生调绘像片之间的接边问题，必然要划分工作范围。这是调绘之前必须进行的工作，也是很重要的工作。

调绘面积的划分有以下要求：

①调绘面积以调绘面积线标定，为了充分利用像片，减少接边工作量，在正常情况下，要求采用隔号像片作为调绘片描绘调绘面积线。

②调绘面积线应绘在隔号像片的航向和旁向重叠中线附近，这样可以充分利用像片上影像比较清晰、变形较小的部分进行调绘。

③根据同样理由，要求调绘面积线离开像片边缘 1cm 以上，但压平线可以不考虑。

④当采用全野外布点时，调绘面积的四个角顶应在四角的像片控制点附近，且尽可能一致，偏离控制点连线不应大于 1cm，因为内业不能超出控制点连线 1cm 以外测图，否则势必一部分内容要转到另一个立体像对才能测绘，这样，会给内业增加某些不方便。

⑤调绘面积线在平坦地区一般绘成直线或折线；而在丘陵地和山地，则要求像片的东、南边绘成直线或折线，相邻像片的西、北边根据相应的直线或折线在立体下转绘成曲线，这是因为地形起伏所产生的投影差，使像片上的直线在相邻像片上变成了曲线；如果在相邻像片上都是能过相应端点连成直线，则必然产生调绘面积的重叠或漏洞。

⑥划分调绘面积不允许有漏洞或重叠。所谓漏洞，就是一部分地面不在任何调绘范围之内；所谓重叠，就是一部分地面同时出现在相邻的两张调绘像片的调绘面积内。显然，前一种情况使一部分地区成为空白，内业无法测图；后一种情况则增加了重复调绘的工作量。

⑦调绘面积线应避免分割居民地和重要地物，并不得与线状地物相重合。为此，可将调绘面积线描绘成折线；否则，调绘面积线两边的地物由于调绘面积线的误差影响，容易产生扩大、缩小或者遗漏。还应注意不要破坏刺点目标的影像。

⑧图幅边缘的调绘面积线如为同期作业图幅接边，可不考虑图廓线的位置，仍按上述方法绘出，以不产生漏洞为原则；如为自由图边，则在以老图绘出调绘像片的图廓线后，实际调绘时应调出图廓线 1cm 以外，以保证图幅满幅和接边不发生问题。

⑨图幅之间的调绘面积线用红色，图幅内部用蓝色；并以相应颜色在调绘面积线外注明与邻幅或邻片接边的图号、片号。这样做主要是为了便于区分和查找像片。

⑩旁向重叠或航向重叠过小而需分别布点时，调绘面积线应绘在两控制点之间，距任一控制点的距离均不应大于 1cm。

5.2.4 像片调绘的基本方法

1. 像片调绘的基本作业程序

(1) 准备工作

包括划分调绘面积，准备调绘工具，作好调绘计划等内容。

(2) 像片判读

像片判读的基本知识已在前面作了详细介绍。这时就应用像片对照实地判读确定各种地形元素的性质以及它们在像片上的形状、大小、准确位置和分布情况，以便在像片上描绘。

(3) 综合取舍

在像片判读的基础上对地形元素进行合理的概括和选择。这是调绘过程中的重要手段。

(4) 着铅

在综合取舍原则下，用铅笔将需要表示的地形元素准确、细致地描绘在像片或透明纸上，这是着墨的重要依据。

(5) 询问、调查

这主要是指向当地群众询问地名和其他有关情况，调查各级政区界线的位置和可能没被发现的地形元素。同时，应将所得结果准确记录在像片上或透明纸上。

(6) 量测

量测陡坎、冲沟、植被等需要量测的比高，并做出相应记录。

(7) 补测新增地物

新增地物是指摄影后地面上新出现的地物。因像片上没有其影像，按规范要求必须表示的元素，就需要在实地补绘。个别新增地物可根据与其相邻地物影像的相对位置补绘。但大面积的新增地物可采用其他办法补绘。

(8) 清绘

根据实地判绘的结果，在室内着墨整饰。这时，应按照图式规定的各种符号和规范的有关要求认真、仔细地描绘。

(9) 复查

清绘中若还有不清楚的地方以及其他问题，应再到实地查实补绘。

(10) 接边

调绘边线地方与邻幅或邻片调绘的内容是否衔接。如本片调绘的道路通过调绘边线伸入相邻调绘像片，相邻像片也必须有同一等级的道路与之相接。而且相接位值应吻合，如果有某一地物接不上，则必须查实、修改，直到全部接好为止。

2. 像片调绘注意事项

(1) 注意采用远看近判的调绘方法

所谓远看，就是调绘时不但要调绘站立点附近的地物，而且要随时观察远处的情况。因为有些地物，如烟囱、独立树、高大的楼房等，从远处观察十分明显突出，而到近处时，往往由于地形或其他地物的阻挡，反而看不清或者感觉不出它们的重要目标作用了。另外，有些地物，如面积较大的树林、稻田、旱地、水库等，从远处观察，容易看清它们的总貌、轮廓，便于勾绘，而到近处时，由于现场狭窄，只能看到局部，描绘时反而感到困难了。但是，有些地物远处还不能判定准确位置，如独立物体，这时就必须在近处仔细判读它们的位置。因此，调绘独立地物往往采用远看近判相结合的调绘方法。

(2) 应注意以线带面的调绘方法

以线带面就是指调绘时以调绘路线为骨干，沿调绘路线两侧一定范围内的地物，都要同时调绘。做到走过一条线，调绘一大片，这样可以加快调绘速度。

(3) 着铅要仔细、准确、清楚

着铅是调绘过程中最重要的记忆方式。它是在准确判读和进行综合取舍后记录在像片或透明纸上的野外调绘成果，是室内清绘的主要依据。因此，必须仔细、准确、清楚。

除像片上影像明显、易记的地物，如铁路、公路、河流、水库、稻田、树林等，可以不着铅或简单注记外，一般调绘的地物都要仔细着铅，即在像片上或透明纸上用铅笔详细勾绘出地物影像的轮廓，并且要求位置准确、线条清楚，在室内清绘时能准确区分。对于独立地物，必要时，应准确判出其中心点位置。

着铅时，既不能过于简单，也不能太详细。因为太详细会使得像片和透明纸上线划过分繁杂，反而不清楚了。因此，调绘者还必须逐渐培养职业记忆能力，让所有的调绘内容牢牢记在自己头脑中。这样还可以加快调绘速度。

(4) 调绘中要注意养成“四清”、“四到”的良好习惯

“四清”就是站站清、天天清、片片清、幅幅清。站站清就是调绘一处就把这里的问题全部搞清楚。天天清就是头天调绘的内容第二天全部清绘完。一般不允许隔天清绘，更不允许隔几天以后才清绘。因为一天调绘的内容很多，隔的时间长了，记不清，容易绘错。片片清就是调绘完一片，就要及时清完一片。幅幅清就是指一幅图、一幅图彻底搞清楚后，再进行下一幅图的工作。尤其是收尾工作，如接边、复查、检查验收、修改、填写图历表等，一定要抓紧做完，不留尾巴。

“四到”指跑到、看到、问到、画到。“四到”的总目标还是看清、画准。因此，只要看清、画准，也就能保证成图质量。

(5) 注意依靠群众，多询问多分析

调绘过程中，有许多情况必须向当地群众询问、调查，以获得可靠信息。如地名、政区界线、地物的季节性变化、某些植物的名称、隐蔽地物的位置等，都必须向当地群众调查才知道。因此，依靠群众、尊重群众是每个测量工作人员应有的态度和重要的工作方法之一。

有时由于语言不通、工作性质的差异、文化水平低、表达能力不强等各方面的原因，在询问过程中往往出现问不清楚或者说错的现象。因此，对了解的情况要综合分析以确保结论的准确性。

(6) 注意发挥翻译向导的作用

在少数民族地区或者方言方音较重的地区，一般应有翻译或向导协助调绘工作。翻译、向导多是当地人，他们懂当地语言，有一定文化程度，熟悉当地情况，称得上“活地图”，充分发挥他们的作用会给测绘工作带来很多方便，在生活上也会得到很多帮助。

调绘方法有许多地方是得灵活的，必须在实际工作中不断总结经验充实自己，以提高自己的作业水平。

3. 调绘面积线外的整饰

整饰格式如图 5.8 所示。对格式做如下说明：

①图幅编号注于像片北部中央。

②图幅内航线号由北向南编号，像片号自西向东编号。

③调绘面积线本幅内用蓝色，图廓线和自由图边线用红色。

④调绘面积线当有投影差影响时，东南边绘直线，西北边绘曲线。

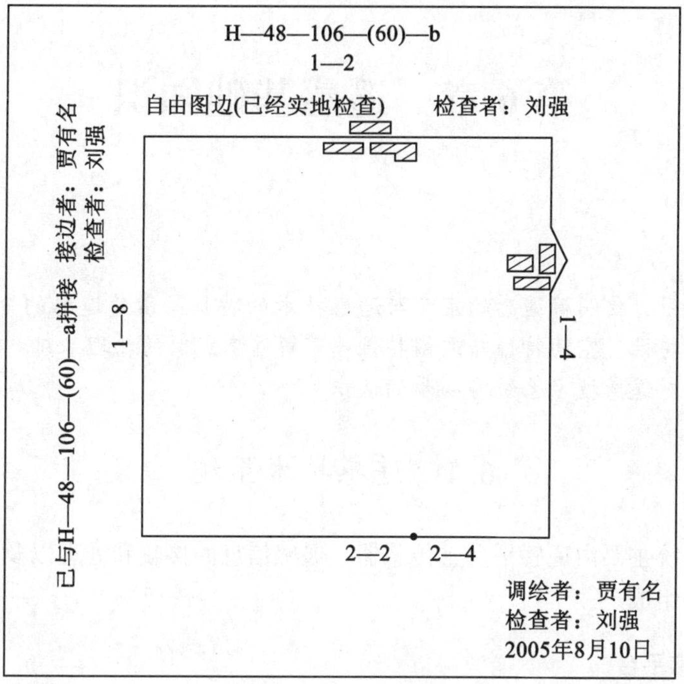

图 5.8　调绘面积线

习　　题

1. 像片判读的特征有哪些？
2. 像片判读的方法有哪些？
3. 像片调绘综合取舍的原则是什么？
4. 像片调绘的基本方法有哪些？

第6章 遥感基础知识

☞ 教学目标

通过本章学习，要明确遥感的定义与遥感技术的特征；清楚遥感的分类及应用领域；理解遥感的时相特性、空间特性与波谱特性；了解遥感成像的物理基础；掌握典型地物的电磁波谱特性；对遥感技术系统有初步的认识。

6.1 遥感技术系统

遥感技术系统主要由遥感平台、传感器、遥感信息的接收和处理以及遥感图像的判读和应用四个部分组成。

6.1.1 遥感平台

遥感平台（Platform）是指遥感中搭载传感器的运载工具。遥感平台的种类很多，按平台距地面的高度，大体上可分为三类：地面平台、航空平台和航天平台。

1. 地面平台

地面平台是指用于安置传感器的三脚架、遥感塔、遥感车等，高度在100m以下。通常三脚架的放置高度为0.75~2.0m，在三脚架上放置地物波谱仪、辐射计、分光光度计等地物光波测试仪器，用以测定各类地物的电磁波谱曲线。遥感车、遥感塔的悬臂常安置在6~10m，甚至更高的高度上，在这样的高度上对各类地物进行波谱测试，可测出地物的综合波谱特性。为了便于研究波谱特性与遥感影像之间的关系，也可将成像传感器置于同高度的平台上，在测定地物波谱特性的同时获取地物的影像。

2. 航空平台

航空平台主要是指高度在12km以内的飞机和气球平台。按照不同的飞行高度，又可分为低空平台、中空平台和高空平台。在航空平台上进行的遥感称为航空遥感。

3. 航天平台

航天平台是指高度在150km以上的人造地球卫星、宇宙飞船、空间轨道站和航天飞机等。在航天平台上进行的遥感称为航天遥感。航天遥感可以对地球进行宏观的、综合的、动态的和快速的观察。目前对地观测中使用的航天平台主要是人造地球卫星。

人造地球卫星按运行轨道的高度和寿命，可分为三种类型：

(1) 低高度、短寿命卫星

轨道高度为150~350km，寿命只有几天到几十天。可获得较高地面分辨率的图像，多数用于军事侦察，最近发展的高空间分辨率小卫星遥感多采用此类卫星。

（2）中高度、长寿命卫星

轨道高度为 350~1 800km，寿命一般为 3~5 年。属于这类的有陆地卫星、海洋卫星、气象卫星等，是目前遥感卫星的主体。

（3）高高度、长寿命卫星

也称为地球同步卫星或静止卫星，高度约为 36 000km，寿命更长，达 10 年以上。这类卫星已大量用作通信卫星、气象卫星，也用于地面动态监测，如监测火山、地震、林火及预报洪水等。

气象卫星以研究全球大气要素为目的，海洋卫星以研究海洋资源和环境为目的，陆地卫星以研究地球资源和环境动态监测为目的。这三者构成了地球环境卫星系列，它们在实际应用中互相补充，使人们能从不同角度对大气、陆地和海洋以及它们之间的相互联系进行研究，或用来研究地球或某一个区域各地理要素之间的内在联系和变化规律。

6.1.2　传感器

传感器也称为遥感器或探测器，是远距离感测和记录地物环境辐射或反射电磁波能量的遥感仪器，通常安装在不同类型和不同高度的遥感平台上。它的性能决定遥感的能力，即传感器对电磁波段的响应能力、传感器的空间分辨率及图像的几何特征、传感器获取地物信息量的大小和可靠程度。传感器是遥感技术系统的核心部分。

传感器根据记录方式的不同，分为成像方式和非成像方式两类。非成像方式是传感器把所探测到的地物辐射能量，用数字或曲线图表示，如光谱辐射计、微波辐射计、红外辐射温度计、激光高度计等。成像方式是传感器把所探测到的地物辐射能量，用图像形式表示，如航空摄影机、多光谱扫描仪（MSS）、专题绘图仪（TM）等。

6.1.3　遥感信息的接收和处理

遥感信息主要是指由航空遥感和卫星遥感所获取的胶片和数字图像。对于航空遥感信息，一般是航摄结束后待航空器返回地面时回收，称为直接回收方式。对于卫星遥感信息（如 Landsat 卫星等），不可能用直接回收方式，而是采用视频传输方式接收遥感信息。视频传输是指传感器将接收到的地物反射或发射电磁波信息，经过光电转换，将光信号转变为电信号，以无线电传送的方式将遥感信息传送到地面接收站。根据数据是否立即传送回地面接收站，又可分为实时传输和非实时传输。实时传输是指传感器接收到信息后，立即传送回地面接收站。非实时传输是指将信息暂时存储在磁盘上，待卫星通过地面接收站接收范围时，再把数据发送到地面接收站，也叫做延时传输。

地面接收站接收到的遥感信息，受到多种因素的影响，如传感器性能、平台稳定性、大气影响、地球曲率、地形起伏等，使得遥感图像上记录的地物几何特性和光谱特性发生变化，即几何畸变和光谱畸变。因此，必须经过地面接收站的一系列校正后（主要是辐射校正和几何校正），才能提供给用户使用。辐射校正消除图像在灰度方面的失真和干扰，几何校正消除图像的几何畸变，进行图像的投影变换和配准等。

6.2 遥感的分类及应用领域

6.2.1 遥感的分类

从不同的角度出发，遥感的分类方法各不相同。

1. 按照遥感的探测波段分类

紫外遥感：探测波段为 0.05~0.38μm。

可见光遥感：探测波段为 0.38~0.76μm。

红外遥感：探测波段为 0.76~1 000μm。

微波遥感：探测波段为 1mm~10m。

多波段遥感：探测波段在可见光波段和红外波段范围内，再分成若干个更短的波段来探测地物对象，它可以进一步分为多光谱遥感和高光谱遥感。

2. 按遥感工作方式分类

被动遥感：传感器被动收集来自地面目标自身发射和对自然辐射源反射的电磁波。

主动遥感：由探测器主动向地面目标发射一定能量的电磁波，然后再由传感器收集返回的电磁波信号。

3. 按信息资料类型分类

成像遥感：把目标物体反射或发射的某波段电磁波强度，用深浅色调或彩色的影像直观地表现出来。

非成像遥感：传感器接收的目标电磁波信号不能形成图形，而是用数据或曲线形式表示出来。

4. 按遥感探测的对象分类

宇宙遥感：对宇宙中的天体和其他物质进行探测的遥感。

地球遥感：对地球和地球上的事物进行探测的遥感。以地球表层环境（包括大气圈、陆海表面和陆海表面下的浅层）为对象的遥感，叫做环境遥感，它属于地球遥感。在环境遥感中，以地球表层资源为对象的遥感，叫做地球资源遥感。

5. 按工作平台分类

地面遥感：传感器设置在地面平台上，如车载、船载、手提、固定或活动高架平台上。

航空遥感：传感器以飞机或气球为平台。

航天遥感：传感器以火箭、卫星、空间站或航天飞机为平台。

航宇遥感：传感器设置在星际飞船上，用于对地月系统外的目标进行探测。

此外，按遥感应用对象可分为环境遥感、资源遥感、农业遥感、林业遥感、地质遥感、气象遥感，水文遥感、军事遥感等。

6.2.2 遥感技术的应用

在遥感应用方面，经过近几十年的发展，遥感技术已广泛渗透到国民经济的各个领域，对于推动社会进步、经济建设、环境保护、资源开发以及国防建设起到了重大作用。

1. 植被遥感

植被调查是遥感的重要应用领域。植被判读的目的是在遥感影像上有效地确定植被的分布、类型、长势等信息，以及对植被的生物量做出估算。因而，植被遥感可以为环境监测、生物多样性保护、农业、林业等有关部门提供信息服务。

植被遥感判读有极为广泛的用途，资源卫星都把植被的探测作为重要的目标，无论是传感器波段的选择或是重访周期（时相分辨率）的选择，都充分考虑植被的生长规律。

（1）植被制图

应用遥感影像进行植被的分类制图，尤其是大范围的植被制图，是一种非常有效而且节约大量人力、物力的工作，已被广泛地应用。在我国内蒙古草场资源遥感调查、“三北”防护林遥感调查、水土流失遥感调查、洪湖水生植被调查、洞庭湖芦苇资源调查、天山博斯腾湖水生植物调查等许多研究中，都充分利用了遥感影像，其制图精度超过了传统方法。此外，在湖北的神农架地区以及湖北、四川部分地区的大熊猫栖息地的调查中，利用遥感影像把大熊猫的主要食用植物箭竹与其他植物区别开来，从而为圈定大熊猫的栖息地起到了重要的作用。

（2）城市绿化调查与生态环境评价

近 20 年来，我国应用高分辨率遥感影像进行城市绿化调查已取得了显著的成效。我国的几个主要特大城市都进行过这方面的工作，如北京市的 8301 工程、上海市的三轮遥感调查，广州市、天津市、桂林市都应用航空遥感影像做出了城市绿地分布、绿地类型等图件，进行定量研究。

（3）草场资源调查

在我国内蒙古草场遥感综合调查、天山北坡草场调查、湖北西南山草场调查、西藏北部草场调查中，在应用遥感技术确定草场类型，进行草场质量评价的基础上，内蒙古草场资源遥感结合地面样点光谱测量数据，指出比值植被指数 RVI＝NIR/R 与产草量 W 有良好的关系：

$$W=-86.9+162.65\mathrm{RVI}$$

（4）林业资源调查

林业部门是我国采用遥感技术进行资源调查最早的部门之一，我国的各大林区都应用过遥感影像制作森林分布图、宜林地分布图等，并对林地的面积变化进行动态监测。

2. 水体遥感

水体遥感的任务是通过对遥感影像的分析，获得水体的分布、泥沙、有机质等状况和水深、水温等要素信息，从而对一个地区的水资源和水环境等做出评价，为水利、交通、航运及资源环境等部门提供决策服务。

3. 地质遥感

地质遥感的任务是通过遥感影像的判读，确定一个地区的岩石性质和地质构造，分析构造运动的状况，为地质制图、矿产资源探查、工程地质和水文地质调查等服务。

其中，岩性和地质构造的识别是遥感地质判读的基础，其他地质判读都是在这两者的基础上进行的。

4. 土壤遥感

土壤遥感的任务是通过遥感影像的判读，识别和划分出土壤类型，制作土壤图，分析土壤的分布规律，为改良土壤、合理利用土壤服务。

土壤是在地形、母质、气候、时间、植被等自然因子及人为因素综合影响下发生、发展和演化的。土壤特征反映了各种因素共同作用的结果。在遥感影像上，不同类型土壤的特征不如水体、植被的差别那么大，同时，由于土壤性状主要表现在剖面上，而不是表现在土壤的表面，因此仅靠土壤表面电磁波谱的辐射特性来判别土壤类型并不直接。但是，由于土壤与上述成土因子关系密切，特别是受主导因素的影响较大，因此仍有规律可循。通过遥感影像综合分析，可以取得较好的判别效果。依靠间接判读标志，进行综合分析，对土壤判读显得特别重要。

6.3 遥感技术的特点

遥感技术兴起于20世纪60年代，涉及众多自然学科和工程技术专业的大量基础知识，主要包括辐射场基本理论、遥感探测原理和特性、遥感探测设备、传感器运载工具、数据记录方式、遥感数据传输、遥感数据处理、遥感应用等。在航天技术、计算机技术和传感器技术的推动下，遥感技术发展迅速。总的来说，距离上从地面发展到空间，从几米发展到36000km高的地球同步轨道；工作波段从紫外线到微波；工作范围从地球到宇宙。

遥感技术的特点可以概括为以下几个方面：

1. 大面积同步观测

运用遥感技术可以在更远的距离、更大的范围来研究地球环境。遥感技术所获得的图像资料提供了连续的地面景象，可以观察到很大的区域，还可以进行立体测量。

在宏观环境监测中，遥感的这种优势是其他技术手段无可比拟的，有时其他现场观测技术也是不可能实现的，尤其是在辽阔的海洋或人迹罕至的地方，遥感可能是唯一的观测手段。

2. 工作波段长，并具有全天候工作的特点

遥感资料不仅能够反映物体在可见光波段的信息，而且还能够给出在紫外线、红外线、微波等波段中的人们用肉眼看不见的信息。因此，由遥感影像获得的电磁波特性数据可以综合反映地球上的很多自然、人文信息。红外遥感昼夜均可以探测，微波遥感可全天时、全天候探测。

3. 具有瞬时成像的功能，并且可以动态地掌握信息

遥感影像真实客观地记录了一定范围的瞬时情况，而且资料更新周期短。比如美国的Landsat、法国的SPOT以及中国与巴西合作的CBERS分别用16天、26天和4~5天对同一地区重复观测一次，这样人们能够通过对不同时期的遥感影像进行对比分析，研究地面物体和现象的动态变化。

4. 遥感判读需要地面观测的配合

尽管没有其他地面观测信息就可以对遥感数据进行判读和处理，但为了得到最好的结果，必须将遥感观测与地面现场测量或观测结合起来。

5. 遥感技术本身只能获取地表信息

原则上，遥感仅能提供地球表面上层几毫米内地物的信息。有些技术，特别是微波技术，可能探测再深一些的地物信息。这种仅表现地表信息的特性实际上是遥感技术的限制之一。不过为了要估计地下的特征，可以辅以一些模型或专业知识。

6. 遥感是一种有成本效益的空间信息采集方式

遥感系统是复杂而昂贵的，对于应用用户而言，尽管还需要承担遥感数据及其遥感处理软硬件系统的费用，但总的来看，遥感还是一种有成本效益的空间信息采集方式。

比如，对于一个研究厄尔尼诺现象的国际科学研究项目，如果在大洋上安装和维护测量浮标要花费大量的成本，而利用免费的气象卫星数据则是一项相对便宜的技术。对于区域土地利用数据而言，利用遥感判读也可避免大量而耗时的现场勘查。有人估计，美国陆地卫星的经济投入与取得的效益比为 1：80 或更大。

6.4 遥感的特性

1. 空间特性

运用遥感技术从飞机或卫星上获得的地面航空像片或卫星图像，比地面上观察的视域范围要大得多，为宏观研究地面各种自然现象及其分布规律提供了条件。根据探测距离的远近，目前遥感可以提供不同空间范围和宏观特性的图像，如一幅 1：10 000 航空像片可以表示 2. 3km×2. 3km 的地面，连续拍摄的航空像片又可以镶嵌为更大的区域，以便进行全区域宏观的分析和研究。卫星遥感影像覆盖的空间范围更大，以美国陆地卫星 5 号（Landsat-5）为例，它距离地面的高度是 705. 3km，对地球表面的扫描宽度是 185km，一幅 TM 图像代表的地表面积为 185km×185km，可以全部覆盖我国海南岛大小的面积。这为区域的宏观研究提供了有利的条件。

2. 时相特性

不论航空还是卫星都能够周期成像，有利于动态监测和研究。一般卫星的成像周期短，可以获得多时段遥感影像。例如，Landsat-5 每天环绕地球 14. 5 圈，覆盖地球一遍所需时间仅 16 天，如果两颗卫星同时运行，只需要 8 天；而气象卫星的周期更短，只有 0. 5 天。航空遥感的成像周期取决于人为要求和计划，如上海的城市综合航空遥感飞行一般 4~5 年一次，近年来 2~3 年就重复飞行一次。总之，通过遥感的周期成像，可以反映地表过程动态变化，如作物病虫害、洪水、污染、火灾的情形和土地利用的变化、两极冰盖的变化等。

3. 波谱特性

遥感探测的波段从可见光向电磁波谱的两侧延伸，扩大了人们对地物特性的研究。目前，遥感能探测的电磁波段有紫外线、可见光、红外线、微波。地物在各波段的性质差异很大，即使是同一波段内的几个更窄的波段范围也有不少差别。因此，遥感可以探测到人眼观察不到的地物的一些特性和现象，扩大了人们观测的范围，加深了对地物的认识，如植物在近红外波段的高反射特性是人眼无法识别出来的，但是在彩色红外航片和 TM 的近红外波段的图像上能清晰地反映出来。

上述特性决定了遥感具有信息量巨大、受地面限制条件少、经济效益好、用途广等优势。例如，Landsat-5 所携带的专题制图仪（TM）共有 7 个电磁波通道，可以记录从可见光到热红外的电磁波信息，每秒可接收 100 亿个信息单位，而最先进的成像光谱仪在可见光到红外波段具有 100~200 多个波段。遥感图像为在自然条件恶劣、地面工作困难的地区（高山峻岭、密林、沙漠、沼泽、冰川、极地、海洋等）或因国界限制而不宜到达地区开展研究工作提供了有利条件。

6.5 遥感成像的物理基础

遥感之所以能够根据收集到的电磁波来判断地物目标和自然现象，是因为一切物体，由于其种类、特征和环境条件的不同，而具有完全不同的电磁波的反射或发射辐射特征。因此，遥感技术主要是建立在物体反射或发射电磁波的原理之上。

6.5.1 电磁波

根据麦克斯韦电磁场理论，变化的电场能够在它周围引起变化的磁场，这一变化的磁场又在较远的区域内引起新的变化电场，并在更远的区域内引起新的变化磁场。这种变化的电场和磁场交替产生，以有限的速度由近及远在空间内传播的过程称为电磁波。γ 射线、X 射线、紫外线、可见光、红外线、微波、无线电波等都是电磁波。电磁波是一种横波，如图 6.1 所示。

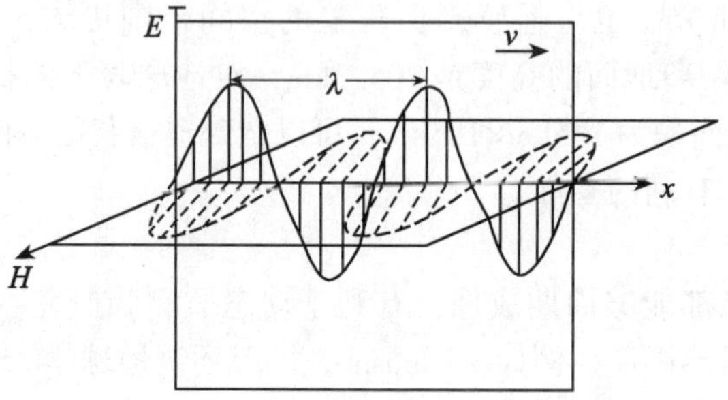

图 6.1 电磁波

电磁波具有波粒二象性，即波动性与粒子性。这里主要讲波动性。单色波的波动性可用波函数来描述，它是一个时空的周期性函数，由振幅和相位组成，一般成像原理只记录振幅，只有全息成像时，才既记录振幅又记录相位。

电磁波谱区段的界限是渐变的（图 6.2），一般按产生电磁波的方法或测量电磁波的方法来划分，习惯上人们常常将电磁波区段划分如表 6.1 所示。

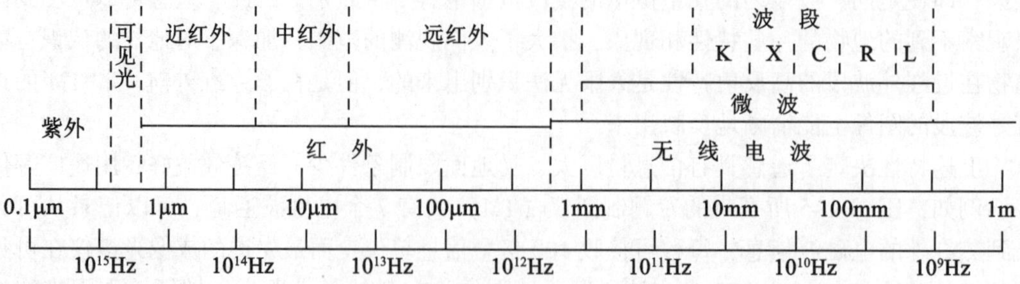

图 6.2 电磁波谱

表 6.1　**电磁波分类名称和波长范围**

<table>
<tr><th colspan="2">名　称</th><th>波长范围</th><th colspan="2">名　称</th><th>波长范围</th></tr>
<tr><td colspan="2">紫外线</td><td>100Å~0.4μm</td><td rowspan="5">红外线</td><td>近红外</td><td>0.76~3.0μm</td></tr>
<tr><td rowspan="7">可见光</td><td>紫</td><td>0.38~0.43μm</td><td>中红外</td><td>3~6μm</td></tr>
<tr><td>蓝</td><td>0.43~0.47μm</td><td>远红外</td><td>6~15μm</td></tr>
<tr><td>青</td><td>0.47~0.50μm</td><td rowspan="2">超远红外</td><td rowspan="2">15~1 000μm</td></tr>
<tr><td>绿</td><td>0.50~0.56μm</td></tr>
<tr><td>黄</td><td>0.56~0.60μm</td><td rowspan="3">微波</td><td>毫米波</td><td>1~10mm</td></tr>
<tr><td>橙</td><td>0.60~0.63μm</td><td>厘米波</td><td>1~10cm</td></tr>
<tr><td>红</td><td>0.63~0.76μm</td><td>分米波</td><td>10cm~1m</td></tr>
</table>

也有人将 0.76~15μm 看作近红外，将 15~1 000μm 看作远红外。

从电磁波谱图（图 6.2）可见，电磁波的波长范围非常宽，从波长最短的 γ 射线到最长的无线电波，他们的波长之比高达 10^{22} 倍以上。遥感采用的电磁波波段可以从紫外一直到微波波段。遥感器就是通过探测或感测不同波段电磁波谱的发射、反射辐射能级而成像的，可以说，电磁波的存在是获取图像的物理前提。在实际的遥感工作中，根据不同的目的选择不同的波谱段。

6.5.2　地物反射波谱特征

1. 地物的反射类别

物体对电磁波的反射有三种形式：

①镜面反射：是指物体的反射满足反射定律。当发生镜面反射时，对于不透明物体，其反射能量等于入射能量减去物体吸收的能量。自然界中真正的镜面很少，非常平静的水面可以近似认为是镜面。

②漫反射：如果入射电磁波波长 λ 不变，表面粗糙度 h 逐渐增加，直到 h 与 λ 同数量级，这时整个表面均匀反射入射电磁波，入射到此表面的电磁辐射按照朗伯余弦定律反射。

③方向反射：实际地物表面由于地形起伏，在某个方向上反射最强烈，这种现象称为方向反射，它是镜面反射和漫反射的结合。它发生在地物粗糙度继续增大的情况下，这种反射没有规律可循。

从空间对地面观察时，平面地区且地面物体均匀分布，可以看成漫反射；地形起伏和地面结构复杂的地区，为方向反射。图 6.3 显示了三种反射情况：

2. 光谱反射率

反射率是物体的反射辐射通量与入射辐射通量之比：$\rho = E_{\rho}/E$，这个反射率是在理想漫反射体的情况下，整个电磁波长的反射率。实际上，由于物体固有的结构特点，对于不同波长的电磁波有选择的反射，例如，绿色植物的叶子由于表皮、叶绿素颗粒组成的栅栏组织和多孔薄壁细胞组织构成，如图 6.4 所示，入射到叶子上的太阳辐射透过上表皮，

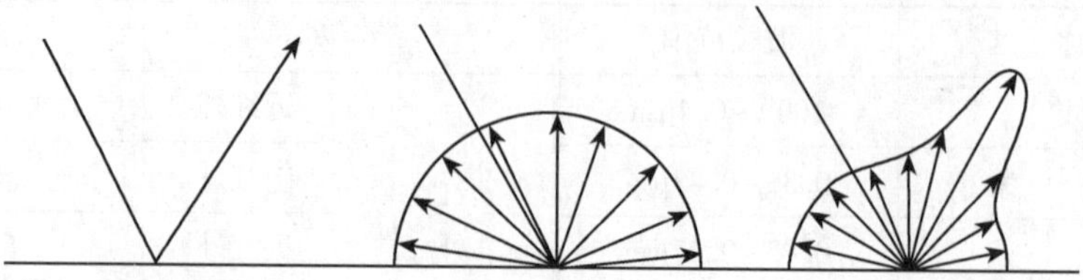

图 6.3　几种反射形式

蓝、红光辐射能被叶绿素吸收进行光合作用；绿光也吸收了一大部分，但仍反射一部分，所以叶子呈现绿色；而近红外线可以穿透叶绿素，被多孔薄壁细胞组织所反射。因此，在近红外波段上形成强反射。我们定义光谱反射率 ρ_λ 为

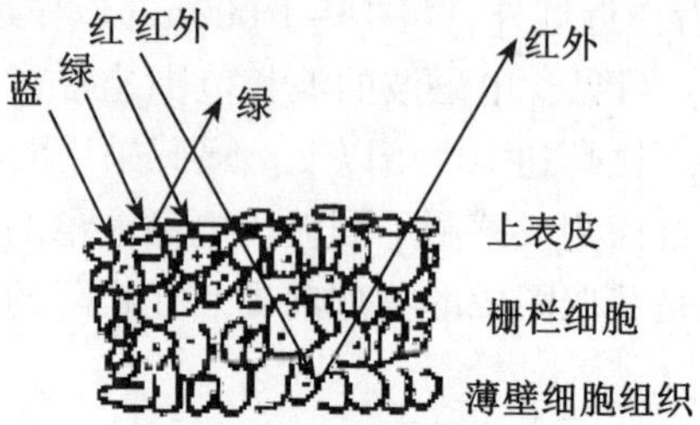

图 6.4　叶子的结构及其反射

$$\rho_\lambda = \frac{E_{\rho\lambda}}{E_\lambda} \tag{6.1}$$

3. 地物的反射光谱

反射波谱是某物体的反射率（或反射辐射能）随波长变化的规律，以波长为横坐标，反射率为纵坐标所得的曲线即称为该物体的反射波谱特性曲线。

物体的反射波谱限于紫外、可见光和近红外，尤其是后两个波段。一个物体的反射波谱的特征主要取决于该物体与入射辐射相互作用的波长选择，即对入射辐射的反射、吸收和透射的选择性，其中反射作用是主要的。物体对入射辐射的选择性作用受物体的组成成分、结构、表面状态以及物体所处环境的控制和影响。在漫反射的情况下，组成成分和结构是控制因素。如图 6.5 所示为四种地物的反射光谱特性曲线。从图中曲线可以看到，雪的反射光谱与太阳光谱最相似，在蓝光 0.49μm 附近有个波峰，随着波长增加反射率逐渐降低。沙漠的反射率在橙色 0.6μm 附近有峰值，但在长波范围里比雪的反射率要高。湿地的反射率较低，色调发暗灰。小麦叶子的反射光谱与太阳的光谱有很大差别，在绿波处有个反射波峰，在红外部分 0.7~0.9μm 附近有一个强峰值。

各种物体，由于其结构和组成成分不同，反射光谱特性是不同的，即各种物体的反射特性曲线的形状是不一样的，即便是在某波段相似，甚至一样，但在另外的波段还是有很大区别的。例如图 6.6 所示的柑橘、番茄、玉米、棉花四种地物的反射特性曲线，在 0.6~0.7μm 很相似，而其他波长（例如 0.75~0.25μm 波段）的光谱反射特性曲线形状

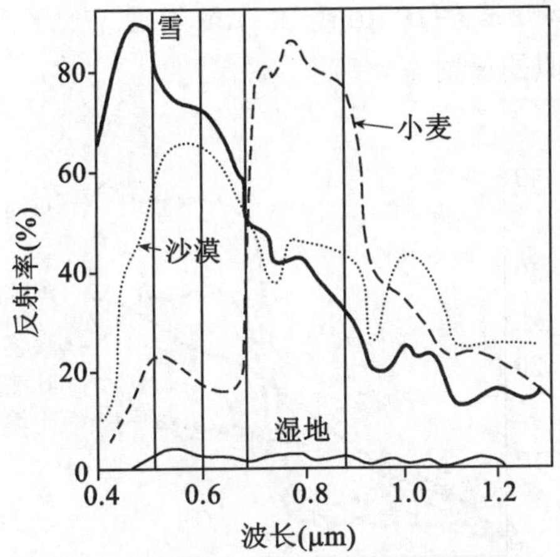

图 6.5　四种地物的反射波谱特性曲线

则不同，有很大差别。不同波段地物反射率不同，这就使人们很容易想到用多波段进行地物探测。例如，在地物的光谱分析以及识别上用多光谱扫描仪、成像光谱仪等传感器，另外，多源遥感数据融合、假彩色合成等，也逐渐成为遥感图像的重要处理方式。

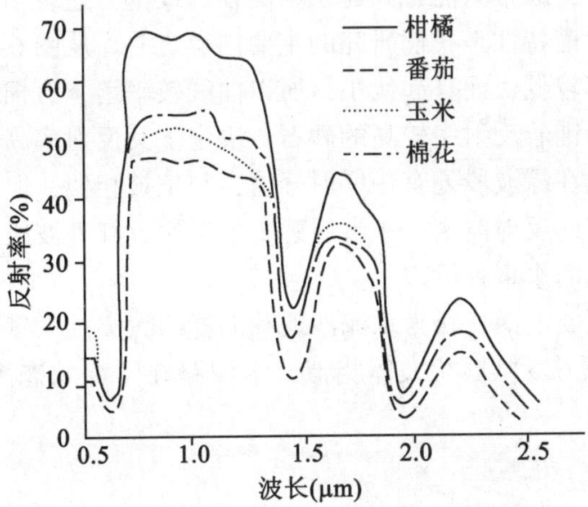

图 6.6　四种植物的反射波谱特性曲线

正因为不同地物在不同波段有不同的反射率这一特性，物体的反射特性曲线才作为判读和分类的物理基础，广泛地应用于遥感影像的分析和评价中。下面分别举例说明物体的反射特性曲线在影像判读和识别时是如何应用的。

(1) 同一地物的反射波谱特性

地物的光谱特性一般随时间季节变化，称为时间效应；处在不同地理区域的同种地物具有不同的光谱效应，称为空间效应。图 6.7 显示同一春小麦在花期、灌浆期、乳熟期、黄叶期的光谱测试所得的结果。可以看出，花期的春小麦反射率明显高于灌浆期和乳熟期。至于黄叶期，由于不具备绿色植物特征，其反射光谱近似于一条斜线。这是因为黄叶的水含量降低，导致在 1.45μm、1.95μm、2.7μm 附近 3 个水吸收带的减弱。当叶片有病虫害时，也有与黄叶期类似的反射率。

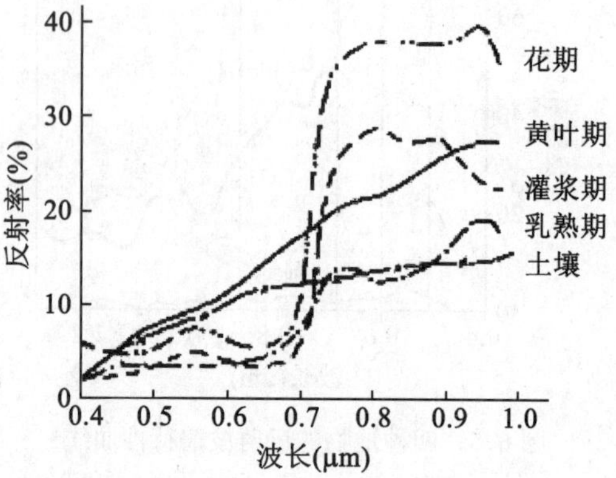

图 6.7　同一作物（春小麦）在不同生长阶段的波谱特性曲线

（2）不同地物的反射波谱特性

1）城市道路、建筑物的反射波谱特性

在城市遥感影像中，通常只能看到建筑物的顶部或部分建筑物的侧面，所以掌握建筑材料所构成的屋顶的波谱特性是我们研究的主要内容之一。从图 6.8 中可以看出，铁皮屋顶表面呈灰色，反射率较低，而且起伏小，所以曲线较平坦。石棉瓦屋顶反射率最高。沥青粘砂屋顶由于其表面铺着反射率较高的砂石，决定了其反射率高于灰色的水泥屋顶。绿色塑料顶棚的波谱曲线在绿波段处有一反射峰值，与植被相似，但它在近红外波段处没有反射峰值，有别于植被的反射波谱。军事遥感中，常用近红外波段区分在绿色波段中不能区分的绿色植被和绿色的军事目标。

城市中，道路的主要铺面材料为水泥沙地和沥青两大类，少量部分有褐色地，它们的反射波谱特性曲线（图 6.9）形状大体相似，水泥路在干爽状态下呈灰白色，反射率最高，沥青路反射率最低。

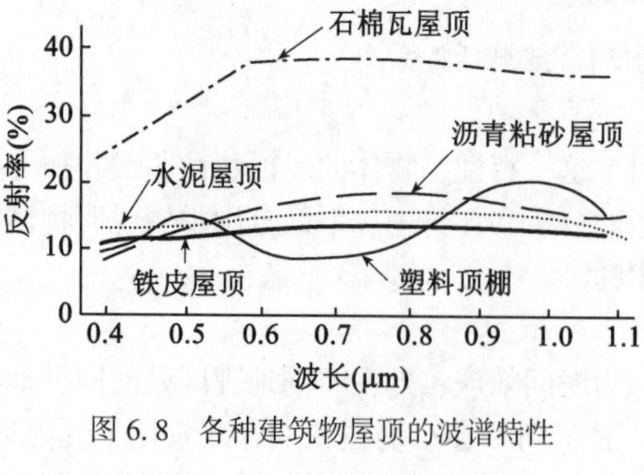

图 6.8　各种建筑物屋顶的波谱特性

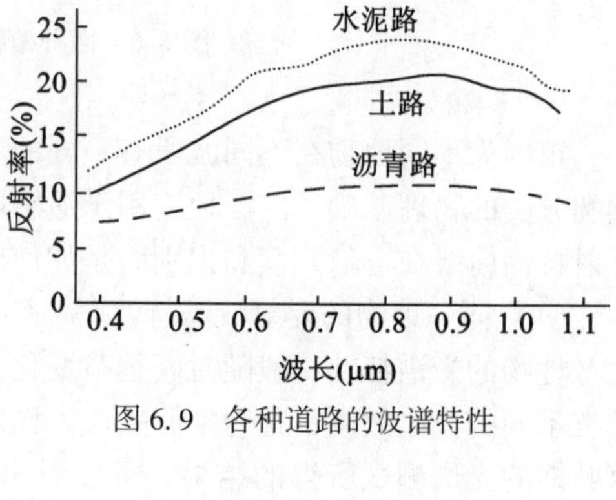

图 6.9　各种道路的波谱特性

2）水体的反射波谱特性

水体的反射主要在蓝绿光波段，其他波段吸收率很强，特别在近红外、中红外波段有很强的吸收带，反射率几乎为零，因此，在遥感中，常用近红外波段确定水体的位置和轮廓，在此波段的黑白正片上，水体的色调很黑，与周围的植被和土壤有明显的反差，很容易识别和判读。但是当水中含有其他物质时，反射光谱曲线会发生变化。水含泥沙时，由于泥沙的散射作用，可见光波段发射率会增加，峰值出现在黄红区。水中含有叶绿素时（图 6.10），近红外波段明显抬升，这些都是影像分析的重要依据。

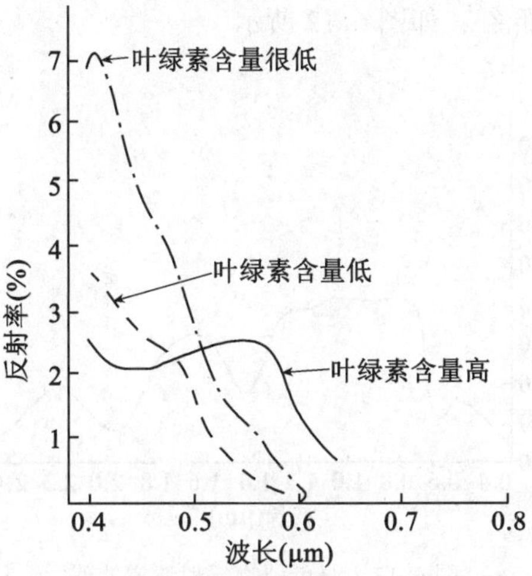

图 6.10　不同叶绿素含量的海水的反射特性曲线

3）土壤的反射波谱特性

自然状态下，土壤表面的反射率没有明显的峰值和谷值，一般来讲，土壤的光谱特性曲线与以下一些因素有关：土壤类别、含水量、有机质含量、砂、土壤表面的粗糙度、粉砂相对百分含量等。此外，肥力也对反射率有一定的影响。由图 6.11 可以看出，土壤反射波谱特性曲线较平滑，因此在不同光谱段的遥感影像上，土壤的亮度区别不明显。

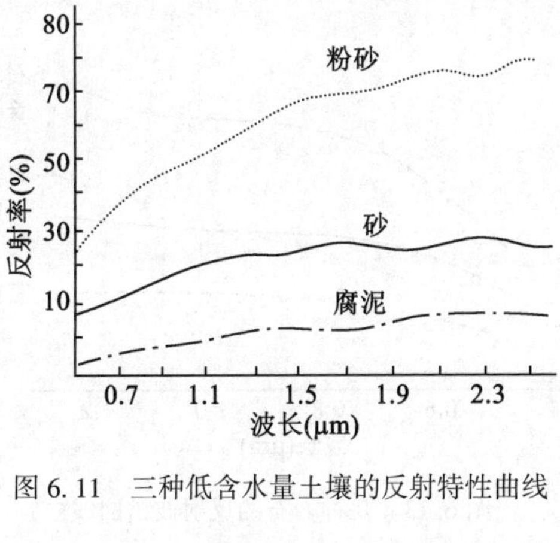

图 6.11　三种低含水量土壤的反射特性曲线

4）植物的反射波谱特性

由于植物均进行光合作用，各类绿色植物具有很相似的反射波谱特性，其特征是：在可见光波段0.55μm（绿光）附近有反射率为10%~20%的一个波峰，两侧0.45μm（蓝）和0.67μm（红）则有两个吸收带。这一特征是由于叶绿素的影响造成的，叶绿素对蓝光和红光吸收作用强，而对绿色反射作用强。在近红外波段0.8~1.0μm间有一个反射的陡坡，至1.1μm附近有一峰值，形成植被的独有特征。这是由于植被叶的细胞结构的影响，除了吸收和透射的部分，形成的高反射率。在中红外波段（1.3~2.5μm）受到绿色植物含水量的影响，吸收率大增，反射率大大下降，特别是以1.45μm、1.95μm和2.7μm为中心是水的吸收带，形成低谷，如图6.12所示。

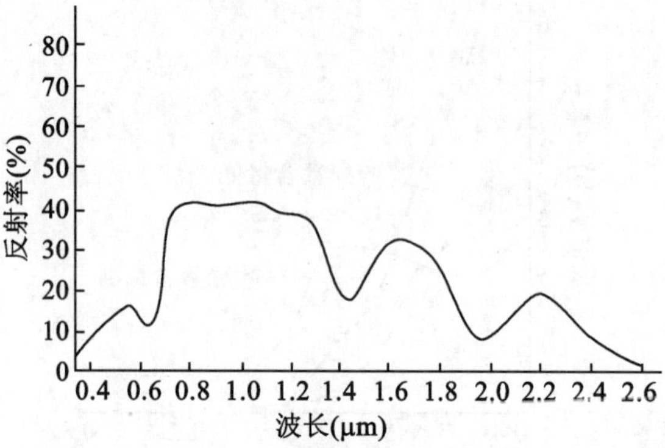

图6.12　绿色植物反射波谱曲线

植物波谱在上述基本特征下仍有细部差别，这种差别与植物种类、季节、病虫害影响、含水量多少有关系。

5）岩石的反射波谱特性

岩石成分、矿物质含量、含水状况、风化程度、颗粒大小、色泽、表面光滑程度等都影响反射波谱特性曲线的形态。在遥感探测中，可以根据所测岩石的具体情况选择不同的波段，如图6.13所示。

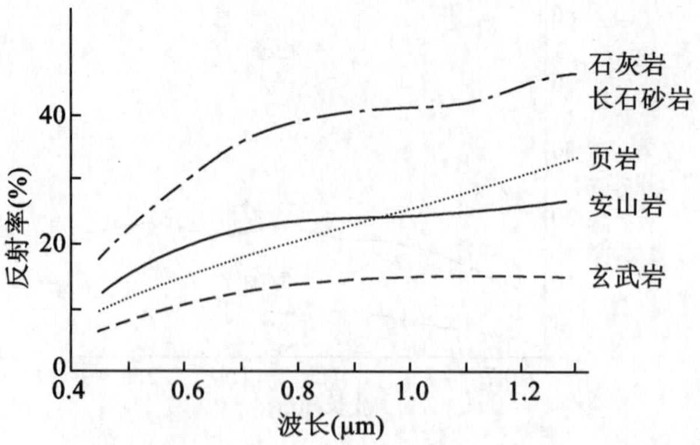

图6.13　几种岩石的反射波谱曲线

4. 影响地物光谱反射率变化的因素

有很多因素会引起反射率的变化，如太阳位置、传感器位置、地理位置、地形、季节、气候变化、地面湿度变化、地物本身的变异、大气状况等。

太阳位置主要是指太阳高度角和方位角，如果太阳高度角和方位角不同，则地面物体入射照度也就发生变化。为了减小这两个因素对反射率变化的影响，遥感卫星轨道大多设计在同一地方和同一时间通过当地上空，但由于季节的变化和当地经纬度的变化，造成太阳高度角和方位角的变化是不可避免的。

传感器位置指传感器的观测角和方位角，一般空间遥感用的传感器大部分设计成垂直指向地面，这样影响较小，但由于卫星姿态引起的传感器指向偏离垂直方向，所以仍会造成反射率变化。

不同的地理位置、太阳高度角和方位角、地理景观等都会引起反射率变化，还有海拔高度不同、大气透明度改变等，也会造成反射率变化。

地物本身的变异，如植物的病害，将使反射率发生较大变化，土壤的含水量也直接影响着土壤的反射率，含水量越高，红外波段的吸收越严重；反之，水中的含沙量增加，将使水的反射率提高。

随着时间的推移、季节的变化，同一种地物的光谱反射率特性曲线也发生变化。比如新雪和陈雪（图 6.14）、不同月份的树叶等。即使在很短的时间内，由于各种随机因素的影响（包括外界的随机因素和仪器的响应偏差）也会引起反射率的变化。这种随机因素的影响还表现在同一幅影像中，但是这种因素的影响引起的光谱反射率变化，将在某一个区间中出现，如图 6.15 显示了大豆反射率变化的区间。

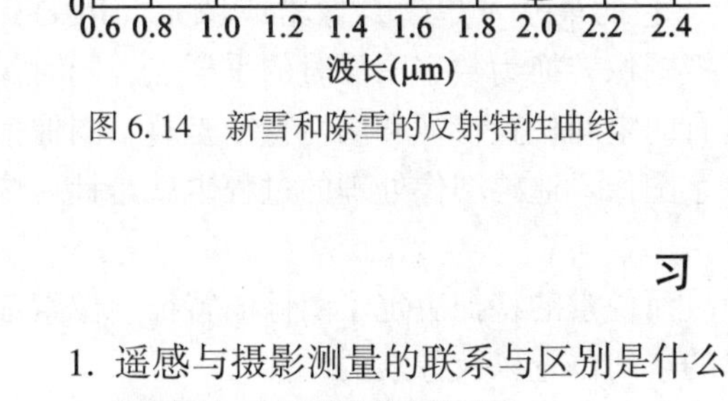

图 6.14　新雪和陈雪的反射特性曲线

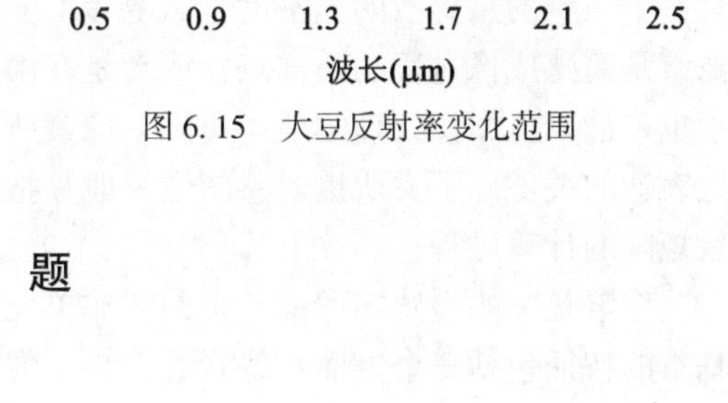

图 6.15　大豆反射率变化范围

习　题

1. 遥感与摄影测量的联系与区别是什么？
2. 遥感的三大特征是什么？
3. 试分析遥感的未来发展方向。

第7章 遥感数字图像处理

☞ 教学目标

学习本章，要了解数字图像概念和遥感图像变形的原因；理解遥感数字图像处理的原理；掌握遥感数字图像的处理方法，包括图像的拼接、投影变换、分幅裁剪、图像融合、图像校正和图像增强，重点掌握图像的投影变换和几何校正；能够结合具体情况，对遥感图像进行相应处理，融会贯通各种处理操作，利用现有数据制作适合要求的图像。

7.1 遥感数字图像预处理

遥感数据的表示既有光学图像又有数字图像，随着计算机性能的提高、磁盘空间的扩大和价格的降低以及专业软件水平的提高，遥感影像的存储和处理变得越来越容易，所需要的成本也更低于光学处理成本，且技术更容易掌握，因此，遥感数字图像处理有广阔的应用前景。

遥感数据具有多平台、多传感器、多实相、分幅等特点，因此在数字图像处理中，原始观测数据往往并不能够满足研究要求，如影像存在畸变、影像跨越不同图幅。为了更充分地利用好原始观测遥感数据、获取更多有益的信息，需要对图像做预处理。

7.1.1 数字图像

1. 数字图像的概念

数字图像（Digital Image）是以数字阵列形式表达的可用计算机处理并绘制的图像，是一个二维的、离散的光密度（或亮度）函数，它的最基本单位是像素或像元（Pixel）。像素是遥感成像过程的采样点，或者是在由模拟图像转换为数字图像时的采样点，同时像素也是计算机图像处理的最小单元。像素所具有的空间位置特征和属性特征是整个图像信息表达的关键。下文所提遥感图像一般是指数字图像。遥感图像处理的过程也就是针对像素矩阵的计算过程。

像素是一幅遥感图像最基本的构成单元，故而像素的特征决定了图像的特征。像素最基本的特征包括三个方面：像素的大小、像素的空间位置以及像素的属性。

像素的大小即每个像素单元的面积大小，也称为遥感图像的分辨率。像素单元越大，图像的分辨率越低，对图像细节的表达越不明显。但是，同样面积大小的图像所包含的像素单元数却会减少，降低了数据的存储空间；反之，像素单元面积越小，图像的分辨率越高，同样面积的图像所包含的像素单元数目越多，对图像细节表达越清楚，但增加了数据量。这就要求在实际应用时，通过最佳像素大小的确定，来找到图像细节表达与数据量之间的最佳平衡。

像素的空间位置用离散的 X 值和 Y 值表示。一幅遥感图像实质上就是一个矩阵，对于有 $M\times N$ 个像素的遥感图像，可表示为如下函数：

$$f(X,\ Y)=\begin{cases} f(0,\ 0),\ f(0,\ 1),\ f(0,\ 2),\ \cdots,\ f(0,\ N-1) \\ f(1,\ 0),\ f(1,\ 1),\ f(1,\ 2),\ \cdots,\ f(1,\ N-1) \\ f(2,\ 0),\ f(2,\ 1),\ f(2,\ 2),\ \cdots,\ f(2,\ N-1) \\ \ldots\ldots \\ f(M-1,\ 0),\ f(M-1,\ 1),\ f(M-1,\ 2),\ \cdots,\ f(M-1,\ N-1) \end{cases}$$

式中，M 表示行数；N 表示列数；M，N 为正整数。矩阵中的每一个元素代表遥感图像的一个像素。

遥感图像像素的属性特征包括亮度、色彩两个方面。对于灰度图像来说，其像素的属性特征主要是亮度值，对于彩色图像来说，色彩属性也是其一个重要的特征。这两个属性主要记录了地物点反射电磁波的强度和波段。因而，这两个属性是区分地物的重要特征属性。

2. 遥感图像处理

对遥感图像进行一系列的操作，以求达到预期目的的技术称为遥感图像处理。遥感图像处理可分为两类：一是利用光学、照相和电子学的方法对遥感模拟图像（照片、底片）进行处理，称为光学处理；二是利用计算机对遥感图像进行一系列操作，从而获得某种预期结果的技术，称为遥感图像处理。

根据抽象程度不同，遥感图像处理可分为三个层次：狭义的图像处理、图像分析和图像判读。

狭义的图像处理着重强调在图像之间进行变换。主要是对图像进行各种操作，以改善图像的视觉效果，或校正图像误差，或对图像进行压缩编码，以减少所需存储空间或传输时间。狭义的图像处理是从一个图像到另一个图像的过程。本章介绍的遥感图像处理正是狭义的图像处理。

图像分析主要是对图像中感兴趣的目标进行检测和量测，从而建立对图像的描述。图像分析是从一个图像到数值或符号表示的过程。

图像判读是进一步研究图像中各目标物的性质、特征和它们之间的相互关系，并得出对图像内容的理解以及对原来地面客观地物、场景的判定与识别，从而为生产、科研提供真实的、全面的客观世界及其各方面的信息。

7.1.2　图像拼接

图像拼接（Mosaic Image）就是将具有地理参考且互为邻接的（时相往往可能不同）若干幅遥感图像合并成一幅新图像的过程。需要拼接的输入图像必须含有地图投影信息，或经过几何校正处理，或进行过校正标定。虽然所有的输入图像可以具有不同的投影类型、不同的像素大小，但必须具有相同的波段数。在进行图像拼接时，需要确定一幅参考图像，参考图像将作为输出拼接图像的基准，决定拼接图像的对比度匹配以及输出图像的地图投影、像素大小和数据类型。制作好一幅总体上比较均衡的拼接图像，一般要经历以下工作过程：

(1) 准备工作

首先要根据研究对象和专业要求，挑选数据合适的遥感图像。其次在拼接时，应尽可能选择成像时间和成像条件接近的遥感图像，以减轻后续的色调调整工作。

(2) 预处理工作

主要包括辐射校正、去条带、去斑点、几何校正。

(3) 确定实施方案

在进行多幅图像拼接时，拼接方案的确定是最为重要的，其好坏与否直接影响到工作时间和工作量。为此，需要首先确定参考像幅，一般位于研究区中央，其次确定拼接顺序，即以参考像幅为中心，由中央向四周逐步进行。

(4) 重叠区确定

遥感图像拼接工作的进行主要是基于相邻图像的重叠区。无论是色调调整，还是几何拼接，都是以重叠区作为基准进行的，其准确与否直接影响到拼接的效果。

(5) 色调调整

色调调整是遥感图像拼接技术中的一个重要环节。不同时相或者成像条件存在差异的图像，由于要拼接的图像总体色调不一样，图像的亮度差异比较大，若不进行色调调整，拼接后的图像即使几何位置很精确，也会由于色调不同，而不能够很好地满足应用。此外，成像时相和成像条件接近的图像，也会由于传感器的系统误差造成不同像幅的色调不一致，从而影响应用的效果。因此，必须进行色调调整工作。

(6) 图像拼接

在重叠区已经确定和色调调整完毕后，即可对相邻图像进行拼接了。所谓拼接，就是在相邻两幅图像的重叠区内找到一条接边线（剪切线），接边线的质量直接影响拼接图像的效果。在拼接过程中，即使两幅图像进行过色调调整，接缝处也会色调不一致，为此，还需要在重叠区进行色调的平滑，这样才能够使拼接好的图像无接缝存在。

1. 多波段图像拼接

实际工作中，如果几何校正的精度足够高，图像的拼接过程只需要经过色调调整之后就可以直接运行。下面以彩色卫星图像为例，经过色调调整后，进行图像拼接。需要注意的是，对于彩色图像，需要从红、绿、蓝三个波段分别进行灰度的调整；对于多个波段的图像文件，需进行一一对应的多个波段的灰度调整。灰度调整的方法是进行交互式的图像灰度直方图拉伸，进行图像直方图的规范化，或者进行更加复杂的类似变化。

直方图以统计图的形式表示图像亮度值与像元数之间的关系（图 7.1）。在二维坐标系中，横坐标代表图像中像元的亮度值，纵坐标代表每一亮度或亮度间隔的像元数占总像元数的百分比。

(1) 加载拼接图像

如图 7.2 所示，在进行拼接图像范围的选择时，ERDAS 软件提供以下五种方法：

Use Entire Image：使用整幅图像，即将每一幅输入图像的外接矩形范围都用于拼接。

Crop Area：裁剪区域。选择此项，将出现裁剪比例（Crop Percentage）选项，输入不同的百分数，表示将每幅输入图像的矩形图幅范围按此百分数进行四周裁剪，并利用裁剪后的图幅进行拼接。例如，如果某一研究区原有矩形图幅范围为 $1000km^2$，如果设置百分数为 50%，则用于拼接的矩形图幅范围为图幅中心 $500km^2$。

0	5	8	10	13	14	14	13
5	0	4	9	14	15	12	11
6	2	10	10	13	15	15	12
6	8	9	9	10	12	11	8
5	8	8	9	9	9	11	9
5	7	7	8	8	7	7	8
3	4	7	6	6	3	4	5
1	1	4	6	7	3	2	2

(a) 数字图像

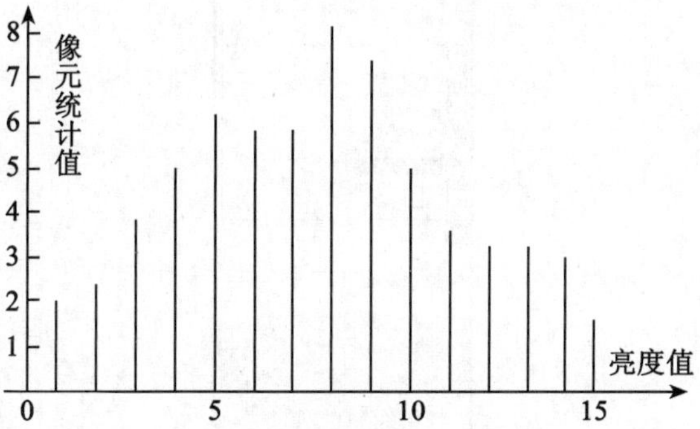

(b) 直方图

图 7.1

Compute Active Area：计算活动区，即只利用每幅图像中的有效数据覆盖的范围用于拼接。

Template AOI：模板 AOI，即在一幅待拼接图像中利用 AOI 工具绘制用于拼接的图幅范围。

Individual AOI：单一 AOI，即利用人为指定的 AOI 从输入图像中裁剪感兴趣区域进行拼接。

（2）图像叠置组合

图像叠置组合的目的是用于选择不同的拼接实施方案。当只有两幅图像用于拼接时，其重叠区是固定的，不需要做任何设置；而当有多幅图像需要拼接时，则需要在此进行图像叠置组合顺序的调整，以设置较好的拼接方案。

在 ERDAS 软件中，根据需要，利用工具库对图像进行上下移动调整，确定拼接方案。

拼接顺序调整好之后，意味着重叠区也随之确定，不同的图像叠置组合顺序用于拼接的重叠区也不尽相同。

（3）图像匹配设置

匹配方法（Matching Method）可选为 Overlap Areas，即只利用叠加区直方图进行匹配；直方图类型（Histogram Type）可选为波段对波段（Band by Band），即分别从红、绿、蓝三个波段进行灰度的调整（如果是多波段，则表示逐波段进行一一对应的灰度调整）（图 7.3）。

2. 剪切线拼接

剪切线就是在拼接的过程中，可以在相邻两个图的重叠区域内，按照一定规则选择一条线作为两个图的接边线。其目的主要是为了改善接边差异太大的问题。例如，在相邻的两个图上如果有河流、道路，就可以画一个沿着河流或者道路的剪切线，这样，图像拼接后就很难发现接边的缝隙。剪切线也可以选择 ERDAS 软件提供的几个预定义的线型。为了去除接缝处图像不一致的问题，还要对接缝处进行羽化处理，使剪切线变得模糊并融入图像中。

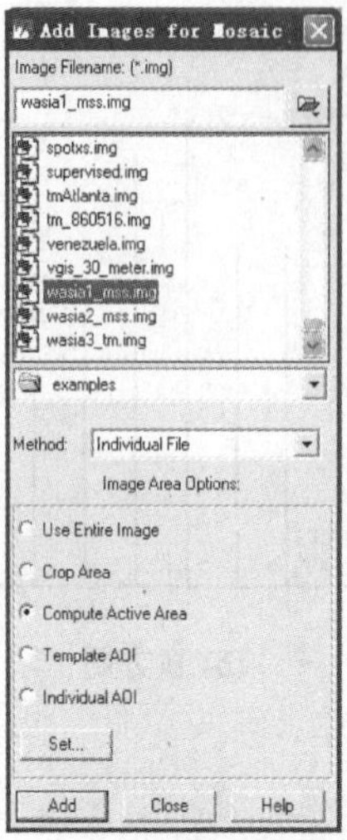

图 7.2 【加载拼接图像】对话框

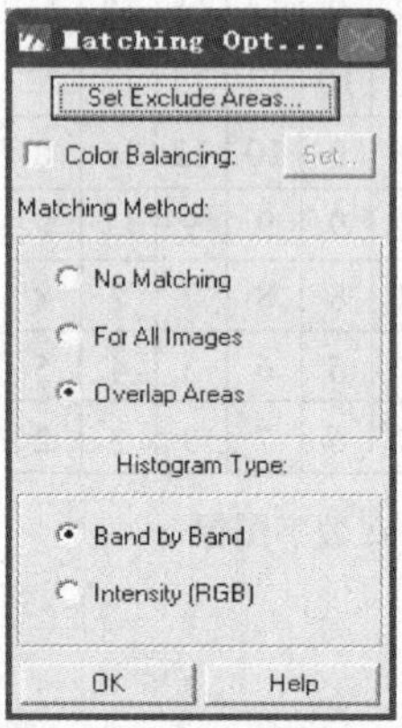

图 7.3 图像匹配设置

（1）拼接准备工作，设置输入图像范围

在 View 窗口打开栅格图像后，用 AOI 工具绘制感兴趣区域。

（2）加载拼接图像

加载拼接图像时，在图像区域优化（Image Area Options）中选择 Template AOI，即利用 AOI 记录的文件坐标包含的图幅范围用于拼接（图 7.4）。

（3）确定相交区域

单击两幅图像的相交区域，该区域将被高亮度显示。

（4）绘制接缝线

在 Mosaic Tool 工具选择按钮 ，打开接缝线选择窗口，然后在叠加区绘制线状 AOI（图 7.5）。

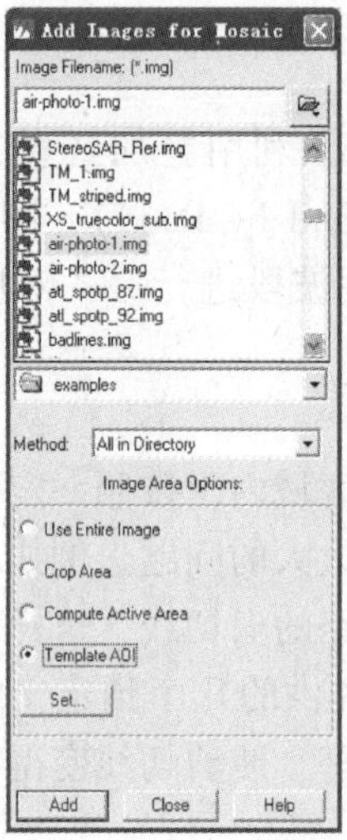

图 7.4 加载拼接图像

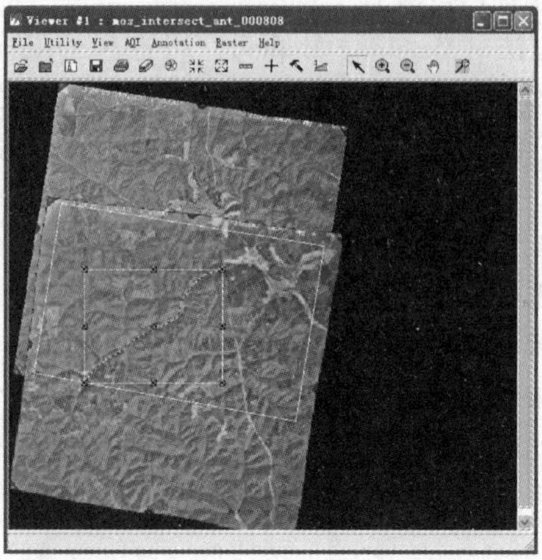

图 7.5 叠加区域线状 AOI（图中虚线）

接缝线尽可能沿着线性地物走，如河流、道路、线性构造等；当两幅图像的质量不同时，要尽可能选择质量好的图像，用接缝线去掉有云、噪声的图像区域，以便于保持图像色调的总体平衡，产生浑然一体的视觉效果。

7.1.3　图像分幅裁剪

实际工作中，我们经常会得到一幅覆盖较大范围的图像，而我们需要的数据只覆盖其中的一小部分。为节约磁盘存储空间、减少数据处理时间，常常需要对图像进行分幅裁剪(Subset)（图 7.6）。按照 ERDAS 软件实现分幅裁剪的过程，可以将其分为两种类型：规则矩形分幅裁剪（Rectangle Subset）和不规则多边形分幅裁剪（Polygon Subset）。

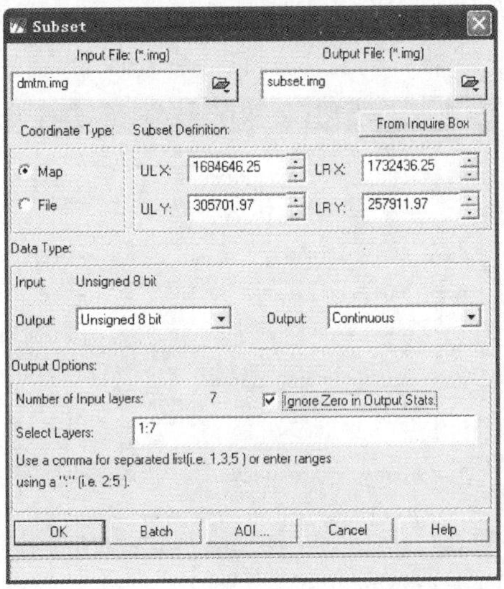

图 7.6　【图像裁剪】对话框

1. 规则分幅裁剪

规则分幅裁剪是指裁剪图像的边界范围是一个矩形，通过左上角和右下角两点的坐标就可以确定图像的裁剪位置，整个裁剪过程比较简单。

(1) 打开需要裁剪的图像，并且设置裁剪范围

通过查询窗口 Inquire Box 引入已经预先设定好的坐标定义裁剪范围，即在对话框中输入左上角点和右下角点的坐标，也可以在图幅窗口中直接拖动查询框到需要的范围。

另一种方法是应用感兴趣区域 AOI，具体过程是：首先在打开的被裁剪图像的窗口中绘制矩形 AOI，然后在【Subset】对话框中选择 AOI 功能，打开 AOI 窗口，并选择 AOI 区域来自图像窗口即可。

(2) 根据已经设置好的裁剪范围裁剪图像

2. 不规则分幅裁剪

不规则分幅裁剪是指裁剪图像的边界范围是任意多边形，不能通过左上角和右下角两点的坐标确定裁剪范围，而必须事先设置一个完整的闭合多边形区域，可以利用 AOI 工具创建裁剪多边形，然后利用分幅工具进行分割。

首先，打开要裁剪的图像，然后运用AOI工具绘制多边形AOI，将多边形AOI保存到文件中。然后，调出ERDAS软件的Subset命令，单击【AOI】按钮，选择AOI的来源为Viewer（或者为AOI File）。最后，单击【OK】按钮即可实现图像裁剪。

7.1.4 图像投影变换

图像投影变换（Reproject Images）的目的在于将图像文件从一种投影类型转换到另一种投影类型。这种变换可以对单幅图像进行，也可以通过批处理向导（Batch Wizard）对多幅图像进行。与图像几何校正过程中的投影变换相比，这种直接的投影变换可以避免多项式近似值的拟合，对于大范围图像地理参考是非常有意义的。

图像投影变换既可以在数据预处理模块中启动，也可以在图像判读模块中启动（图7.7）。

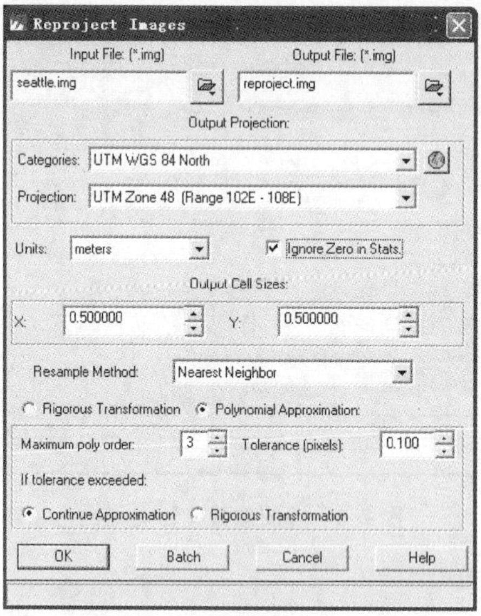

图7.7 【投影变换】对话框

7.1.5 图像融合

遥感技术的发展为人们提供了丰富的多源遥感数据。这些来自不同传感器的数据具有不同的时间、空间和光谱分辨率以及不同的雷达极化方式。单一传感器获取的图像信息量有限，往往难以满足应用需要，通过图像融合，可以从不同的遥感图像中获得更多的有用信息，补充单一传感器的不足。图像融合（Image Fusion）是指将多源遥感图像按照一定的算法，在规定的地理坐标系中生成新的遥感图像的过程。举例来说，全色图像一般具有较高空间分辨率（如SPOT PAN全色图像分辨率为10m），多光谱图像光谱信息较丰富（如SPOT有三个波段），为提高SPOT多光谱图像的空间分辨率，可以将全色图像融合进多光谱图像。通过融合，既提高多光谱图像空间分辨率（m），又保留其多光谱特性。

高效的图像融合方法可以根据需要，综合处理多源通道的信息，从而有效提高图像信息的利用率、系统对目标探测识别可靠性及系统的自动化程度。其目的是将单一传感器的多波段信息或不同类型传感器所提供的信息加以综合，消除多传感器信息之间可能存在的冗余和矛盾，以增强图像中信息透明度，改善判读的精度、可靠性以及使用率，形成对目标的清晰、完整、准确的信息描述。

分辨率融合是针对不同空间分辨率的遥感图像的融合处理，使处理后的遥感图像既具有较好的空间分辨率，又具有多光谱特性，从而达到图像增强的目的。图像分辨率融合的关键是融合前两幅图像的配准（Rectification）以及处理过程中融合方法的选择，只有将不同空间分辨率的图像精确地进行配准，才可能得到满意的融合效果；而对于融合方法的选择，则取决于被融合图像的特征以及融合的目的，同时，需要对融合方法的原理有正确的认识。

ERDAS 系统提供 3 种图像融合方法（图 7.8）：主成分变换融合（Principle Component）、乘积变换融合（Mutiplicative）和比值变换融合（Brovey Transform）。

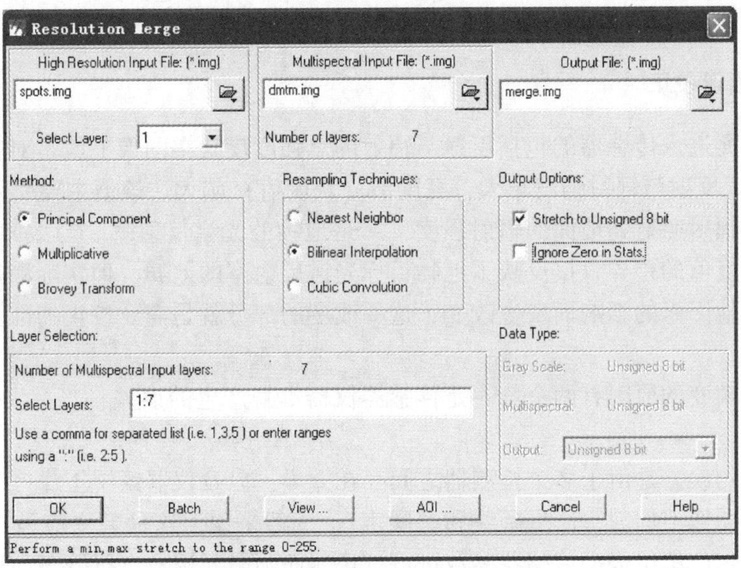

图 7.8　【分辨率融合】对话框

主成分变换融合是建立在图像统计特征基础上的多维线性变换，具有方差信息浓缩、数据量压缩的作用，可以更准确地解释多波段数据结构内部的遥感信息，常常是以高分辨率数据替代多波段数据变换以后的第一主成分来达到融合的目的。具体过程是：首先对输入的多波段遥感数据进行主成分变换，然后以高空间分辨率遥感数据替代变换以后的第一主成分，最后再进行主成分逆变换，生成具有高空间分辨率的多波段融合图像。

乘积变换融合是应用最基本的乘积组合算法直接对两种空间分辨率的遥感数据进行合成，即 Bi_new = Bi_m * B_h。其中，Bi_new 代表融合以后的波段数值(i = 1,2,3,…,n)，Bi_m 表示多波段图像中的任意一个波段数值，B_ h 代表高分辨率遥感数据。乘积变换是由 Crippen 的四种分析技术演变而来的。

比值变换融合是将输入遥感数据的三个波段按照下列公式进行计算，获得融合以后各波段的数值：

$$Bi\_new = [Bi\_m/(Br\_m+Bg\_m+Bb\_m)] * B\_h$$

其中，Bi_new 代表融合以后的波段数值（i=1,2,3）；Br_m、Bg_m、Bb_m 分别代表多波段图像中的红、绿、蓝波段数值；Bi_m 表示红、绿、蓝三波段中的任意一个；B_h 代表高分辨率遥感数据。

Crippen 研究即实验表明：在图像融合将一定亮度的图像进行各种变换处理时，只有乘法变换可以使其色彩保持不变。

7.2 遥感数字图像校正

图像校正主要指辐射校正和几何校正。辐射校正包括传感器的辐射校正、大气校正、照度校正以及条纹和斑点的判定和消除。几何校正就是校正成像过程中造成的各种几何畸变，包括几何粗校正和几何精校正。几何粗校正是针对引起畸变的原因而进行的校正，我们得到的卫星遥感数据一般都是经过几何粗校正处理的。

7.2.1 辐射校正

各地面单元进入传感器的包括反射与辐射的总强度反映在图像上就是对应像素的亮度值（灰度值）。反射与辐射强度越大，亮度值（灰度值）越大。该值主要受两个物理量影响：一是太阳辐射照射到地面的辐射强度，二是地物的光谱反射率。当太阳辐射相同时，图像上像元亮度值的差异直接反映了地物目标光谱反射率的差异。但实际测量时，辐射强度值还受到其他因素的影响而发生改变，这一改变的部分就是需要校正的部分，故称为辐射畸变。

引起辐射畸变的原因有两个：一是传感器仪器本身产生的误差；二是大气（如云层）对辐射的影响。

仪器引起的误差是由于多个检测器之间存在差异，以及仪器系统工作产生的误差，这导致了接收的图像不均匀，产生条纹和“噪声”。一般来说，这种畸变应该在数据生产过程中出现，由生产单位根据传感器参数进行校正，而不需要用户自行校正。用户应该考虑的是大气影响造成的畸变。

1. 大气的影响

进入大气的太阳辐射会发生反射、折射、吸收、散射和透射。其中，对传感器接收影响较大的是吸收和散射（图 7.9）。在没有大气存在时，传感器接收的辐照度，只与太阳辐射到地面的辐照度和地物反射率有关。由于大气的存在，辐射经过大气吸收和散射，透过率小于 1，从而减弱了原信号的强度。同时，大气的散射光也有一部分直接或经过地物反射进入到传感器，这两部分辐射又增强了信号，但却不是有用的。

由于大气影响的存在，实际到达传感器的辐射亮度可用公式表示为

$$L_\lambda = L_{1\lambda} + L_{2\lambda} + L_{P\lambda}$$

式中：L_λ 表示进入传感器的总亮度值；$L_{1\lambda}$ 表示入射光经地物反射进入传感器的亮度值；$L_{2\lambda}$ 表示大气对辐射散射后，来自各个方向的散射又重新以漫入射的形式照射地物，经过地物的反射及反射路径上大气的吸收进入传感器的亮度值；$L_{P\lambda}$ 表示散射光向上通过大气

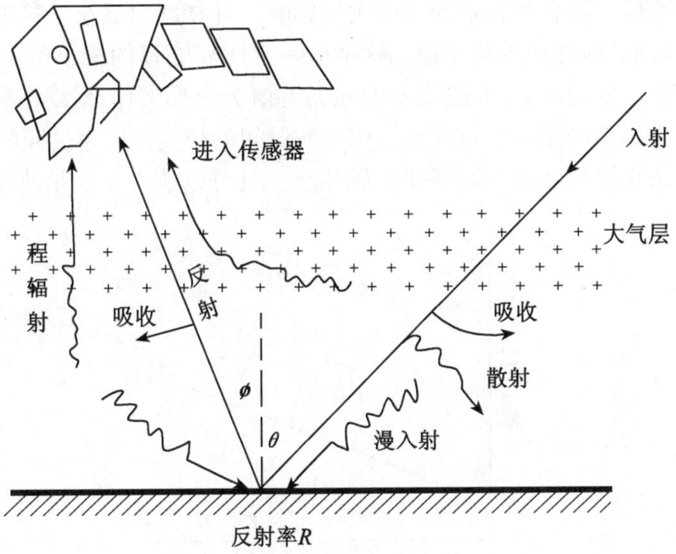

图 7.9　大气对辐射影响示意图

直接进入传感器的辐射，称为程辐射度。

大气的主要影响是减少了图像的对比度，即图像反差，使原始信号和背景信号都增加了因子。

2. 大气影响的粗略校正

精确的校正公式需要找出每个波段像元亮度值与地物反射率的关系，以及大气各种状态、大气包含的各种物质本身的散射规律，所以，常常采用一些简化的处理方法，只去掉主要的大气影响，使图像质量满足基本要求。

粗略校正是指通过比较简便的方法去掉程辐射度，从而改善图像质量。

严格地说，程辐射度的大小与像元位置有关，随大气条件、太阳照射方向和时间变化而变化，但因其变化量微小而忽略。

可以认为，程辐射度在同一幅图像的有限面积内是一个常数，其值的大小只与波段有关。

(1) 直方图最小值去除法

基本思想在于一幅图像中总可以找到某种或某几种地物的辐射亮度或反射率接近 0，实测表明，这些位置上的像元亮度不为 0，这个值就应该是大气散射导致的程辐射度值。所谓程辐射，即光自地物到传感器之间传播路程中大气的辐射量。

一般来说，程辐射度主要来自米氏散射，其散射强度随波长的增大而减小，到红外波段有可能接近于 0。

具体校正方法十分简单，首先，确定条件满足，即该图像上确有辐射亮度或反射亮度应为 0 的地区，比如土壤水分饱和的沼泽地区，则亮度最小值必定是这一地区大气影响的程辐射度增值。校正时，将每一波段中每个像元的亮度值都减去本波段的最小值，使图像亮度动态范围得到改善、对比度增强，从而提高了图像质量。

（2）回归分析法

假定某红外波段，存在程辐射为主的大气影响，且亮度值最小，接近于0，设为波段a。现需要找到其他波段相应的最小值，这个值一定比a波段的最小值大一些，设为波段b。如图7.10所示，分别以a，b波段的像元亮度值为坐标，作二维光谱空间，两个波段中对应的像元在坐标系内用一个点表示。由于波段间的相关性，通过回归分析，在众多点中一定能找到一条直线与波段b的亮度L_b轴相交，且可以认为α就是波段b的程辐射度。

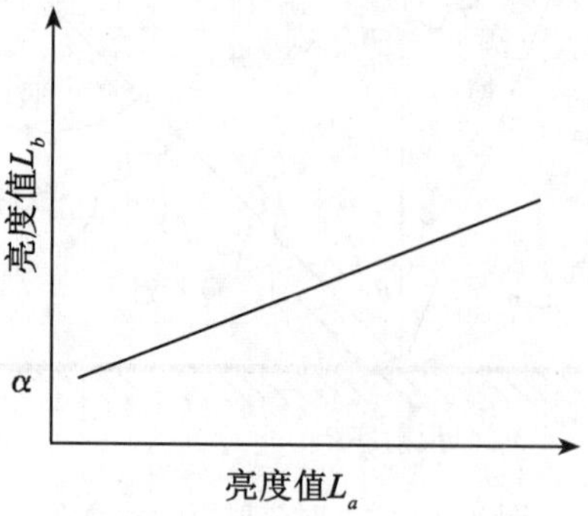

图7.10 回归分析校正法

校正方法：将波段b中每个像元的亮度值减去α，改善图像，去掉程辐射。同理，依次完成其他较长波段的校正。

7.2.2 几何校正

图像几何校正就是校正成像过程中造成的各种几何畸变，包括几何粗校正和几何精校正。几何精校正是利用地面控制点进行的几何校正，它是用一种数学模型来近似描述遥感图像的几何畸变过程，并利用标准图像与畸变的遥感图像之间的一些对应点（地面控制点数据对）求得这个几何畸变模型，然后利用此模型进行几何畸变的校正，这种校正不考虑畸变的具体形成原因，而只考虑如何利用畸变模型来校正遥感图像。

当遥感图像在几何位置上发生了变化，产生诸如行列不均匀、像元大小与地面大小对应不准确、地物形状不规则变化时，即说明遥感图像发生了几何畸变。遥感图像的总体变形（相对于地面真实形态而言）是平移、缩放、旋转、偏扭、弯曲及其他变形综合作用的结果。产生畸变的图像给定量分析及位置配准造成困难，因此，遥感数据接收后，首先由接收部门进行校正，这种校正往往根据遥感平台、地球、传感器的各种参数进行处理。而用户拿到这种产品后，由于使用目的不同或投影及比例尺的不同，仍旧需要作进一步的几何校正，在此仅讨论被动式遥感的情况。

1. 遥感图像变形的原因

（1）遥感平台位置和运动状态变化的影响

无论是卫星还是飞机，运动过程中都会由于种种原因产生飞行姿势的变化，从而引起图像变形。

航高：航高始终发生变化，而传感器的扫描视场角不变，从而导致图像扫描行对应的地面长度发生变化。航高越向高处偏离，图像对应的地面越宽（图 7. 11（a））。

航速：卫星的椭圆轨道导致卫星飞行速度的不均匀。航速快时，扫描带超前，航速慢时，扫描带滞后，由此导致图像在卫星前进方向上（图像上下方向）的位置错动（图 7. 11（b））。

俯仰：遥感平台的仰俯变化能引起图像上下方向的变化，即星下点俯时后移，仰时前移，发生行间位置错动（图 7. 11（c））。

翻滚：以前进方向为轴，旋转一个角度，导致星下点在扫描线方向偏移，使整个图像的行向翻滚角引起偏离的方向错动（图 7. 11（d））。

偏航：遥感平台在前进过程中，相对于原前进航向偏转了一个小角度，从而引起扫描行方向的变化，导致图像的倾斜畸变（图 7. 11（e））。

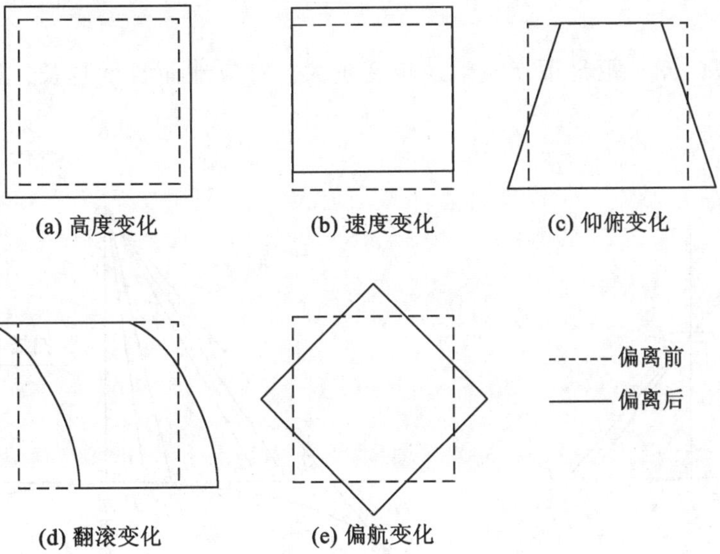

图 7. 11　遥感平台位置与运动状态改变对图像的影响

（2）地形起伏的影响

当地形存在起伏时，会产生局部像点的位移，使原来本应是地面点的信号被同一位置上某高点的信号代替。由于高差的原因，实际像点 P 距像幅中心的距离相对于理想像点 P_0 距像幅中心的距离移动了 Δr（图 7. 12）。

（3）地球表面曲率的影响

地球是球体，严格说是椭球体，因此地球表面是曲面。这一曲面的影响主要表现在两个方面，一是像点位置的移动，二是像元对应于地面宽度的不等。

像点位移如图 7. 13（a）所示，当选择的地图投影平面是地球的切平面时，实际地球表面是曲面，使地面点 P_0 相对于投影平面点 P 有一高差 Δh。

像元对应地面宽度不等是由于传感器通过扫描取得数据，在扫描过程中每一次取样间隔是星下视场角的等分间隔。如果地面无弯曲，在地面瞬时视场宽度不大的情况下，L_1，L_2，L_3，…的差别不大。但由于地球表面曲率的存在，对应于地面的 P_1，P_2，P_3，…，

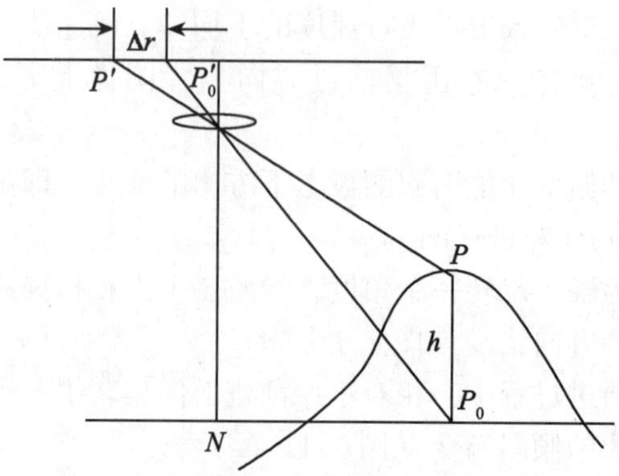

图 7.12　高差引起的像点

显然 $P_3-P_1>L_3-L_1$，距星下点越远，畸变越大，对应地面长度越长，如图 7.13（b）所示。

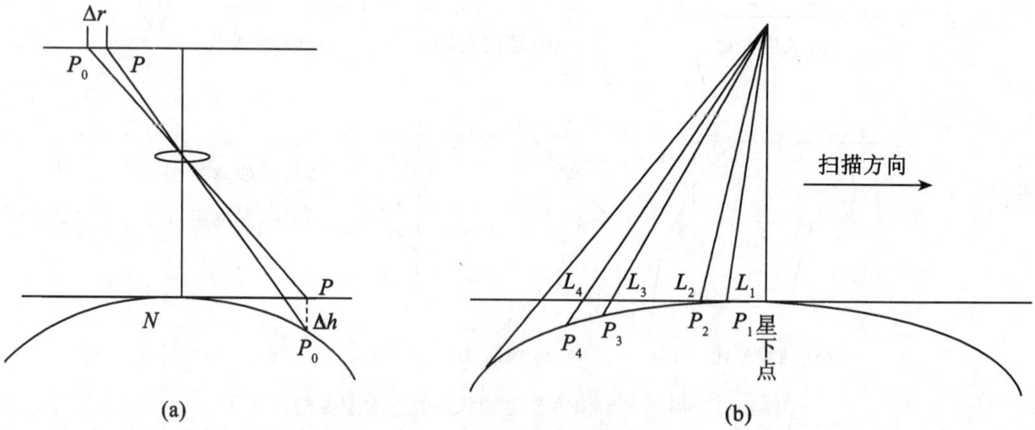

图 7.13　地球表面曲率的影响

当传感器扫描角度较大时，影响更加突出，造成边缘景物在图像显示时被压缩。假定原地面真实景物是一条直线，成像时，中心窄、边缘宽，但图像显示时像元大小相同，这时直线被显示成反“S”形弯曲，这种现象又叫做全景畸变。

（4）大气折射的影响

由于大气的密度分布从下向上越来越小，折射率不断变化，因此折射后的辐射传播不再是一条曲线，从而导致传感器接收的像点发生位移（图 7.14）。

（5）地球自转的影响

卫星前进过程中，传感器对地面扫描获得图像时，地球自转影响较大，会产生图像偏离。由于多数卫星在轨道运行的下行接收图像，即卫星自北向南运动，这时地球自西向东自转。相对运动的结果使卫星的星下位置逐渐产生偏离。偏离方向如图 7.15 所示，所以卫星图像经过校正后成为图 7.15（c）所示的形态。

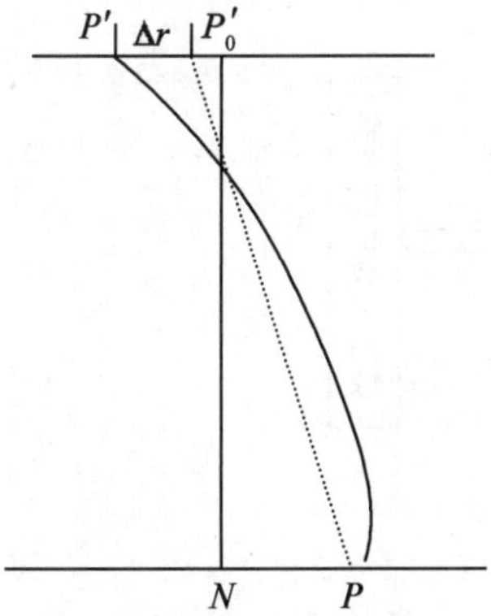

图 7.14　大气折射影响

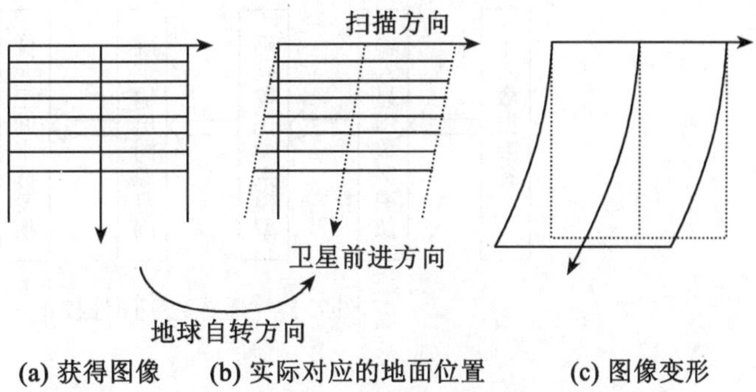

图 7.15　地球自转引起偏离

2. 几何畸变校正

几何畸变有多种校正方法，但常用的是一种精校正方法。该方法适合于在地面平坦且不需考虑高程信息，或地面起伏较大而无高程信息，以及传感器的位置和姿态参数无法获取的情况时应用。有时根据遥感平台的各种参数已做过一次校正，但仍不能满足要求，就可以用该方法做遥感图像相对于地面坐标的配准校正，遥感图像相对于地图投影坐标系统的配准校正，以及不同类型或不同时相的遥感图像之间的几何配准和复合分析，以得到比较精确的结果。

(1) 基本思路

校正前的图像看起来是由行列整齐的等间距像元点组成的，但实际上，由于某种几何畸变，图像中像元点间所对应的地面距离并不相等（图 7.16（a））。校正后的图像亦是由等间距的网格点组成的，且以地面为标准，符合某种投影的均匀分布（图 7.16（b）），图像中格网的交点可以看成像元的中心。校正的最终目的是确定校正后图像的行列数值，然后找到新图像中每一像元的亮度值。

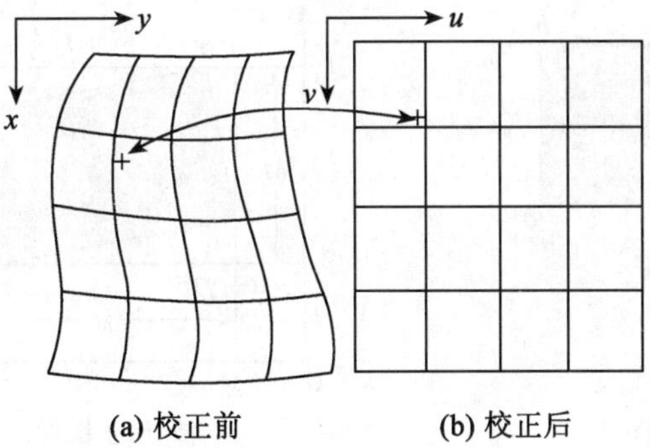

图 7.16　几何校正

(2) 图像几何校正的一般步骤

图像几何校正的目的就是改变原始图像的几何变形，生成一幅符合某种地图投影或者图形表达要求的新图像。不论是航空还是航天图像，几何校正的一般步骤如图 7. 17 所示。

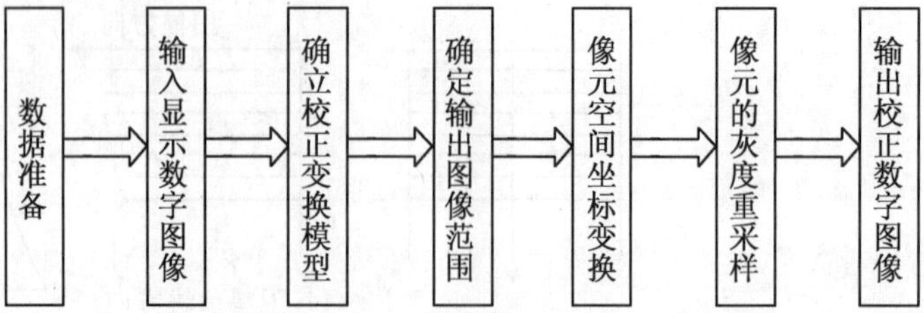

图 7. 17 遥感数字图像校正一般步骤

1） 数据准备

包括资源卫星图像数据、航空图像数据、大地测量成果、航天器轨道参数和传感器姿态参数的收集和分析，所需控制点的选择和量测等。

2） 确立校正变换模型

校正变换模型是用来建立输入与输出图像间的坐标变换关系。校正方法依据采用的数学模型的不同而不同，一般有多项式法、共线方程法、随机场内的插值法等。由于多项式法原理比较直观，使用上较为灵活且可以用于各种类型的图像，因而遥感图像几何校正的空间变换一般采用多项式法。校正变换函数中有关的系数，可以利用地面控制点（GCP）解算。这些参数也可以利用卫星轨道参数、传感器姿态参数、航空图像的内外方位元素等获得。

3） 确定输出图像范围

如图 7. 18 所示，求出原始图像四个角点（a，b，c，d）在改正后图像中的对应点（a'，b'，c'，d'）的坐标（$X_{a'}$，$Y_{a'}$）、（$X_{b'}$，$Y_{b'}$）、（$X_{c'}$，$Y_{c'}$）、（$X_{d'}$，$Y_{d'}$），求出 Min（$X_{a'}$，$X_{b'}$，$X_{c'}$，$X_{d'}$）、Max（$X_{a'}$，$X_{b'}$，$X_{c'}$，$X_{d'}$）、Min（$Y_{a'}$，$Y_{b'}$，$Y_{c'}$，$Y_{d'}$）、Max（$Y_{a'}$，$Y_{b'}$，$Y_{c'}$，$Y_{d'}$）。

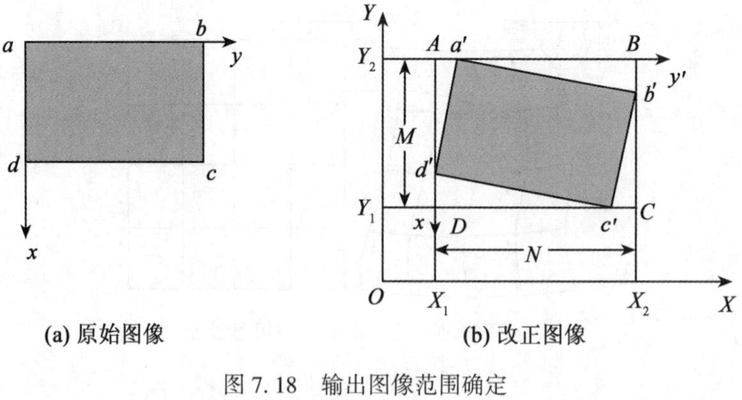

图 7. 18 输出图像范围确定

根据精度要求，在新图像的范围内，划分网格，每个网格点就是一个像元。新图像的行数 $M=(Y_{max}-Y_{min})/\Delta Y+1$，列数 $N=(X_{max}-X_{min})/\Delta X+1$，式中，$\Delta X$、$\Delta Y$ 是设定的网

格长、宽的地面尺寸。

输出图像范围定义恰当，校正后的图像就全部包括在定义的范围内，且能够使空白图像面积尽可能少。否则，会造成校正后的图像未被该范围全部包括，或输出图像空白过多。

4）像元空间坐标变换

像元空间坐标变换是按选定的校正函数，把原始的数字图像逐个像元地变换到输出图像相应的坐标上去，变换方法分为直接校正和间接校正（正解法和反解法）。两种方法的像元灰度赋值略有差别（图 7.19），直接改正法中，改正后像元获取办法称为灰度重匹配，它按行列的顺序依次求出原始图像的每个像元点（x，y）在标准图像空间中的正确位置（u，v），并把原始畸变图像的像元亮度值移到这个正确的位置上。而间接法称为灰度重采样，它按行列的顺序依次对标准图像空间中的每个待输出像元点（u，v）反求其在原始畸变图像空间中的共轭位置（x，y），同时利用内插方法确定这一共轭位置的亮度值，并把此位置的像元亮度值填入校正图像的空间位置（u，v）。这一方法能够保证图像空间中的像元呈均匀分布，因而是最常用的几何精校正的方法。

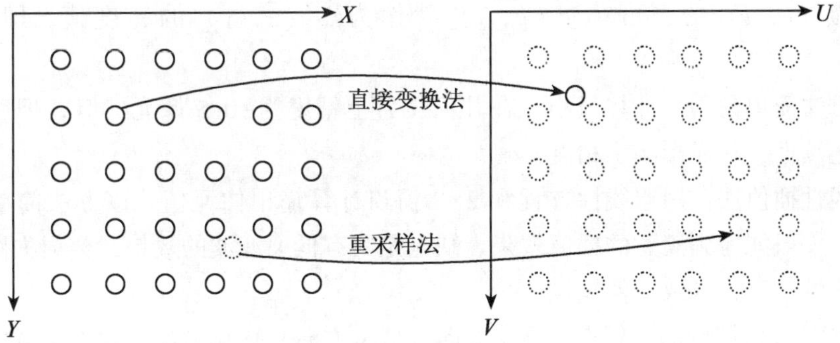

图 7.19　几何校正中的空间转换示意图

5）像元的灰度重采样

重采样（Resample）过程就是依据未校正图像像元值生成一幅校正图像的过程，即对所有校正图像的像元灰度重新赋值。常用的重采样方法有最邻近插值法、双线性内插方法和三次卷积内插方法，其中，最邻近插值法最简单、计算速度快；三次卷积内插法采样中的误差约为双线性内插法的 1/3，产生的图像比较平滑，但计算工作量大，费时。

①最邻近插值法：将最近像元值直接赋给输出像元。最邻近重采样算法简单，最大的优点是保持像元值不变。但是，改正后的图像可能具有不连续性，会影响制图效果。当相邻像元的灰度值差异较大时，可能会产生较大的误差。

如图 7.20 所示，图像中两相邻点的距离为 1，即行间距 $\Delta x=1$，列间距 $\Delta y=1$，取与所计算点（x，y）周围相邻的 4 个点，比较它们与被计算点的距离，哪个点距离最近，就取哪个的亮度值作为点（x，y）的亮度值 f（x，y）。

设该最邻近点的坐标为（k，l），则

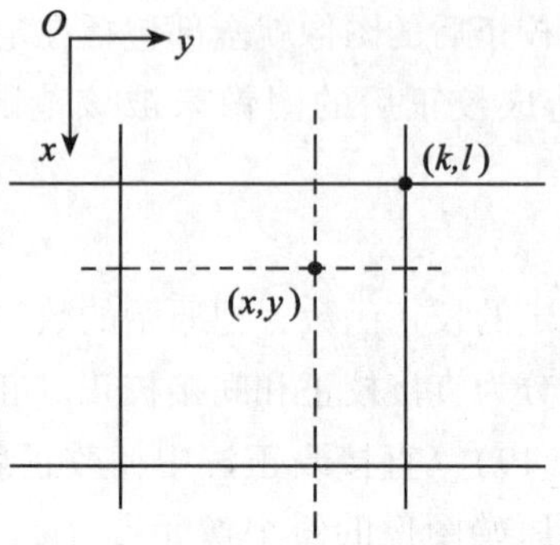

图 7.20　最邻近法

$$\begin{cases} k = \text{Integer}\ (x+0.5) \\ l = \text{Integer}\ (y+0.5) \end{cases}$$

式中：Integer 表示取整（而不四舍五入）。这里（k, l）处可能没有原图像的像元，因为原图像与校正后图像并非线性关系，此式仅适用于有线性关系的情况。

于是点（k, l）的亮度值 f（k, l）就作为点（x, y）的亮度值，即 f（x, y）$=f$（k, l）。

这种方法简单易用、计算量小，在几何位置上精度为±0.5 像元，但处理后图像的亮度具有不连续性，从而影响了精度。

②双线性插值法：用双线性方程和 2×2 窗口计算输出像元值。该方法简单且具有一定的精度，一般能得到满意的插值效果。缺点是具有低通滤波的效果，会损失图像中的一些边缘或线性信息，导致图像模糊。

取点（x, y）周围的 4 邻点，在 y 方向（或 x 方向）内插二次，再在 x 方向（或 y 方向）内插一次，得到点（x, y）的亮度值 f（x, y），该方法称为双线性内插法（图 7.21）。

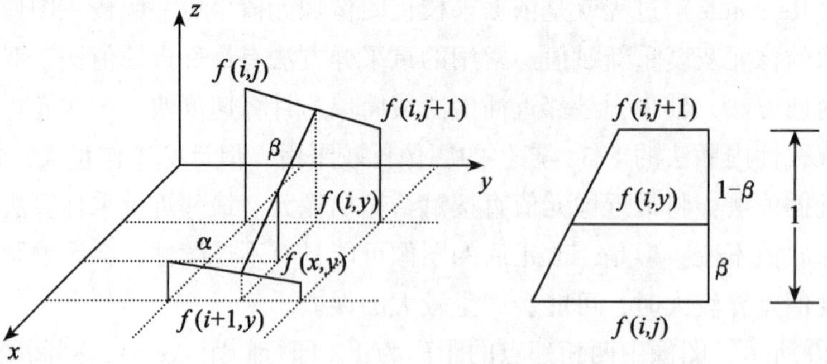

图 7.21　双线性内插法

设 4 个邻点分别为（i，j）、（i，$j+1$）、（$i+1$，j）、（$i+1$，$j+1$），i 代表左上角为原点的行数，j 代表列数。设 $\alpha=x-i$，$\beta=y-j$，过点（x，y）作直线与 x 轴平行，与 4 邻点组成的边相交于点（i，y）和点（$i+1$，y）。先在 y 方向内插，计算交点的亮度 f（i，y）和 f（$i+1$，y）。如图 7.21 右图所示，f（i，y）即由 f（i，$j+1$）与（i，j）内插计算而来。

由梯形计算公式：

$$\frac{f(i,\ j)-f(i,\ y)}{\beta}=\frac{f(i,\ y)-f(i,\ j+1)}{1-\beta}$$

故

$$f(i,\ y)=\beta f(i,\ j+1)+(1-\beta)f(i,\ j) \tag{7.1}$$

同理

$$f(i+1,\ y)=\beta f(i+1,\ j+1)+(1-\beta)f(i+1,\ j) \tag{7.2}$$

然后，计算 x 方向，以 f（i，y）和 f（$i+1$，y）为边组成梯形来内插 f（x，y）值，结果为

$$f(x,\ y)=\alpha f(i+1,\ y)+(1-\alpha)f(i,\ y) \tag{7.3}$$

综合式（7.1）、式（7.2）和式（7.3）得

$$f(x,\ y)=\alpha[\beta f(i+1,\ j+1)+(1-\beta)f(i+1,\ j)]+(1-\alpha)[\beta f(i,\ j+1)+(1-\beta)f(i,\ j)]$$

其中，i，j 的值由 x，y 取整：

$$\begin{cases} i=\text{Integer}(x) \\ j=\text{Integer}(y) \end{cases}$$

实际计算时，先对全幅图像沿行依次计算每一个点，再沿列逐行计算，直到全部点计算完毕。

双线性内插法比最邻近法虽然计算量增加，但精度明显提高，特别是对亮度不连续现象或线状特征的块状化现象有明显的改善。但这种内插法会对图像起到平滑作用，从而使对比度明显的分界线变得模糊。鉴于该方法的计算量和精度适中，只要不影响应用所需的精度，作为可取的方法而常被采用。

③三次卷积插值法：用三次方程和 4×4 窗口计算输出像元值。这是进一步提高内插精度的一种方法，该方法产生的图像比较平滑，它的缺点是计算量大。其基本思想是增加邻点来获得最佳插值函数。取与计算点（x，y）周围相邻的 16 个点，与双向线性内插类似，可先在某一方向上内插，如先在 x 方向上，每 4 个值依次内插 4 次，求出 f（x，$j-1$）、f（x，j）、f（x，$j+1$）、f（x，$j+2$），再根据这 4 个计算结果在 y 方向上内插，得到 f（x，y）。每一组 4 个样点组成一个连续内插函数。可以证明（从略），这种三次多项式内插过程实际上是一种卷积运算，故称为三次卷积内插。

需注意的是，欲以三次卷积内插法获得好的图像效果，就要求位置校正过程更准确，即对控制点选取的均匀性要求更高。如果前面的工作没做好，三次卷积内插法也得不到好的结果。

6）输出改正图像

经过逐个像元的几何位置变换和灰度重采样得到的输出图像数据以需要的格式写入改正后的图像文件。

(3) 控制点的选取

几何校正的第一步便是位置计算，首先是对所选取的二元多项式求系数。这时必须已知一组控制点坐标。

1) 数目确定

控制点数据的最低限是按未知系数的多少来确定的。一次多项式

$$\begin{cases} x = a_{00} + a_{10}u + a_{01}v \\ y = b_{00} + b_{10}u + b_{01}v \end{cases}$$

有6个系数，就需要有6个方程来求解，需3个控制点的3对坐标值，即6个坐标数（实际上，对原图像的几何校正不是简单的线性变换，而是非线性变换，因而还需要增加一个非线性项，用4个控制点、8个坐标数）。二次多项式有12个系数，需要12个方程（6个控制点）。依此类推，三次多项式至少需要10个控制点，n次多项式，控制点的最少数目为$\frac{(n+1)(n+2)}{2}$。

实际工作表明，选取控制点的最少数目来校正图像，效果往往不好。在图像边缘处，在地面特征变化大的地区，如河流拐弯处等，由于没有控制点，而靠计算推出对应点，会使图像变形。因此，在条件允许的情况下，控制点的选取都要大于最低数很多（有时为6倍）。

2) 选取原则

控制点又称为同名点，即在图像上与实地或其他图件相对应的点，控制点的选取要以配准对象为依据。以地面坐标为匹配标准的，叫做地面控制点（记作GCP）。有时也用地图做地面控制点标准，或用遥感图像（如用航空像片）作为控制点标准。无论用哪一种坐标系，关键在于建立两种坐标系对应点的匹配关系。

一般来说，控制点应选取图像上易分辨且较精细的特征点。这很容易通过目视方法辨别，如道路交叉点、河流弯曲或分叉处、海岸线弯曲处、湖泊边缘、飞机场、城郭边缘等。特征变化大的地区应多选些。此外，尽可能满幅均匀选取，特征实在不明显的大面积区域（如沙漠），可用求延长线交点的办法来弥补，但应尽可能避免这样做，以避免造成人为的误差。

(4) ERDAS多项式校正

多项式模型（Polynomial）属于一种近似校正方法，在卫星图像校正过程中应用较多。校正时，先根据多项式的阶数，在图像中选取足够数量的控制点，建立图像坐标与地面坐标的关系式，再将整张图像进行转换。在调用多项式模型时，需要确定多项式的次方数（Order），一般多用低阶多项式（三次或二次），以避免高阶方程数值不稳定的状况。此外，各阶多项式所需控制点的数量除满足要求的最少控制点数外，一般还需额外地选取一定数量的控制点，以使用最小二乘平差求出较为合理的多项式系数。最少控制点数计算公式为$\frac{(t+1)\times(t+2)}{2}$，其中，$t$为选取函数的次方数，即1次方最少需要3个控制点，2次方最少需要6个控制点，3次方最少需要10个控制点，依次类推。

此校正方式会受到图像面积及高程变化程度的影响，如果图像范围不大且高程起伏不明显，校正后的精度一般会满足需求，反之，则精度会明显降低。因此，多项式模型一般适用于平地或精度要求相对较低的校正处理。

对于不同的数据源，几何校正的方法也不尽相同。下面将以 Landsat TM 的校正为例，加以说明。数据源采用具有地理参考信息的 SPOT 全色图像作为标准图像，选取一定数量的地面控制点，采用多项式拟合方法对卫星图像进行校正，详细流程如图 7.22 所示。

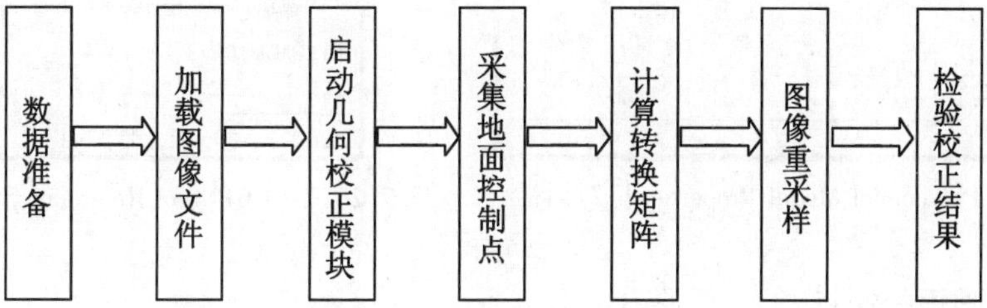

图 7.22　卫星图像校正一般过程

1）启动几何校正模块

选中 Geometric Correction 命令，打开选择几何校正模型（Set Geometric Model）对话框（图 7.23），选择多项式变换模型。同时打开【几何校正工具】对话框（图 7.24）和

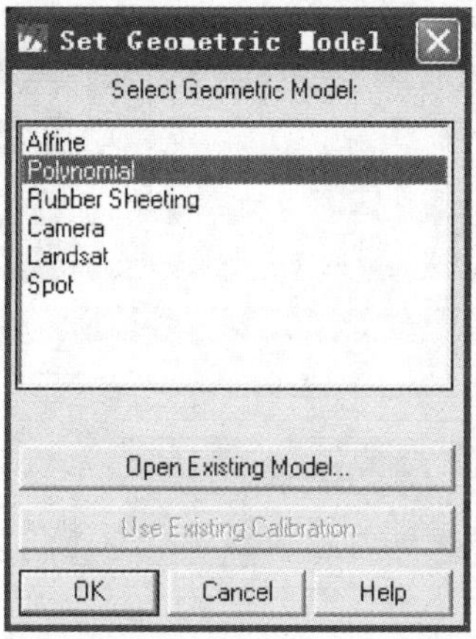

图 7.23　【Set Geometric Model】对话框

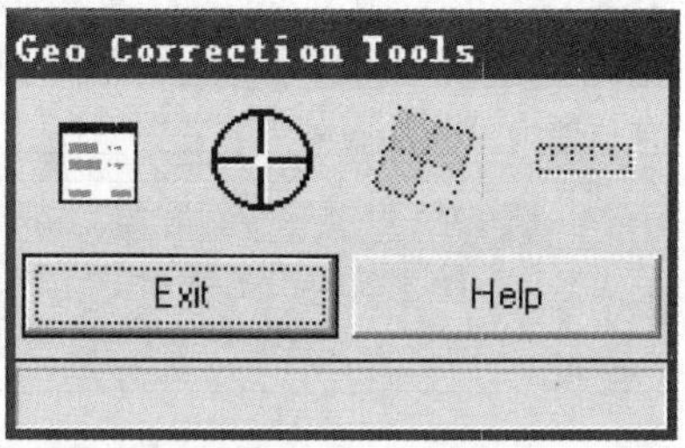

图 7.24　【Geo Correction Tools】对话框

【Polynomial Model Properties】（几何校正模型属性）对话框（图 7.25）。在【Polynomial Model Properties】对话框中定义多项式次方（Polynomial Order）为 2，因为 2 阶多项式既保证模型的精度，也不需要过多的运算时间。确定后，打开【GCP Tool Reference Setup】对话框（图 7.26）。

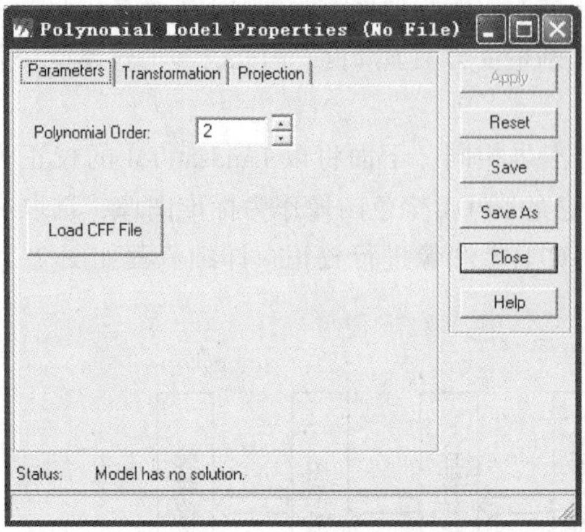

图 7.25 【Polynomial Model Properties】对话框

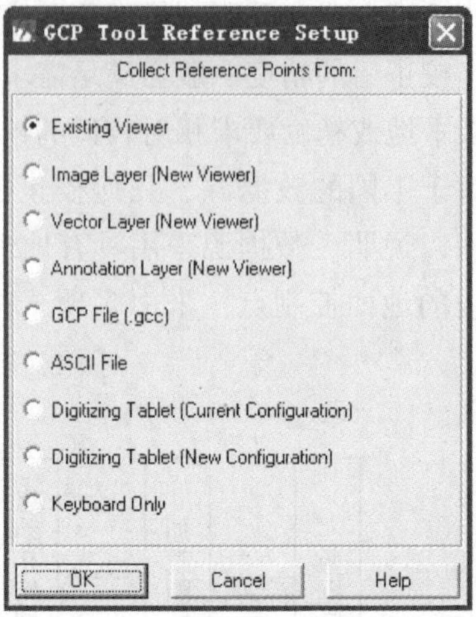

图 7.26 【GCP Tool Reference Setup】对话框

2）采集地面控制点

几何校正过程中，控制点采集是一个非常精细的过程，需要格外细致，精确找取地物的特征点线，才能够较好地选取用于匹配校正图像和标准图像的控制点（图 7.27）。

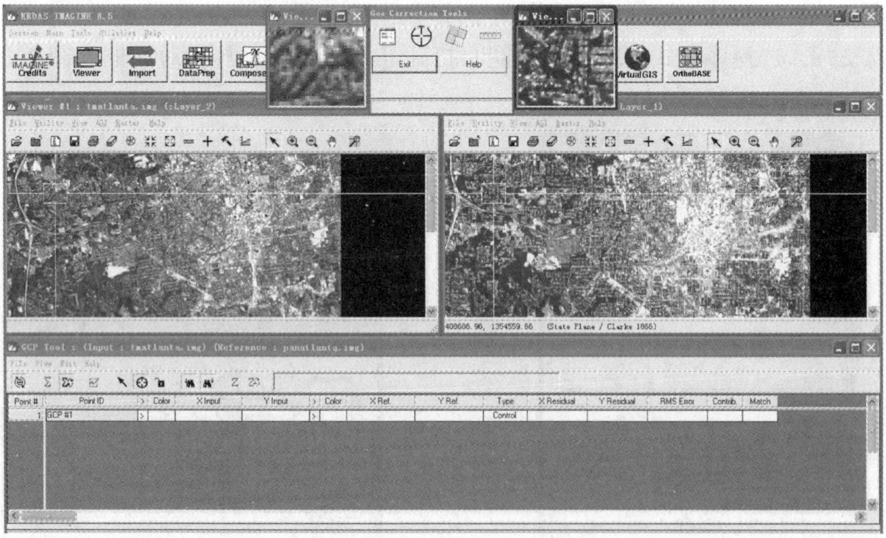

图 7.27 【Reference Map Information】组合对话框

3）采集地面检查点

控制点是用于控制计算、建立转换模型及多项式方程的，通过校正计算得到全局校正以后的影像图，但它的质量无法获知，因此需要用地面检查点与之对比、检验。地面检查点可用于衡量效果，检验所建立的转换方程的精度和实用性。对于 RMS 误差精度要求，并没有严格的规定。通常情况下认为，在平地和丘陵地区，平面 RMS 误差不超过 1 个像素；在山区，RMS 不超过 2 个像素。

只有所有检查点的误差均小于1个像元时，才能够继续进行合理的重采样。一般来说，如果控制点（GCP）定位选择比较准确的话，检查点会匹配得比较好，误差会在限制范围内；否则，若控制点定义不精确，检查点就无法匹配，误差会超标。

4）计算转换矩阵

在控制点采集过程中，默认设置为自动转换计算模式（Compute Transformation），随着控制点采集过程的完成，转换模型就自动计算完成。ERDAS提供查阅转换模型参数，并记录转换模型。

5）图像重采样

在Geo Correction Tools窗口（图7.24）中选择Image Resample按钮，打开图像重采样【Resample】对话框（图7.28），选择重采样方法。

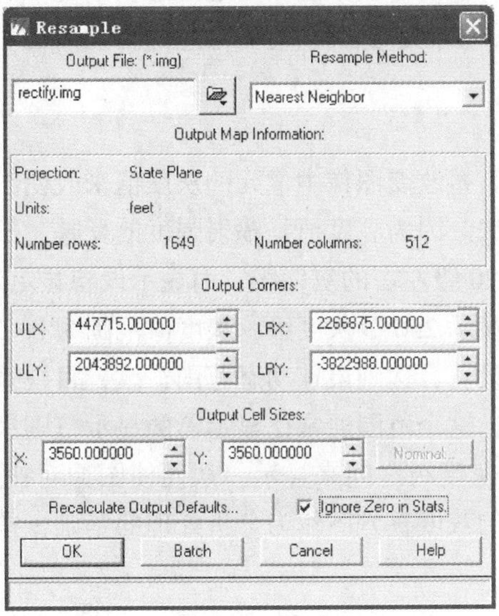

图7.28　【Resample】对话框

6）检验校正结果

检验校正结果（Verify Rectification Result）的基本方法是：同时在两个窗口中打开两幅图像，其中，一幅是校正以后的图像，另一幅是较正时的参考图像通过窗口地理连接（Geo Link/Unlink）功能即查询光标（Inquire Cursor）功能进行目视定性检查。

7.3　遥感数字图像增强

遥感图像在获取的过程中，由于受到大气的散射、反射、折射或者天气等的影响，获得的图像难免会带有噪声或目视效果不好，如对比度不够、图像模糊；有时总体效果较好，但是所需要的信息不够突出，如线状地物或面状地物的边缘部分；或者，有些图像的波段较多、数据量较大，如TM图像，但各波段的信息量存在一定的相关性，为进一步处理造成困难。针对上述问题，需要对图像进行增强处理。通过图像增强技术，改善图像质量，提高图像目视效果，突出所需要的信息、压缩图像的数据量，为进一步的图像处理做好准备。

图像增强的主要目的有：改变图像的灰度等级和灰度范围，提高图像的对比度；抑制噪声，平滑图像；突出地物边缘和线状地物，锐化图像；合成彩色图像；压缩图像数据量，突出主要信息等。

图像增强的方法主要可以分为辐射增强、空间域图像增强、频率域图像增强、彩色增强、多图像代数运算等。空间域图像增强是通过改变单个像元及相邻像元的灰度值来增强图像，主要包括点运算的空间增强和邻域运算的空间增强；频率域图像增强是对图像进行傅里叶变换，然后对变换后的频率域图像的频谱进行修改，达到增强的目的；彩色增强主要是通过将灰度图像变为彩色图像，或对多光谱图像进行彩色合成，或进行彩色变换，以达到突出所需信息的目的；多图像代数运算是通过经空间配准的两幅或多幅单波段遥感图像进行一系列的代数运算，从而达到突出所需信息的目的。

7.3.1 辐射增强

辐射增强是一种通过直接改变图像中像元的灰度值来改变图像的对比度，从而改善图像视觉效果的图像处理方法。因为亮度值是辐射强度的反映，所以也称为辐射增强。人的眼睛鉴别图像时能够分辨20级左右的灰度级，而显示设备显示灰度的动态范围要大得多。例如，计算机显示器能够显示256个灰度级，灰度值范围为0~255。因此，辐射增强能够使一幅图像充分利用成像设备，达到最佳动态范围，改善目视效果。一般来说，原始遥感数据的灰度值范围比较窄，这个范围通常比显示器的显示范围小得多。增强处理可以将其灰度范围拉伸到0~255的灰度级之间来显示，从而使图像对比度提高，视觉效果得以改善。辐射增强主要以图像的灰度直方图作为分析处理的基础，常用的方法有对比度线性变换和非线性变换。

1. 图像的灰度直方图

图像灰度直方图反映了一幅图像中灰度级与其出现概率之间的关系。对于数字图像，由于图像空间坐标和灰度值都已离散化，可以统计出灰度等级的分布状况。一幅数字图像的灰度编码为0，1，2，…，2^n-1（n 为图像量化时的比特数），每一个灰度级的像元个数 m_i 可以从图像中统计出来，整幅图像的像元数为 M，则任意灰度级出现的频率为

$$P_i = \frac{m_i}{M},\quad M = \sum_{i=0}^{2^n-1} m_i \tag{7.4}$$

由 2^n 个灰阶的 P 值即可绘制出数字图像的灰度直方图，如图7.29所示。图像直方图随图像不同而不同，不同图像有不同的直方图。

灰度直方图可以看成是一个随机分布密度函数，其分布状态用灰度均值和标准差两个参数来衡量。灰度均值为

$$\overline{X} = \frac{1}{R \times L}\sum_{i=0}^{R-1}\sum_{j=0}^{L-1} X_{ij} \tag{7.5}$$

式中，$\overline{X}$ 为整幅图像灰度平均值；X_{ij} 为（i，j）处像元的灰度值；R 为图像行数；L 为图

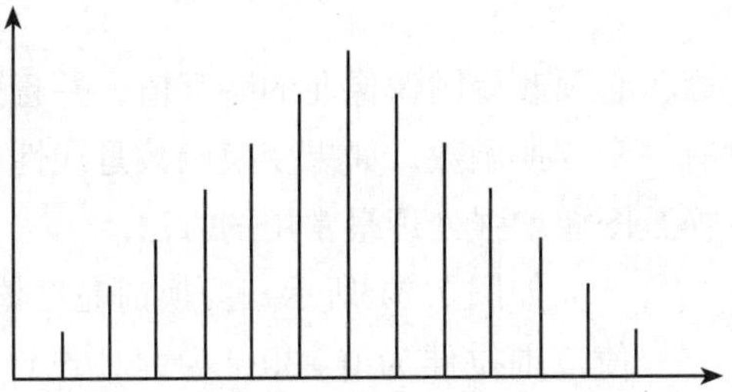

图 7.29　数字图像直方图

像列数；$M=R\times L$ 为图像像元总数。

标准差为

$$\delta = \left[\frac{1}{M-1} \sum_{i=0}^{M-1} (X_i - \overline{X})^2 \right]^{\frac{1}{2}} \tag{7.6}$$

直方图分布状态不同，图像特征不同，如图 7.30 所示。

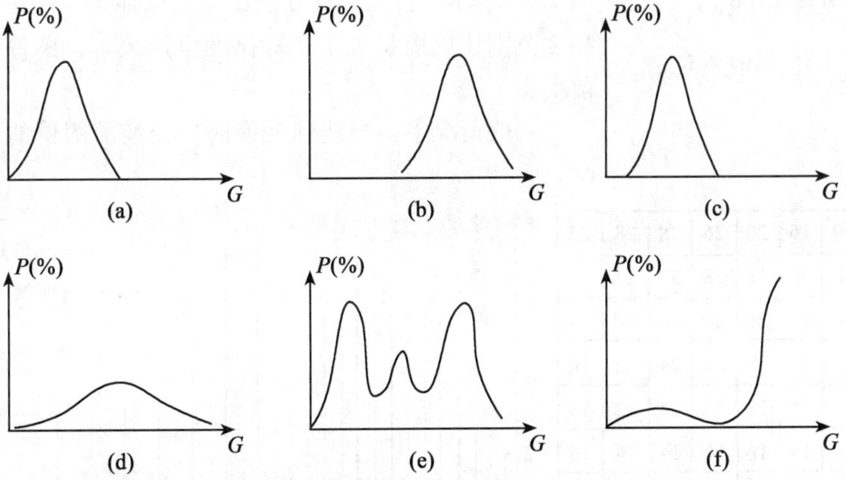

图 7.30　各种直方图

图 7.30（a）为直方图靠近低灰度区，该图像属于低反射率景物图像；

图 7.30（b）为高反射率景物图像；

图 7.30（c）为直方图标准差偏小，为低反差景物图像；

图 7.30（d）为直方图的标准差较大，为高反差景物的图像；

图 7.30（e）为直方图呈现出多峰，图中有多种地物出现的频率较高；

图 7.30（f）为直方图呈现出双峰，并且高亮度地物（如云、白背景等）出现频率高。

2. 对比度变换

(1) 线性变换

为了改善图像的对比度，必须改变图像像元的亮度值，并且这种改变需符合一定的数学规律，即在运算过程中有一个变换函数。如果变换函数是线性的或分段线性的，这种变换就是线性变换。线性变换是图像增强处理最常用的方法。

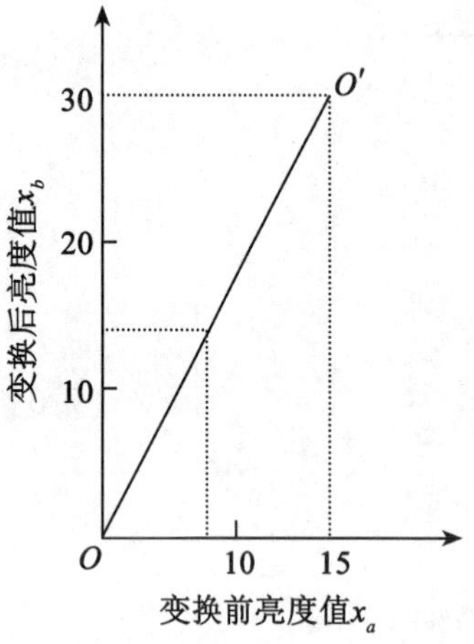

图 7.31 变换函数

如图 7.31 所示，变换前亮度值为 0~15，现在欲将亮度值范围拉伸为 0~30。为此，设计一个线性变换函数（图 7.31），横坐标 x_a 为变换前的亮度值，纵坐标 x_b 为变换后的亮度值。当亮度值 x_a 从 0~15 变换成 x_b 从 0~30，变换函数在图中是一条直线 OO'，方程式为

$$\frac{x_b}{30}=\frac{x_a}{15} \quad x_a \in [0,\ 15],\ x_b \in [0,\ 30]$$

即

$$x_b = 2x_a$$

变换时，将每个像元的亮度值逐个代入公式，求出 x_b 值并替换 x_a，便得到变换后的新图像。其数值和直方图如图 7.32 所示。可见，直方图比原来拉伸了，图像可显示的亮度范围比以前扩大了，对比度也加大了，图像质量比以前提高了。

一般情况下，当线性变换时，变换前图像的亮度范围

0	10	16	20	26	28	28	26
10	0	8	18	28	30	24	22
12	4	20	20	26	30	30	24
12	16	18	18	20	24	22	16
10	16	16	18	18	18	22	18
10	14	14	16	16	14	14	16
6	8	14	12	12	6	8	10
2	2	8	12	14	6	4	4

(a) 变换后图像

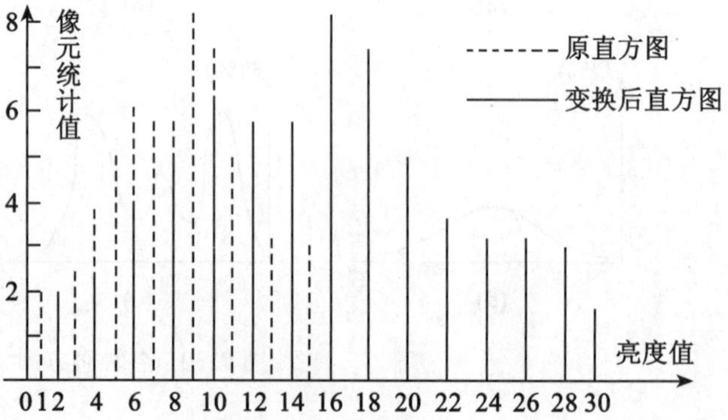

(b) 变换前后直方图对比

图 7.32 线性变换结果

x_a 为 a_1~a_2，变换后图像的亮度范围 x_b 为 b_1~b_2，变换关系是直线，参照图 7.33，则变换方程为

$$\frac{x_b-b_1}{b_2-b_1}=\frac{x_a-a_1}{a_2-a_1} \qquad x_a \in [a_1,\ a_2],\ x_b \in [b_1,\ b_2]$$

则
$$x_b=\frac{b_2-b_1}{a_2-a_1}(x_a-a_1)+b_1 \tag{7.7}$$

通过式（7.7），可将图像中需要变换的任一 x_a 变换成 x_b，从而达到改善图像动态范围，提高图像质量的目的。

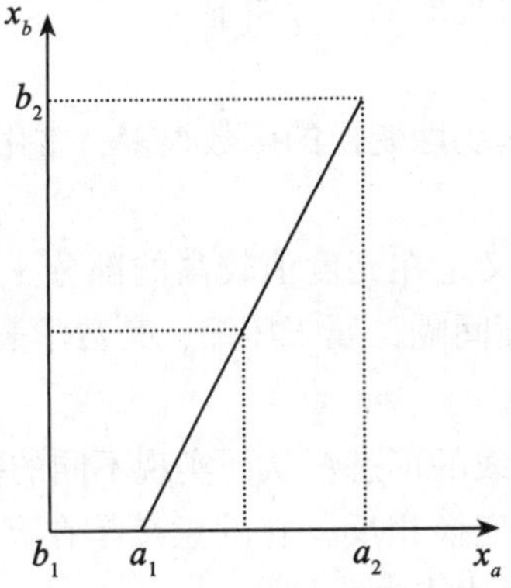

图 7.33　线性变换

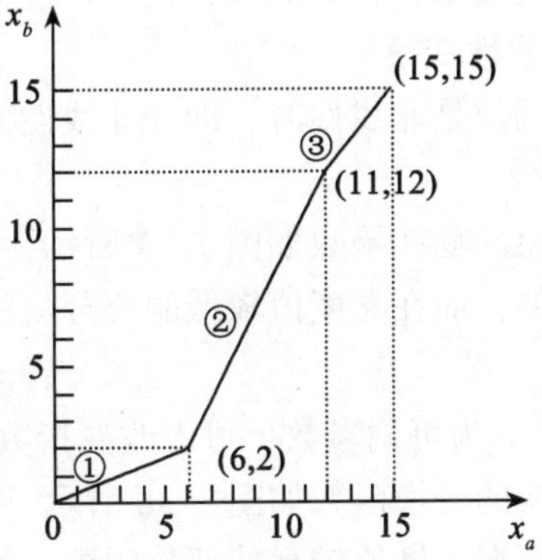

图 7.34　分段线性变换

调整 a_1、a_2、b_1、b_2 四个参数，即改变变换直线的形态，可以产生不同的变换效果。若 $a_2-a_1<b_2-b_1$，则亮度范围扩大，图像亮度被拉伸；若 $a_2-a_1>b_2-b_1$，则亮度范围缩小，图像亮度被压缩。对于 a_2 与 a_1 是取在图像亮度值的全部或部分、偏亮或偏暗处，均可根据对图像显示效果的需要而人为地设定。

有时为了更好地调节图像的对比度，需要在一些亮度段拉伸，而在另一些亮度段压缩，这种变换称为分段线性变换。分段线性变换时，由于变换函数不同，在变换坐标系中成为折线，折线间断点的位置根据需要决定，以图 7.1 所示数字图像为例，采用分段线性变换，从起点算起，间断点取（0，0）、（6，2）、（11，12）、（15，15）共 3 个线段（图 7.34），从图中可以看出，第一、三段为压缩，第二段为拉伸，由式（7.7）对每一段分别列方程为：

$$\left.\begin{array}{ll} \text{第一段：} x_b=\frac{1}{3}x_a & x_a\in[0,\ 6],\ x_b\in[0,\ 2] \\ \text{第二段：} x_b=2x_a-10 & x_a\in[6,\ 11],\ x_b\in[2,\ 12] \\ \text{第三段：} x_b=\frac{3}{4}x_a+\frac{15}{4} & x_a\in[11,\ 15],\ x_b\in[12,\ 15] \end{array}\right\} \tag{7.8}$$

由式（7.8）可以计算出变化后的亮度值，见表 7.1。

表 7.1　**分段线性变换前后亮度值的对比**

变换前亮度值 x_a	0	1	2	3	4	5	6	7	8	9	10	11	12	13	14	15
变换后亮度值 x_b	0	0	1	1	1	2	2	4	6	8	10	12	13	14	14	15

这里，如果公式计算后出现小数，则四舍五入取整。有些图像处理软件显示图像时，有自动处理能力，也可以保留浮点数。从表 7.1 中可以看出，在第一、三段亮度值数变小，如 4、3、2 都变成 1；在第二段亮度间隔变大，由间隔 1 变成 2；可见，该变换突出了原图亮度 6~11 这部分的信息。该实例的亮度值只取 16 级，是为了说明原理，而实际应用中的图像多数亮度值为 0~255，变换时，可用鼠标任意变换间断点位置，屏幕上则及时显示出变换效果，直到满意为止。这种变换，目视效果十分明显。

（2）非线性变换

当变换函数是非线性时，即为非线性变换。非线性变换的函数很多，常用的有指数变换和对数变换。

指数变换的变换函数如图 7.35 所示，它的意义是在亮度值较高的部分 x_a 扩大亮度间隔，属于拉伸，而在亮度值较低的部分 x_b 缩小亮度间隔，属于压缩，其数学表达式为

$$x_b = be^a x_a + c \tag{7.9}$$

式中，a、b、c 为可调参数，可以改变指数函数曲线的形态，从而实现不同的拉伸比例。

对数变换的变换函数如图 7.36 所示，与指数变换相反，它的意义是在亮度值较低的部分拉伸，而在亮度值较高的部分压缩，其数学表达式为

$$x_b = b\lg(ax_a + 1) + c \tag{7.10}$$

式中，a、b、c 为可调参数，由使用者决定其值。

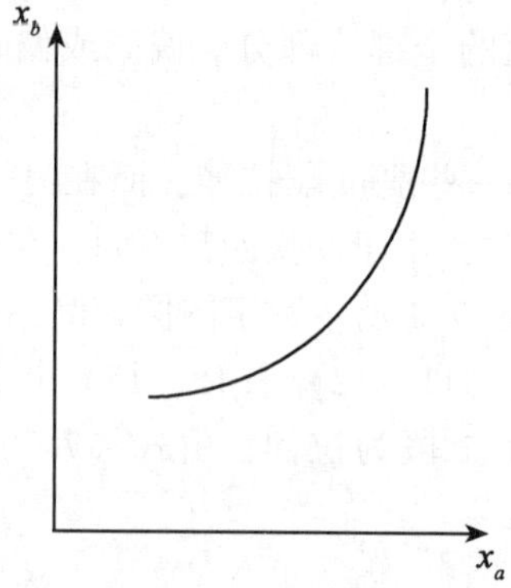

图 7.35　指数变换

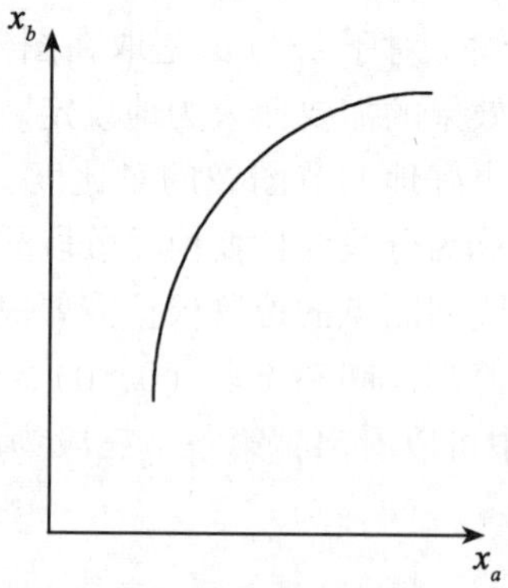

图 7.36　对数变换

7.3.2　空间域增强

辐射增强主要是通过单个像元灰度的运算在整体上改善图像的质量，而空间域增强则是有目的地突出图像上的某些特征，如突出边缘或线状地物；也可以去除某些特征，如抑制在图像获取或传输过程中产生的各种噪声。空间域增强的目的性很强，处理后的图像从整体上可能与原图像差异很大，但却突出了需要的信息或者抑制了不需要的信息，从而达到增强的目的。空间增强的方法强调了像元与其周围相邻像元的关系，采用空间域中邻域处理的方法，在被处理像元周围的像元的参与下进行运算处理，这种方法也叫做“空间滤波”。

1. 卷积

卷积增强（Convolution）是通过卷积运算来改变图像的空间频率特征。卷积运算是在空间域上对图像进行邻域检测的运算。选定一个卷积函数，又称为“模板”，实际上是一个 $M\times N$ 的小图像，这里的 M、N 都是奇数，如 3×3、5×7、7×7 等。图像的卷积运算是运用模板来实现的。

模板运算方法如图 7.37 所示，选定运算模板 $f(m,\ n)$，其大小为 $M\times N$。从图像的左上角开始，在图像上开一个与模板同样大小的活动窗口 $\phi(m,\ n)$，使图像窗口与模板像元的灰度值对应相乘再相加。计算结果 $g(i,\ j)$ 作为窗口中心像元的新的灰度值。模板运算的公式为

$$g(i,\ j)=\sum_{m=1}^{M}\sum_{n=1}^{N}f(m,\ n)\,\phi(m,\ n) \tag{7.11}$$

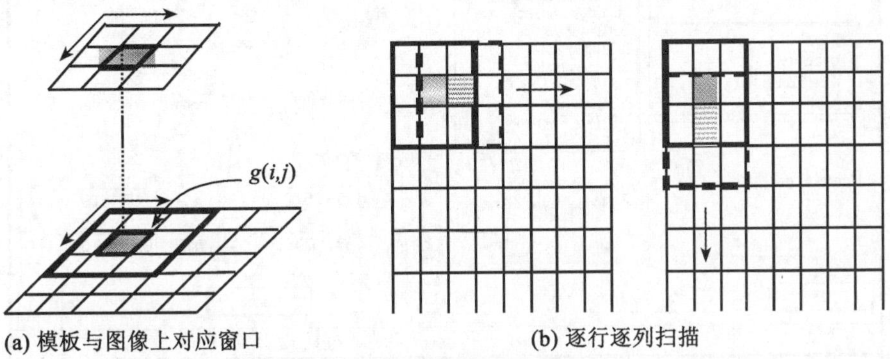

图 7.37　模板运算

然后沿同一行将模板向右移动一列，图像上的窗口也对应移动，按式（7.11）计算，并把结果作为新窗口中心像元的新的灰度值。依此类推，逐行逐列将全幅图像扫描一遍，产生新的图像。

在实际应用中，经常使图像窗口与模板像元的灰度值对应相乘再相加，相加的总和再除以模板内所有值的和作为中心像元新的灰度值。模板运算的公式为

$$g(i,\ j)=\frac{\sum_{m=1}^{M}\sum_{n=1}^{N}f(m,\ n)\,\phi(m,\ n)}{\sum_{m=1}^{M}\sum_{n=1}^{N}f(m,\ n)} \tag{7.12}$$

若模板内的和为 0，则除以 1。

从图 7.37（a）可以看出，模板的大小为 3×3，从图像的左上角开始运算时，中心像元位于第二行第二列，则第一行第一列的像元无法进行模板计算；模板移动到右侧及下侧时也会出现同样的情况。因此，新图像比原图像左右各少一列，上下各少一行；若模板为 5×5，则各少两行两列，依此类推。为了保持图像大小不变，可在新图像的上、下、左、右各加一行或一列，使所加像元的值与相邻像元相同或全部为 0。由于新的灰度值位于窗口的中心，所以模板的大小 $M\times N$ 一般取奇数，而且常常 $M=N$。

卷积运算主要用于对图像进行平滑和锐化处理。卷积处理的关键是卷积算子的选择，也就是卷积核（Kernal）的选择。ERDAS 提供了多种卷积算子，这些卷积算子放在一个名为 Default. klb 的文件中，分为 3×3、5×5、7×7 三组，每组又包括边缘检测、边缘增强、低通滤波、高通滤波、水平检测、垂直检测和交叉检测等多种不同的处理方式。其中，低通滤波起平滑的作用，其他都起锐化作用，可以突出边界和线状地物。当然也可以根据需要自己定义算子（图 7. 38）。

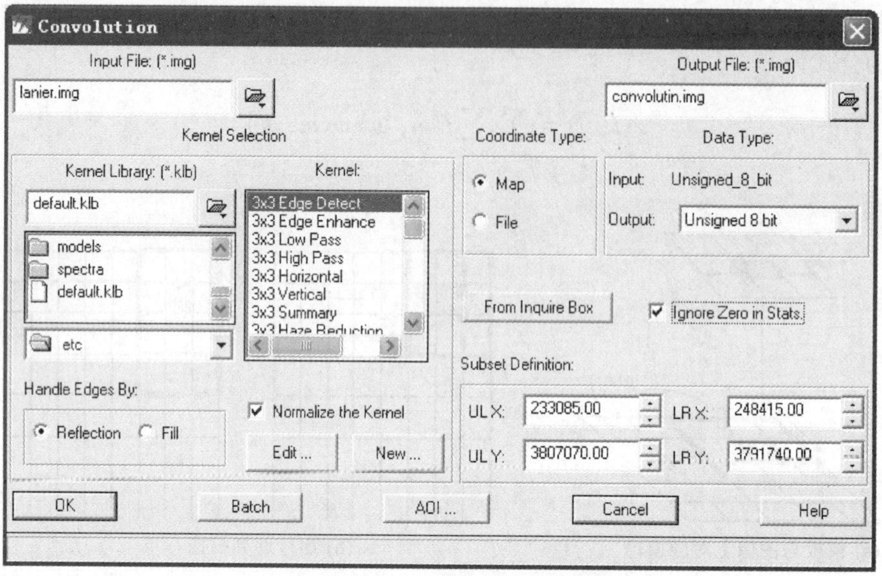

图 7. 38 【Convolution】对话框

2. 平滑

图像中出现某些亮度变化过大的区域，或出现不该有的亮点（“噪声”）时，采用平滑的方法可以减小变化，使亮度平缓或去掉不必要的“噪声”。具体方法有：

（1）均值平滑

将每个像元在以其为中心的区域内取平均值来代替该像元值，以达到去掉尖锐“噪声”和平滑图像目的。区域范围取 $M \times N$ 时，求均值公式为

$$g(i, j) = \frac{1}{MN}\sum_{m=1}^{M}\sum_{n=1}^{N} f(m, n) \tag{7.13}$$

具体计算时，常用 3×3 的模板做卷积运算，其模板为

$$f(m, n) = \begin{bmatrix} \frac{1}{9} & \frac{1}{9} & \frac{1}{9} \\ \frac{1}{9} & \frac{1}{9} & \frac{1}{9} \\ \frac{1}{9} & \frac{1}{9} & \frac{1}{9} \end{bmatrix} \quad 或 \quad f(m, n) = \begin{bmatrix} \frac{1}{8} & \frac{1}{8} & \frac{1}{8} \\ \frac{1}{8} & 0 & \frac{1}{8} \\ \frac{1}{8} & \frac{1}{8} & \frac{1}{8} \end{bmatrix}$$

（2）中值滤波

将每个像元在以其为中心的邻域内取中间亮度值来代替该像元值，以达到去尖锐“噪声”和平滑图像的目的。具体计算方法与模板卷积方法类似，仍采用活动窗口的扫描方法。取值时，将窗口内所有像元按亮度值的大小排列，取中间值作为中间像元的值。所以 $M \times N$ 取奇数为好。

一般来说，图像亮度为阶梯状变化时，取均值平滑比取中值滤波要明显得多，而对于排除亮点的“噪声”干扰，从去“噪声”后对原图的保留程度看，取中值要优于取均值。

（3）锐化

为了突出图像的边缘、线状目标或某些亮度变化率大的部分，可采用锐化方法（图 7.39）。有时可通过锐化，直接提取需要的信息。锐化后的图像已不再具有原遥感图像的特征而成为边缘图像。锐化的方法很多，在此只介绍常用的几种。

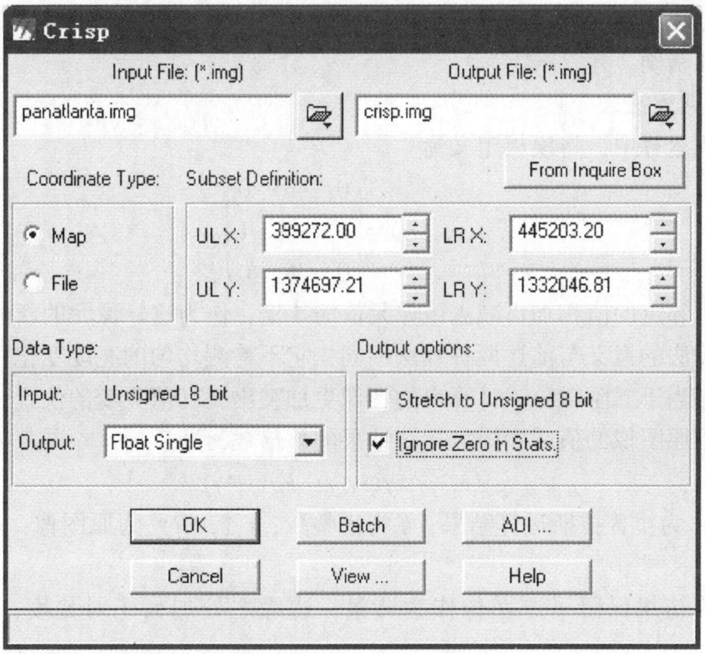

图 7.39　【Crisp】对话框

1）罗伯特梯度

梯度反映了相邻像元的亮度变化率，也就是说，图像中如果存在边缘，如湖泊、河流的边界，山脉和道路等，则边缘处有较大的梯度值。对于亮度值较平滑的部分，亮度梯度值较小。因此，找到梯度较大的位置，也就找到边缘，然后再用不同的梯度计算值代替边缘处像元的值，也就突出了边缘，实现了图像的锐化。

罗伯特梯度方法也可以近似地用模板计算，其公式表示为

$$|\mathrm{grad}f| \cong |f_1| + |f_2| \tag{7.14}$$

模板有两个，表示为

$$f_1 = \begin{pmatrix} 1 & 0 \\ 0 & -1 \end{pmatrix} \qquad f_2 = \begin{pmatrix} 0 & -1 \\ 1 & 0 \end{pmatrix}$$

相当于窗口 2×2 大小，用模板 f_1 作卷积计算后，取绝对值加上模板 f_2 计算后的绝对值。计算出的梯度值放在左上角的像元 ϕ（i，j）的位置，成为 g（i，j）。这种算法的意义在于用交叉的方法检测出像元与其邻域在上下之间或左右之间或斜方向之间的差异，最终产生一个梯度图像，达到提取边缘信息的目的。有时为了突出主要边缘，需要将图像的其他亮度差异部分模糊掉，故采用设定正阈值的方法，只保留较大的梯度值来改善锐化后的效果。

2）索伯尔梯度

索伯尔方法是前述方法的改进，将式（7.14）中的模板改进成为

$$f_1=\begin{pmatrix}1 & 2 & 1\\ 0 & 0 & 0\\ -1 & -2 & -1\end{pmatrix}\qquad f_2=\begin{pmatrix}-1 & 0 & 1\\ -2 & 0 & 2\\ -1 & 0 & 1\end{pmatrix}$$

与罗伯特方法相比，此法较多地考虑了邻域点的关系，使窗口由 2×2 扩大到 3×3，从而检测边界更加精确。

3）拉普拉斯算法

在模板卷积运算中，将模板定义为

$$f(m,\ n)=\begin{pmatrix}0 & 1 & 0\\ 1 & -4 & 1\\ 0 & 1 & 0\end{pmatrix}$$

即上下左右 4 个邻点的值相加再减去该像元值的 4 倍，作为这一像元的新值。

拉普拉斯算法的意义与前述两种算法不同，它不检测均匀的亮度变化，而是检测变化率的变化率，相当于二阶微分。计算出的图像更加突出亮度值突变的位置。

有时，也用原图像的值减去模板运算结果的整倍数，即

$$g'(i,\ j)=f(i,\ j)-kg(i,\ j) \tag{7.15}$$

式中，g（i，j）为拉普拉斯运算结果；k 为正整数；f（i，j）为原图像；g'（i，j）为最后结果。

这样的计算结果保留了原图像作为背景，边缘之处加大了对比度，更突出了边界位置。

4）定向检测

当有目的地检测某一方向的边、线或纹理特征时，可选择特定的模板卷积运算作定向检测。常用的模板如下：

检测垂直边界时：

$$f(m,\ n)=\begin{pmatrix}-1 & 0 & 1\\ -1 & 0 & 1\\ -1 & 0 & 1\end{pmatrix}\text{或}\begin{pmatrix}-1 & 2 & -1\\ -1 & 2 & -1\\ -1 & 2 & -1\end{pmatrix}$$

检测水平边界时：

$$f(m,\ n)=\begin{pmatrix}-1 & -1 & -1\\ 0 & 0 & 0\\ 1 & 1 & 1\end{pmatrix}\text{或}\begin{pmatrix}-1 & -1 & -1\\ 2 & 2 & 2\\ -1 & -1 & -1\end{pmatrix}$$

检测对角线边界时：

$$f(m,\ n)=\begin{pmatrix}0 & 1 & 1\\ -1 & 0 & 1\\ -1 & -1 & 0\end{pmatrix},\ \begin{pmatrix}1 & 1 & 0\\ 1 & 0 & -1\\ 0 & -1 & -1\end{pmatrix},\ \begin{pmatrix}-1 & -1 & 2\\ -1 & 2 & -1\\ 2 & -1 & -1\end{pmatrix},\ \begin{pmatrix}2 & -1 & -1\\ -1 & 2 & -1\\ -1 & -1 & 2\end{pmatrix}$$

此外，也可以选择其他模板运算。

7.3.3 频率域增强

在数字图像处理中，对图像最直观的理解是把图像理解为二维函数 $f\ (x,\ y)$。其中，x、y 作为数字图像中像素的二维空间的坐标，f 的值作为数字图像像素该位置的灰度值。在某些情况下，用空间域处理某些数字图像的问题时，会比较困难，甚至无法处理。在频率域下处理的时候，同样的问题用不同的描述方式是和空间域的表示等价的，但由于描述方式不同，以前空间域上很难处理的问题在频率域上就有可能变得容易。在频率域上处理时，还可以使用数字信息处理的一系列成熟的方法，使得在处理图像时有了更多的工具。

傅里叶变换（Fourier Analysis）是变换域分析的一种，在图像处理中是一种有效而重要的分析手段。它的应用十分广泛，如图像特征提取、空间频率域滤波、“噪声”抑制、图像恢复、纹理分析等。

傅里叶变换首先是将遥感图像从空间域转换到频率域，把 RGB 彩色图像转换成一系列不同频率的二维正弦波傅里叶图像；其次是在频率域内对傅里叶图像进行滤波、掩膜等各种编辑，减少或消除部分高频成分或低频成分；最后再把频率域的傅里叶图像转换到 RGB 彩色空间域，得到经过处理后的彩色图像。

1. 快速傅里叶变换

应用傅里叶变换功能的第一步，即把输入的空间域彩色图像转换成频率域傅里叶图像（ *. fft)，这项工作就由快速傅里叶变换（Fourier Transform）完成（图 7. 40）。

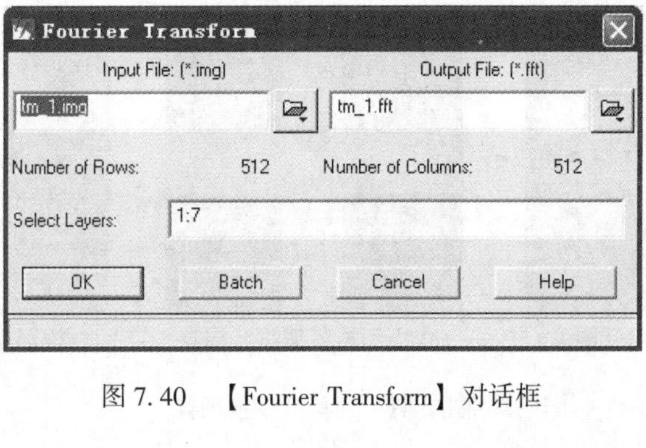

图 7. 40　【Fourier Transform】对话框

为了减少运算步骤和节省时间，一般遥感图像处理系统都采用快速傅里叶变换（FFT)，用两次一维的 FFT 进行快速运算处理，把遥感图像转换为一系列不同频率的二维正弦波（图 7. 41（a））。

图像的傅里叶变换要求图像的行数和列数为 2 的倍数。考虑到计算的复杂性和遥感图像数据量较大，对遥感图像进行傅里叶变换需要计算机具有较大的内存和较快的计算速度。一般地说，进行傅里叶变换所需的内存是图像大小的 8 倍左右。

2. 傅里叶变换编辑器

傅里叶变换编辑器（Fourier Transform Editor）集成了傅里叶图像编辑的全部命令与工具，通过对傅里叶图像的编辑，可以减少或消除遥感图像条带噪声和其他周期性的图像异常。傅里叶图像的编辑是一个交互的过程，没有一个现成的最好的处理规则，需依据数据特征，应用不同的编辑工具进行试验，确定最适合的编辑方法和途径。另外，还可以利用鼠标在傅里叶图像上单击或拖拉，查询其坐标位置（坐标值会在编辑器窗口右下方显示），辅助决定傅里叶图像处理过程中的参数设置。

（1）低通/高通滤波（Filters）

当选择的滤波类型为高通滤波（High Pass）时，表示圆内的所有频率衰减，圆外的所有频率无损失地通过（图 7.41（b））；当选择的类型为低通滤波（Low Pass）时，则相反（图 7.41（c））。

（2）圆形掩膜（Circular Mask）

圆形掩膜可以对傅里叶图像中分散分布的亮点进行处理，利用鼠标查询亮点的分布坐标，对圆形滤波中心坐标进行设置（图 7.41（d））。

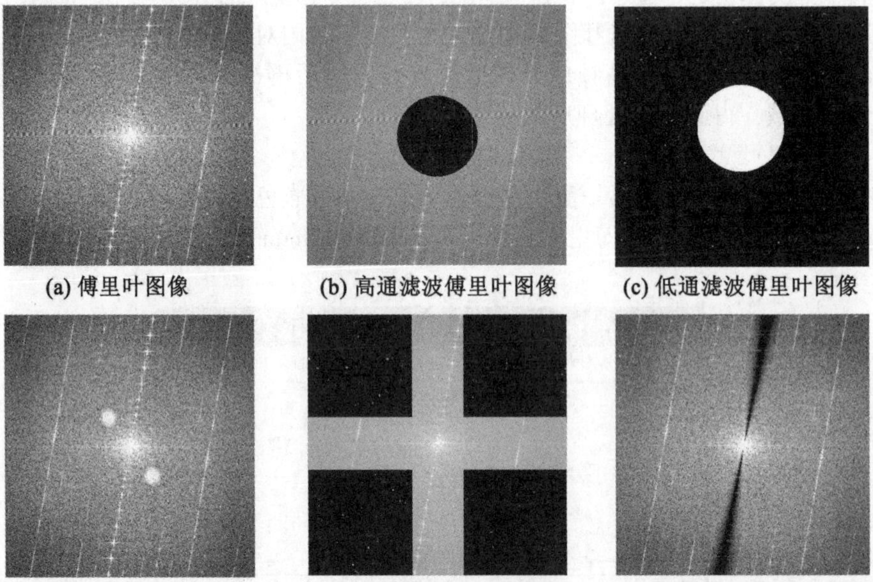
(a) 傅里叶图像　(b) 高通滤波傅里叶图像　(c) 低通滤波傅里叶图像
(d) 圆形掩膜傅里叶图像　(e) 矩形掩膜傅里叶图像　(f) 楔形掩膜傅里叶图像

图 7.41　傅里叶变换图像

Circular Mask 与 Filters 一样，用的都是圆形窗口，但 Filters 的圆心是固定在中心的，不能作为参数随意进行设置，而 Circular Mask 的圆心可以根据用户的需要自行进行设置，且 Circular Mask 是中心对称的两个圆同时对图像进行滤波，即当设置的圆心为（-1，1）时，对图像进行滤波的同时，另一圆心为（1，-1）的圆也在对图像进行滤波。

（3）矩形掩膜（Rectangular Mask）

矩形掩膜用于产生矩形区域傅里叶图像，编辑过程类似于 Circular Mask，应用于非中心区的傅里叶图像的处理，即矩形滤波不能对图像中心进行处理（图 7.41（e））。

（4）楔形掩膜（Wedge Mask）

楔形掩膜经常用于去除图像中的扫描条带（Strip），扫描条带在傅里叶图像中表现为光亮的辐射线（Radial Line）（图 7.41（f））。Wedge Mask 每次只能根据查找亮点的中心，去除与亮点对应的条带；处理后的图像变换回空间域后，所有波段信息都在一个层。Landsat MSS 与 TM 图像中的条带在傅里叶图像中多数表现为非常明显的高亮度的、近似垂直的、穿过图像中心的辐射线。因此，进行 Wedge Mask 的第一步就是确定辐射线的走向。

3. 傅里叶逆变换

经过各种傅里叶变换后的图像仍是傅里叶图像，因此，需要对变换后的图像进行逆变换，即将频率域傅里叶图像（ * . fft）重新变换为空间域的彩色图像。

7.3.4　代数运算

对于多波段遥感图像和经过空间配准的两幅或多幅单波段遥感图像，可以通过代数运算来突出特定的地物信息，从而达到某种增强的目的（图 7.42）。

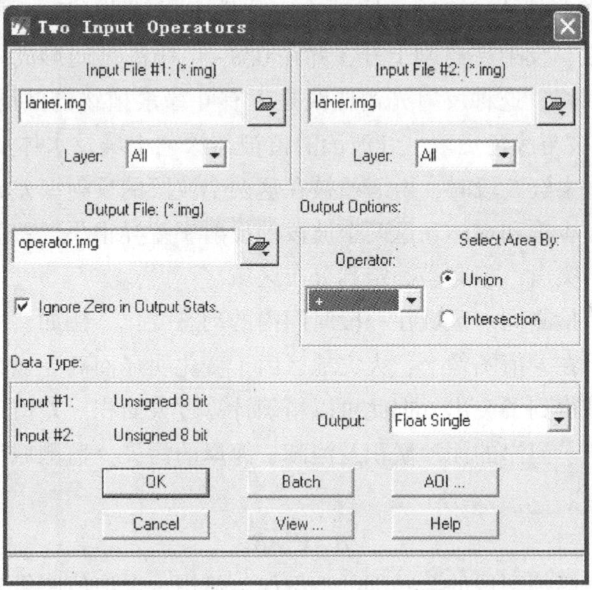

图 7.42　【Input Operators】对话框

代数运算是根据地物本身在不同波段的灰度差异，通过不同波段之间简单的代数运算产生新的“波段”，来达到突出感兴趣的地物信息、压抑不感兴趣的地物信息的图像增强方法。进行代数运算后，数值范围可能超过了显示设备的范围，因此，在显示的时候，往往需要进行灰度拉伸或压缩。

代数运算按照像素进行，因此，相关的图像数据的空间坐标必须完全相同，即图像之间要达到完全空间匹配，参与运算的数据可以是图像波段（至少一个是波段）、常数或文件。如果是图像文件，图像文件中的波段数目和顺序必须相同。

在下面的表达式中，设 B_1 与 B_2 为参与运算的波段，B 为运算后产生的新的“波段”。

1. 算术运算

（1）加法运算

$$B=B_1+B_2 \tag{7.16}$$

加法运算主要用于对同一区域的不同时段图像求平均，这样可以减弱图像的随机噪声，或者获取特定时段的平均统计特征。进行加法运算的图像的成像日期不应相差太大。例如，使用 NOAA 或者 MODIS 图像研究地表植被的季节变化，可以将相邻 5 天的图像数据进行平均处理。

（2）差值运算

$$B=B_1-B_2 \tag{7.17}$$

差值图像提供了不同波段或不同时相图像间的差异信息，在动态监测、运动目标检测与跟踪、图像背景消除、不同图像处理效果的比较及目标识别等工作中应用较多。

差值运算后的图像反映了同一地物在这两个波段上的差异。地物的反射率在不同的波段上特征不同，差值运算后，图像上差异大的地物得到突出，从而容易识别出来。例如，健康植被的反射光谱曲线在 0.65μm 附近有一个明显的吸收谷，反射率很低；在 0.7～0.8μm 处有一个陡坡，反射率急剧上升，并在 0.8～1.3μm 之间形成一个高的、反射率可达 50%或更大的反射峰，这种反射光谱曲线是含有叶绿素植物的共同特点（叶绿素反射特征）。红外波段植被与浅色土壤、红波段的植被与深色土壤及水体反射率接近，无法分开。当用红外波段减去红波段时，由于植被在这两个波段的反射率差异很大，相减后植被具有很高的差值；而土壤和水体在这两个波段的反射率差异很小，差值很小，因此在差值图像中植被信息得到突出，很容易确定其分布区域。

差值运算还可以检测同一区域在一段时间内的动态变化。例如，用森林火灾发生前后的图像作差值运算，在差值图像上，火灾地区由于变化明显而高亮显示，其他地区则变化不大，因而过火区域得到了突出，据此可以精确计算过火面积。差值运算还可以检测洪水灾情变化，监测河口、河岸的泥沙淤积及河湖、海岸的污染，监测城市的扩展等。

（3）乘法运算

$$B=B_1\times B_2 \tag{7.18}$$

乘法运算可用来遮掉图像的某些部分。例如，使用一个二值图像 f_1（图像上需要被完整保留下来的区域的像素值为 1，而被抑制掉的区域的像素值为 0）去乘图像 f_2，可抹去图像 f_2 的某些部分。图像处理中，这个操作被称为掩膜。

（4）比值运算

$$B=\frac{B_1}{B_2} \tag{7.19}$$

比值运算是指两个不同波段图像对应像素的灰度值相除（除数不能为 0），是遥感图像处理中常用的方法。比值运算可以降低传感器灵敏度随空间变化造成的影响，降低地形导致的阴影影响。

作为比值运算的分母，可以是其他的图像波段，也可以是当前波段中的某个常数，如最大值、最小值、最大值-最小值、平均值、方差等。

在比值图像上，像素的亮度反映了光谱比值的差异。因此，这种运算对于增强和区分在不同波段差异较大的地物有明显的效果。例如，在地质探测中，地质学家常用 TM 的某种组合判读矿石类型：B_3/B_1 突出铁氧化物，B_5/B_2 分离陆地和水体，B_4/B_3 突出植被信息，等等（其中，B_i 代表第 i 个波段，$i=1$，2，3，4，5）。

比值运算还能去除地形坡度和坡向引起的辐射量变化，在一定程度上可消除同物异谱现象，是图像自动分类前常采用的预处理方法之一。

波段比值计算还可以用来探测地物随着季节变化的信息。例如，如果需要监测地物植被的变化，可以使用不同季节的第 3 波段的比值。图像的时段可以是不同年的同一个月，或同一年的不同月。新产生的波段将突出变化信息，变化的像素具有较高的亮度值；没有变化的像素值较低，在图像中则比较暗。

需要注意的是，如果比值运算中作为分母的波段的灰度值很小，比值运算可能会增加图像中的噪声。因此，如果有必要，可以在计算前先对图像进行滤波处理。

2. 植被指数

归一化指数是比较特殊的比值运算方式。基本公式为

$$B=\frac{B_1-B_2}{B_1+B_2} \tag{7.20}$$

在基本的比值运算中，如果分母的波段 B_2 的值比较小（特别是小于 1 的情况下），那么，比值的结果将夸大差异，使用归一化指数可以避免这个问题。此外，与比值运算不同的是，归一化指数中像素值的变化是有约束的。

计算反映的矿物及植被的常用比率和指数与遥感图像类型（即传感器）有密切的关系，因而在进行指数计算时，首先必须根据输入图像的类型选择传感器。

植被指数是遥感监测地面植物生长和分布的一种方法。由于不同绿色植被对不同波长光的吸收率不同，光线照射在植物上时，近红外波段的光大部分被植物反射，而可见光波段的光则大部分被植物吸收，通过对近红外和红波段反射率的线性或非线性组合，可以消除地物光谱产生的影响。根据地物光谱反射率的差异作比值运算，可以突出图像中植被的特征、提取植被类别或估算绿色生物量，能够提取植被的算法称为植被指数（Vegetation Index，VI）。植被指数是代数运算增强的典型应用。在遥感应用领域，植被指数已广泛用来定性和定量评价植被覆盖及其生长活力。植被指数作为一种重要的遥感归一化参数，并已作为一种遥感手段，广泛应用于土地利用覆盖探测、植被覆盖密度评价、作物识别和作物预报等方面。

绿色植物叶子的细胞结构在近红外波段具有高反射性，其叶绿素在红光波段具有强吸收性。因此，在多波段图像中，用红外/红波段的图像比值运算，结果图像上植被区域具有高亮度值，甚至在绿色生物量很高时达到饱和。

归一化植被指数（Normalized Difference Vegetation Index，NDVI）为

$$NDVI=\frac{IR-R}{IR+R}$$

式中，IR 为遥感多波段图像中的近红外（Infrared）波段；R 为红波段。

植被指数功能实现如图 7.43（执行命令对话框）和图 7.44（归一化植被指数运算结果图）所示。

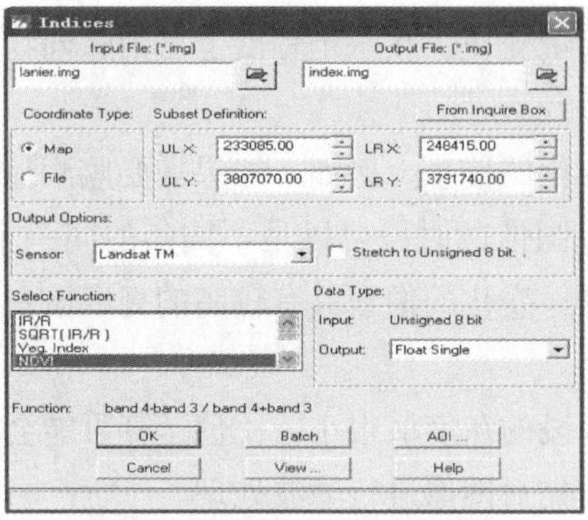

图 7.43 【Indices】对话框

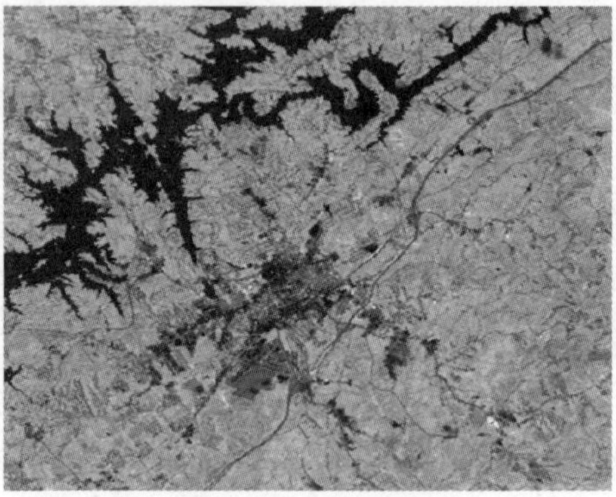

图 7.44 植被指数

7.3.5 主成分变换

主成分变换（Principal Component Analysis）又称为 K-L 变换，是基于变量之间的相关关系，在尽量不丢失信息前提下的一种线性变换的方法，主要用于数据压缩和信息增强。K-L 变换能够将一景多波段遥感图像 A 分解为一组主成分的和，而每个主成分都对应一个权重，该权重的大小恰恰反映 A 中不同波段的相关性，可以通过对主成分的选取，实现不同相关性波段信号的分离。将主成分按其权重大小排序，如果只取最大的一个或几个主成分，那么恢复后的图像相关性就很好，就可以基本代表一景遥感图像反映的信息。

它的基本原理是：对某一 n 个波段的多光谱图像实行一个线性变换，即对该多光谱图像组成的光谱空间 X 乘以一个线性变换矩阵 A，产生一个新的光谱空间 Y，即产生一幅新的 n 个波段的多光谱图像。表达式为

$$Y=AX \tag{7.21}$$

式（7.21）可以写作

$$\begin{bmatrix} y_1 \\ y_2 \\ \vdots \\ y_i \\ \vdots \\ y_n \end{bmatrix} = \begin{bmatrix} \phi_{11} & \phi_{12} & \cdots & \phi_{1n} \\ \phi_{21} & \phi_{22} & \cdots & \phi_{2n} \\ \vdots & \vdots & \phi_{ij} & \vdots \\ \phi_{n1} & \phi_{n2} & \cdots & \phi_{nn} \end{bmatrix} \cdot \begin{bmatrix} x_1 \\ x_2 \\ \vdots \\ x_i \\ \vdots \\ x_n \end{bmatrix}$$

K-L 变换的特点是：从几何意义来看，变换后的主分量空间坐标系与变换前的多光谱

空间坐标系相比，旋转了一个角度。而且新坐标系的坐标轴一定指向数据信息量较大的方向。以二维空间为例，假定某图像像元的分布呈椭圆状，那么经过旋转后，新坐标系的坐标轴一定分别指向椭圆的长半轴和短半轴方向——主分量方向，因为长半轴这一方向的信息量最大（图 7.45）。

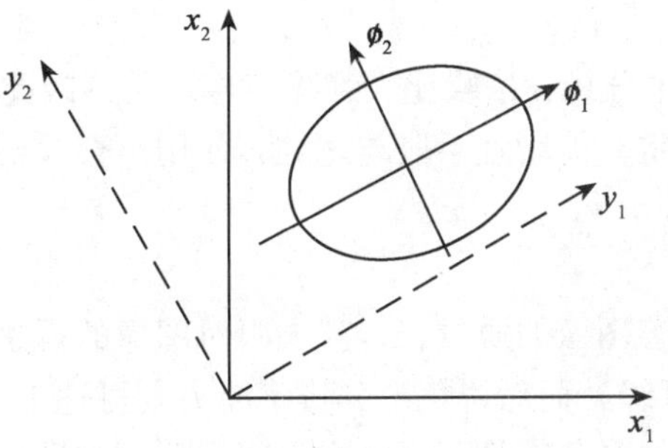

图 7.45　K-L 变换中的坐标旋转

就变换后的新波段主分量而言，它们所包括的信息量不同，呈逐渐减少趋势。事实上，第一主分量集中了最大的信息量，常常占 80%以上。第二主分量、第三主分量的信息量依次很快递减，到了第 n 分量，信息几乎为零。由于 K-L 变换对不相关的噪声没有影响，最后的分量几乎全是噪声。所以这种变换又可分离出噪声。主成分变换执行对话框如图 7.46 所示。

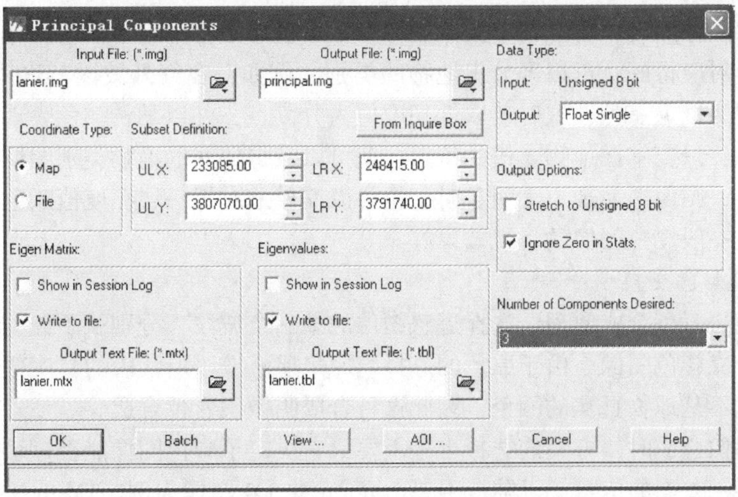

图 7.46　【Principal Components】对话框

基于上述特点，在遥感数据处理时，常常运用 K-L 变换做数据分析前的预处理，以实现：

1. 数据压缩

以 TM 图像为例，共有 7 个波段（除去分辨率低的第 6 波段，经常使用 TM1~5、7 共

6个波段）处理起来数据量很大。进行K-L变换后，7维的多光谱空间变成7维的主分量空间，这时亮度不再与地物光谱值直接关联，但第一或前二或前三个主分量，已包含了绝大多数的地物信息，足够分析使用，同时数据量却大大地减少了。应用中，常常只取前三个主分量作假彩色合成，数据量可减少到43%，既实现了数据压缩，也可作为分类前的特征选择。

2. 图像增强

K-L变换后的前几个主分量，信噪比大，噪声相对小，因此突出了主要信息，达到了增强图像的目的。此外，将其他增强手段与之结合使用，会收到更好的效果。

7.3.6 彩色变换

亮度值的变化可以改善图像的质量，但就人眼对图像的观察能力而言，一般正常人眼只能分辨20级左右的亮度级，而对彩色的分辨率能力则可达1000多种，远远大于对黑白亮度值的分辨能力。不同的彩色变换可大大增强图像的可读性，在此介绍常用的三种彩色变换方法。

1. 单波段彩色变换

单波段黑白遥感图像可按亮度分层，对每层赋予不同的色彩，使之成为一幅彩色图像。这种方法又叫密度分割，即按图像的密度进行分层，每一层所包含的亮度值范围可以不同。例如，亮度0~10为第一层，赋值1；亮度11~15为第二层，赋值2；亮度15~30为第三层，赋值3，等等；再给1、2、3分别赋不同的颜色，于是产生一幅彩色图像。目前计算机显示彩色的能力很强，理论上完全可以将256层的黑白亮度赋予256种彩色，因此彩色变换很有前景。

对于遥感图像而言，将黑白单波段图像赋上彩色总是有一定目的的，如果分层方案与地物光谱差异对应得好，可以区分出地物的类别。例如，在红外波段，水体的吸收很强，在图像上表现为接近黑色，这时若取低亮度值为分割点，并以某种颜色表现，则可以分离出水体。因此，只要掌握地物光谱的特点，就可以获得较好的地物类别图像。当地物光谱的规律性在某一图像上表现不太明显时，也可以简单地对每一层亮度值赋色，以得到彩色图像，也会较一般黑白图像的目视效果好。

2. 多波段彩色变换

根据加色法彩色合成原理，选择遥感图像的某三个波段，分别赋予红、绿、蓝三种原色，就可以合成彩色图像。由于原色的选择与原来遥感波段所代表的真实颜色不同，因此生成的合成色不是地物真实的颜色，因此这种合成叫做假彩色合成。

多波段图像合成时，方案的选择十分重要，它决定了彩色图像能否显示较丰富的地物信息或突出某一方面的信息。以陆地卫星Landsat的TM图像为例，TM的7个波段中，第2波段是绿色波段，第4波段是近红外波段，当第4、3、2波段被分别赋予红、绿、蓝色时，即绿波段赋蓝色，红波段赋绿色，红外波段赋红色时，这一合成方案被称为标准假彩色合成，是一种最常用的合成方案。

实际应用时，应根据不同的应用目的，经实验、分析，寻找最佳合成方案，以达到最好的目视效果。通常，以合成后的信息量最大和波段间的信息相关最小作为选取合成的最佳目标。例如，TM的第4、5、3波段依次被赋予红、绿、蓝三色进行合成，可以突出较丰富的信息，包括水体、植被、城区、山区、平原及线性特征等，有时这一合成方案甚至优于标准的第 4、3、2 波段的假彩色合成。

3. HLS 变换

HLS 代表色调、明度和饱和度（Hue，Lightness，Saturation）的色彩模式。这里的色调，即人们视觉的颜色；明度，即光的明亮程度；饱和度，即颜色的纯度，饱和度越高，纯度越高，颜色越浓。这种彩色模式完全与人眼睛视觉对应。这种模式可以用近似的颜色立体来定量化。如图 7.47 所示，颜色立体曲线锥形改成上下两个六面金字塔状。环绕垂直轴的圆周代表色调（H），以红色为 0°，逆时针旋转，每隔 60°改变一种颜色且数值增加 1，一周 360°刚好 6 种颜色，顺序为红、黄、绿、青、蓝、品红。垂直轴代表明度（L），取黑色为 0，白色为 1，中间为 0.5。从垂直轴向外沿水平面的发散半径代表饱和度（S），与垂直轴相交处为 0，最大饱和度为 1。根据这一定义，对于黑白色或灰色，即色调 H 无意义，饱和度 S=0；当色调处于最大饱和度时，S=1，L=0.5。严格地说，从视觉角度看，饱和度最大时，不同色调的明度不是相同的值。

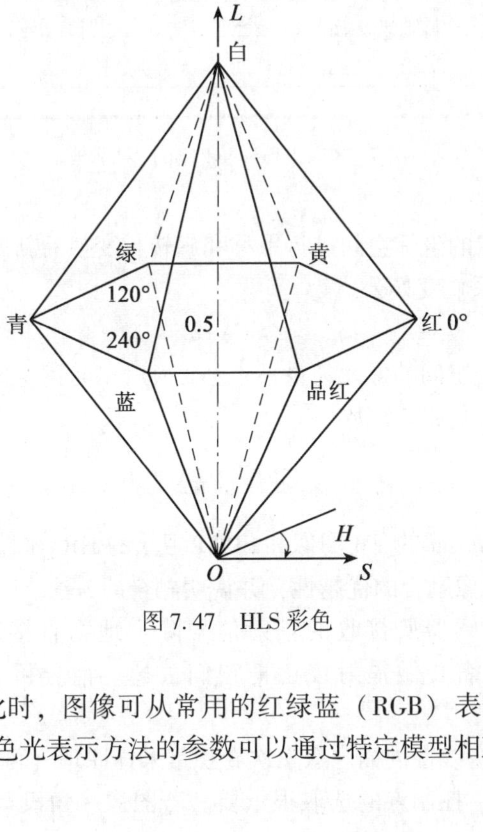

图 7.47　HLS 彩色

当色彩的表达定量化时，图像可从常用的红绿蓝（RGB）表达方式转换到 HLS 表达方式，RGB 与 HLS 两种色光表示方法的参数可以通过特定模型相互转换。

7.3.7　缨帽变换

1976 年，Kauth 和 Thomas 构造了一种新的线性变换方法——Kauth-Thomas 变换，简称 K-T 变换，形象地称为缨帽变换。缨帽变换旋转坐标空间，但旋转后的坐标轴不是指到主成分的方向，而是指到另外的方向，这些方向与地物有密切的关系，特别是与植物生长过程和土壤有关。缨帽变换既可以实现信息压缩，又可以帮助判读分析农作物特征，因此有很大的实际应用意义。目前，这个变换主要用于 MSS 与 TM 两种遥感图像。K-T 变换执行对话框如图 7.48 所示。

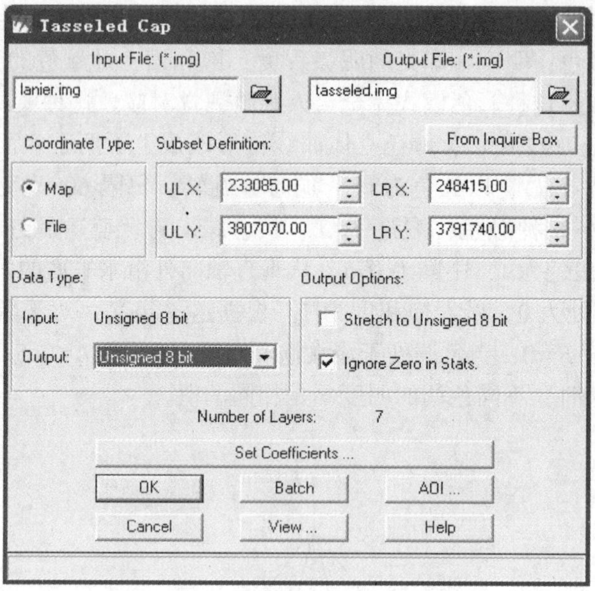

图 7.48 【Tasseled Cap】对话框

K-T 变换是对原图像的坐标空间进行平移和旋转，变换后新的坐标轴具有明确的景观含义，可与地物直接联系。变换公式为

$$Y=CX+a \tag{7.22}$$

式中，X 为变换前多光谱空间的像元矢量；Y 为变换后多光谱空间的像元矢量；C 为变换矩阵；a 为避免出现负值所加的常数。

习　题

1. 根据陆地卫星 Landsat 的 TM 图像和 SPOT 卫星的 HRV 图像的波谱特征和空间分辨率，分析 TM 与 SPOT 图像融合的优越性，并说明融合的方法。

2. 卫星或飞机的传感器所接收的辐射信号除了地物直接反射的信息外，还混入了其他途径来的辐射，需要做辐射校正把它们去掉。请分析有哪几种其他辐射混入传感器。

3. 叙述最邻近法、双线性内插、双三次卷积重采样原理（可作图说明）和优缺点。

4. 在做几何校正时，控制点的选取很重要。若图像一角没有任何控制点，估计几何校正后这一角的位置畸变将缩小还是增大？为什么？

5. 简述遥感图像增强处理的目的。列举一种增强处理方法，说明其原理和步骤。

6. 结合地物光谱特征解释比值运算能够突出植被覆盖的原因。

7. 说明以下直方图的影像特征。

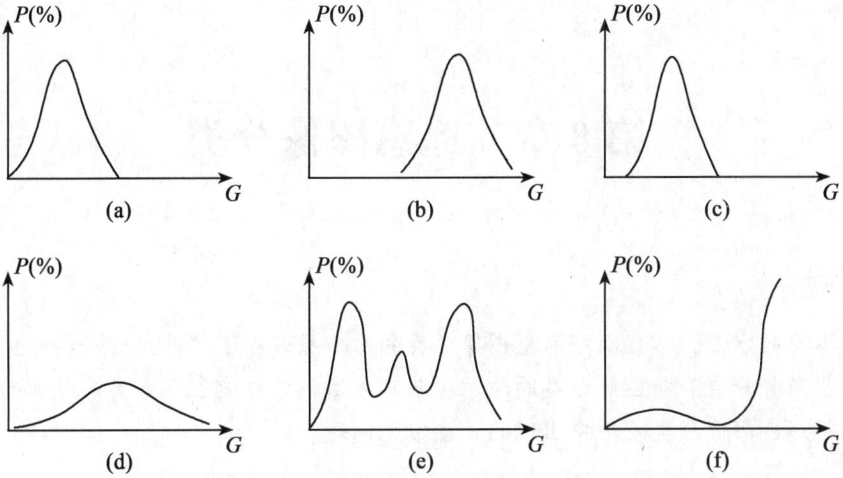

题 7 图

8. 下图为数字图像，亮度普遍在 10 以下，只有两个像元出现 15 的高亮度（“噪声”）

4	3	7	6	8
2	15	8	9	9
5	8	9	13	10
7	9	12	15	11
8	11	10	14	13

题 8 图

（1）采用模板为 $\begin{pmatrix} \frac{1}{9} & \frac{1}{9} & \frac{1}{9} \\ \frac{1}{9} & \frac{1}{9} & \frac{1}{9} \\ \frac{1}{9} & \frac{1}{9} & \frac{1}{9} \end{pmatrix}$ 的均值平滑方法，求出新的图像。

（2）采用中值滤波，仍用 3×3 窗口，求出新的图像。

（注意：计算前，原图像的左右上下各加一行或一列，亮度与相邻亮度值相同，然后计算。）

第8章 遥感图像分类

☞ 教学目标

通过本章的学习，掌握数字遥感图像分类的基本原理；了解非监督分类和监督分类的概念；掌握监督分类和非监督分类的原理、基本方法、工作流程，分类后处理的原理、方法等；了解遥感影像分类处理中出现的一些常见问题。

8.1 遥感数字图像分类的基本原理

8.1.1 遥感数字图像计算机分类原理

遥感数字图像的计算机分类是模式识别技术在遥感技术领域中的具体运用。它是以电子计算机为工具来模拟人类的感知和识别智能，是人工智能的一个分支。在遥感影像的计算机分类中，最常用的方法是基于图像数据所代表的地物光谱特征的统计模式识别法，模式识别的对象是遥感图像中的地物，所用的特征是地物的光谱特征及其表征参数。

遥感图像分类的理论依据：在理想条件下，同类目标在遥感图像中应具有相同或相似的光谱特征和空间特征，不同的目标其在遥感图像上的光谱特征和空间特征应不同。按具有相同或相似光谱特征和空间特征的像元或像元组集群，并赋予集群间的分割标准，每个最终集群将代表一种目标。

遥感图像的分类有监督分类、非监督分类、专家分类、模式识别、神经网络分类、分形分类、模糊分类、人工智能等技术方法。其中，最常用的是监督分类和非监督分类。监督分类是从图像上已知目标类别区域中提取数据，统计出代表总体特征的训练数据，主要是灰度和纹理等特征，然后进行分类。采用这用方法必须事先知道图像中包含哪几种目标类别，当图像中包含目标不明确或没有先验确定的目标时，则需要将像元先进行聚类，用聚类方法将遥感数据分割成比较均匀的数据群，把它们作为分类类别，在此类别的基础上确定其特征量，继而进行类别总体特征的测量，这种方法叫做监督分类。非监督分类是对分类过程不施加任何先验知识，无需人为干预，仅凭像元的光谱特征，运用迭代自组织数据分析（ISODATA）算法，把一组像素按照相似性归成若干类别。

下面从分类方法和分类过程两个方面，对监督分类、非监督分类方法进行比较。

1. 分类方法比较

两种分类方法区别见表8.1。

表 8.1　　非监督和监督分类方法比较表

方法	优点	缺点	适用范围
非监督分类	工作量小	精度低	无先验知识
监督分类	精度高	工作量大	有先验知识

2. 分类过程比较

两种分类过程区别如图 8.1 所示。

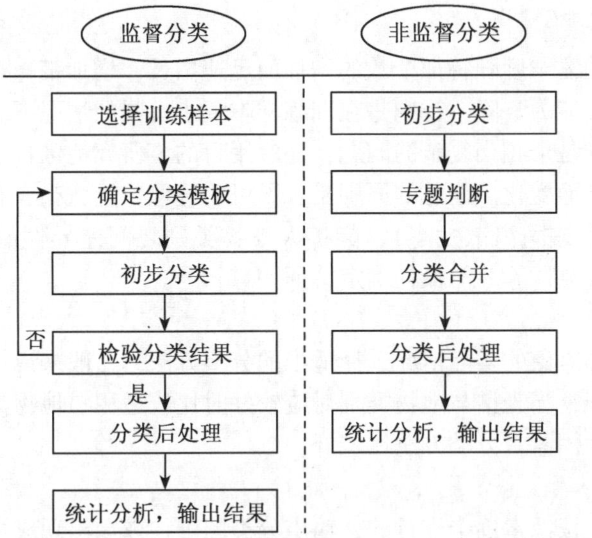

图 8.1　监督分类和非监督分类的分类过程

8.1.2　工作流程

遥感图像分类的基本工作流程如图 8.2 所示。

1. 预处理

分类前，一般需要对原始图像进行预处理，包括图像的裁剪、辐射校正、几何校正等。由于图像预处理在第 7 章中已有详细介绍，这里不再赘述。

2. 选择分类方法

在对原始遥感图像进行预处理的基础上，根据要求，结合实际情况及监督分类、非监督分类两种方法各自的优缺点，选择合适的分类方法。

3. 特征选取和提取

特征是分类的依据，对于遥感图像而言，特征是图像波段值和其他处理后的信息。一个波段就是一个特征。各

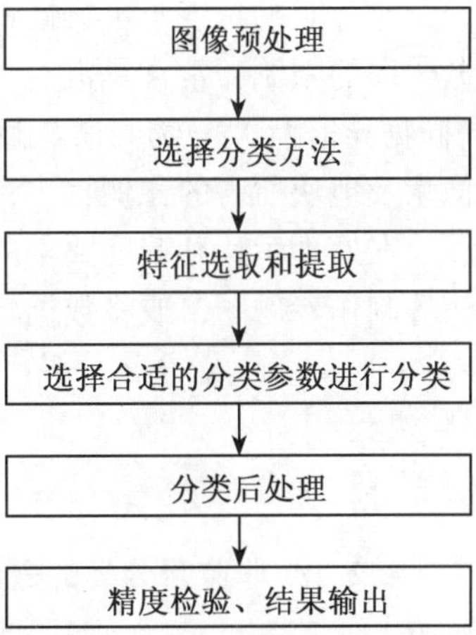

图 8.2　图像分类的工作流程

个特征具有相同的样本或像素数。

原始遥感图像的特征彼此之间往往存在较强的相关性，不加选择地利用这些特征变量分类不但会增加多余的运算，而且会影响分类的准确性。因此，往往需要从原始图像 n 个特征中通过处理图 8.2 的工作流程选择 k 个特征（$n>k$）来进行分类。

良好的特征应具有以下 4 个特点：

可分性：对不同类别的对象来说，它们的特征值应具有明显的差异。

可靠性：同类对象特征值比较相近。

独立性：所用的各特征之间应彼此不相关。相关性很高的特征一般不应该作为单独的特征使用，它们可以组合起来（如均值）以减少噪声干扰。对于遥感图像而言，这一点尤为重要。

数量少：分类的复杂度随特征个数的增加而迅速增长，增加带噪声或与现存特征相关性高的特征会使分类能力下降，特别是在训练样本大小有限的情况下。

特征变量的选择是个相当复杂的问题，随应用目的、研究地区特点、遥感图像类别与成像季节等众多要素而变化。但总的原则是：尽可能选取数量适当、有助于增加同类地物的类聚性（即类内个体间离散性小）、能扩大地物类别之间差异性的特征变量。在实践中，往往需要经过反复试验才能最佳确定特征变量。

4. 进行分类

根据特征与分类对象的实际情况选择适当的分类方法。一般来说，非监督分类方法简单，不需要先验知识，当光谱与地物类别对应较好时比较适用。地物类别之间光谱差异很小或比较复杂时，使用监督分类方法比较好。

5. 分类后处理

由于分类过程是按像素逐个进行的，输出分类图中往往会出现成片的地物类别中有零星的异类像素散落分布的情况，其中许多是不合理的“类别噪声”。因此，要根据分类的要求进行分类后处理工作。

6. 精度检验、结果输出

对分类的精度与可靠性进行评价。进入传感器的信息由于受传感器空间分辨率和光谱分辨率的限制，常常是混合的地物信息。有时地物本身就是混合在一起的。总体上，受“同物异谱”、“异物同谱”影响，错分的情况普遍存在，图像分类后必须进行检验，错分像素及地块所占的比例越小，则分类结果越佳。

在处理后达到精度要求的分类图像基础上，根据需要和用途，设置投影、比例尺、图例等制作专题图，或将数据转换为矢量格式，供其他系统使用。

8.2 非监督分类

8.2.1 非监督分类的概念

非监督分类又称为空间集群和聚类分析法，是一种先分类后识别的方法，即先根据地物光谱特征的统计特性对地物进行分类，之后再进行识别。非监督分类常常用于对分类区域没有什么了解的情况。由于人为干预较少，非监督分类过程的自动化程度较高。非监督分类一般要经过以下几个步骤：初始分类、专题判别、分类合并、色彩确定、分类后处理、色彩重定义、栅格矢量转换、统计分析。

遥感图像上同类地物在相同的表面结构特征、植被覆盖、光照等条件下，应当具有相同或相近的光谱特征，从而表现出某种内在的相似性，归属于同一个光谱空间区域；不同的地物，光谱信息特征不同，归属于不同的光谱空间区域。从几何角度看，一个点群或类别是在 N（波段数）维的特征空间里，在某个众数的周围数据点（像元）相对密集的区域，亮度值向量之间具有更大的相似性。这就是非监督分类的理论依据。

非监督分类法的核心是初始类别参数的选定以及它的迭代调整问题。但在非监督分类的情况下，并无初始已知类别的先验知识可用。因此要假定初始参量，并通过预分类处理来形成集群，再由集群的统计参数来调整预定的参量，接着再聚类，再调整，如此不断迭代，直至有关参量的变动在容忍的变动范围内为止。通过这个过程来使判别函数得以确定。

8.2.2　非监督分类聚类分析

非监督分类用于在没有已知类别的训练数据的情况下，而且在一幅复杂的图像中分类选择训练区，有时并不能完全包括所有的波谱样式，造成一部分像元找不到归属。在实践中，为进行监督分类而确定类别和选取训练区也是不易的。因此，在开始分析图像时，用非监督分类法来研究数据的本来结构及自然点群的分布情况是很有价值的。非监督分类初始分类结果如图 8.3 和图 8.4 所示。

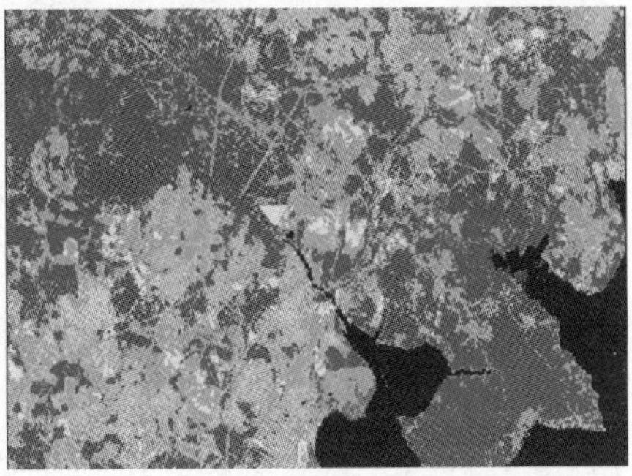

图 8.3　非监督分类后图像

Row	Class Names	Color	Opacity	Histogram	Red	Green	Blue
0	Unclassified		0	0	0	0	0
1	Tidal Water		1	36584	0	0	1
2	River Water		1	5582	0.44	0.44	1
3	Grassland		1	10256	0.53	0.84	0.49
4	Forest		1	73537	0	0.56	0
5	Bare Ground		1	11728	1	1	0
6	Grass / Scrub		1	49678	1	0.65	0
7	Road / Suburban		1	47261	0.65	0.65	0.65
8	Suburban (road / building)		1	67860	0.75	0.75	0.75
9	Subdivision road		1	7106	0.83	0.83	0.83
10	Mature Deciduous Forest		1	1433	0	0.66	0
11	Mixed Forest		1	65531	0	0.56	0
12	Highway		1	4184	1	0.25	0.25
13	Wetland		1	3786	0.49	0.98	0.65
14	Forested Wetland		1	12465	0.53	0.51	0.04
15	Open Ground		1	685	1	1	0
16	Coniferous 1		1	5700	0	0.4	0
17	Coniferous 2		1	2992	0	0.4	0
18	Coniferous 3		1	11396	0	0.4	0
19	Turbid Water 1		1	1968	0.44	0.44	1
20	Turbid Water 2		1	760	0.44	0.44	1

图 8.4　非监督分类后图像对应的属性表

1. 聚类分析步骤

聚类分析跟主成分分析一样，属于多元统计分析的内容，聚类分析的一般步骤为：

①确定凝聚点（参考点），也就是初始分类中心的确定。可以根据样品的一些特征（如计算各像元点的密度，取密度最大的点作为凝聚点），也可以等间距的取一些样品点，将它们的亮度值向量作为初始的聚类中心等。

②分类与调整。以上一步的参考点为中心，每一次分类与监督分类差不多，一般采用最小距离法，计算各像元到参考点的距离，并将它分到距离最近的那一类中，这个过程叫做一次迭代（循回），然后求出前一次迭代所生成的各类像元的均值向量，再以这些新的均值向量为新的参考中心，进行下一次迭代。在这一步我们可以设置一些控制参数，对分

类的过程进行调整和控制。

③终止条件。当上一步分类的某些参数达到这一条件时，就让分类终止，一般可以设定最多迭代次数和前后两次迭代结果各类像元改变的最大值，当达到其中任何一个条件时，分类即终止。

2. 聚类分析方法

聚类分析的过程是动态的，根据分类过程中的差异，一般软件提供以下两种非监督分类的方法：

(1) K均值聚类

K均值聚类的分类数是确定的，我们可以设定，中间的调整过程控制参数较少，分类的结果受初始参数的影响。

(2) ISODATA法（迭代自组织法，Iterative Self-Organizing Data）

ISODATA法在动态聚类方法中具有代表性，它是在K均值法的基础上改进得到的，允许在K均值法的基础上对类别数量和分类结果进行调整和改变，主要是根据规定的参数（阈值）来检查前一循回中归类的结果，决定进行再分解、合并或者取消某些集群。

1) 分解

可以设定参数“最大标准差”，当一类中某个波段的标准差超过了这个阈值时，就分解两类。

2) 合并

可以设定参数“类间最小距离”，当两个类间的距离小于这个最小距离时，就将它们合并。

3) 取消

当一个类中像元数太少，少于参数“一类中最少像元数”，则这一类被取消，其中的像元被重新分到相邻的集群中去。

由于中间的分类与调整过程，干预比较多，所以这种方法的分类数目往往是不确定的，需要根据所设置的参数来确定。

8.2.3 非监督分类操作示例

ERDAS IMAGINE使用ISODATA算法（基于最小光谱距离公式）来进行非监督分类。聚类过程始于任意聚类平均值或一个已有分类模板的平均值：聚类每重复一次，聚类的平均值就更新一次，新聚类的均值再用于下次聚类循环。ISODATA实用程序不断重复，直到最大的循环次数已达到设定阈值，或者两次聚类结果相比已达到要求百分比，像元类别已经不再发生变化。

1. 分类过程

第一步：启动非监督分类。

调出非监督分类对话框的方法有以下两种：

(1) 在ERDAS图标面板工具条中单击DataPrep图标，打开【Data Preparation】对话框，在对话框中单击【Unsupervised Classification】按钮，打开【Unsupervised Classification】对话框。

(2) 在ERDAS图标面板工具条中单击Classifier图标，打开【Classification】对话框，

在对话框中单击【Unsupervised Classification】按钮，打开【Unsupervised Classification】对话框。

可以看到，两种方法调出的【Unsupervised Classification】对话框是有一些区别的(图 8.5)，从两者的比较来看，方法二能通过导入外部已有的较好的分类模板进行分类，提高分类效率与精度。除此之外，两者相同。这里以方法二来进行非监督分类操作。

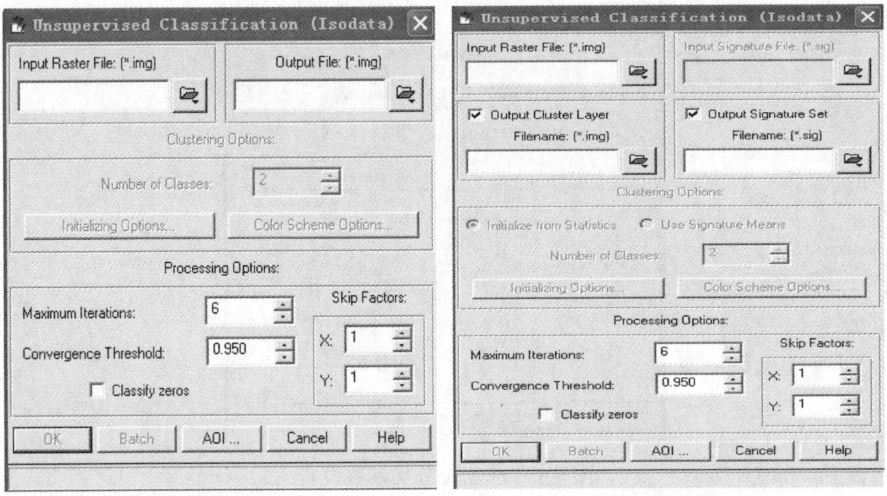

(a) 方法一　　(b) 方法二

图 8.5　遥感图像非监督分类

第二步：进行非监督分类（图 8.6）。

①确定输入文件（Input Raster File），即要被分类的图像。

②确定输出文件（Output File），即将要产生的分类图像。

③选择生成分类模板文件（Output Signature Set），将产生一个模板文件。

④确定分类模板文件（Filename）。

⑤确定聚类参数，两种方法详述如下：

a. Initialize from Statistics 指由图像文件整体（或其 AOI 区域）的统计值产生自由聚类，分出类别的多少由自己决定。

b. Use Signature Means 是基于选定的模板文件进行非监督分类，类别的数目由模板文件决定。

⑥确定初始分类数（Number of Classes），如输入 10，则表示将分出 10 个类别，实际工作中，一般将初始分类数取为最终分类数的两倍以上。

⑦点击【Initializing Options】按钮，可以调出【File Statistics Options】对话框，以设置 ISODATA 的一些统计参数。

⑧点击【Color Scheme Options】按钮，可以调出【Output Color Scheme Options】对话框，以决定输出的分类图像是彩色的还是黑白的。

前两个选项，即第⑦、⑧步的设置一般使用缺省值即可。

⑨定义最大循环次数（Maximum Iterations）。最大循环次数是指 ISODATA 重新聚类的

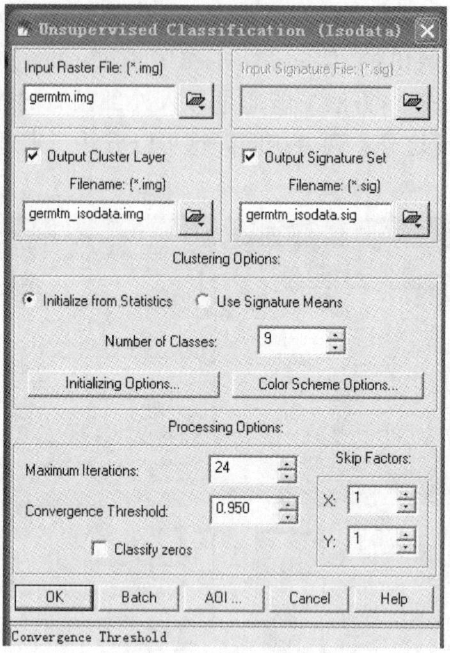

图 8.6　非监督分类参数设置

最多次数，这是为了避免程序运行时间太长或由于没有达到聚类标准而导致的死循环。一般在应用中将循环次数设置为 6 次以上。

⑩设置循环收敛阈值（Convergence Threshold）。收敛阈值是指两次分类结果相比保持不变的像元所占最大百分比，此值的设立可以避免 ISODATA 无限循环下去。

⑪执行非监督分类，获得一个初步的分类结果。

2. 分类评价（Evaluate Classification）

获得一个初步的分类结果以后，可以应用分类叠加（Classification Overlay）方法来评价检查分类精度。其方法如下：

第一步：显示原图像与分类图像。

在视窗中同时显示原始图像和分类图像，两个图像的叠加顺序为原始图像在下、分类图像在上。

第二步：打开分类图像属性并调整字段显示顺序。

在视窗工具条中点击 图标（或者在 Raster 菜单项下选择 Tools 工具），打开 Raster 工具面板，并点中工具面板的  图标（或者在视窗菜单条单击 Raster 再选中 Attributes），从而打开属性表（【Raster Attribute Editor】对话框）。

属性表中的 11 个记录分别对应产生的 10 个类及 Unclassified 类，每个记录都有一系列的字段。如果想看到所有字段，需要用鼠标拖动浏览条，为了方便看到关心的重要字段，需要调整字段显示顺序。

在属性对话框菜单条单击 Edit，选中 Column Properties，打开【Column Properties】对

话框（图 8.7）。

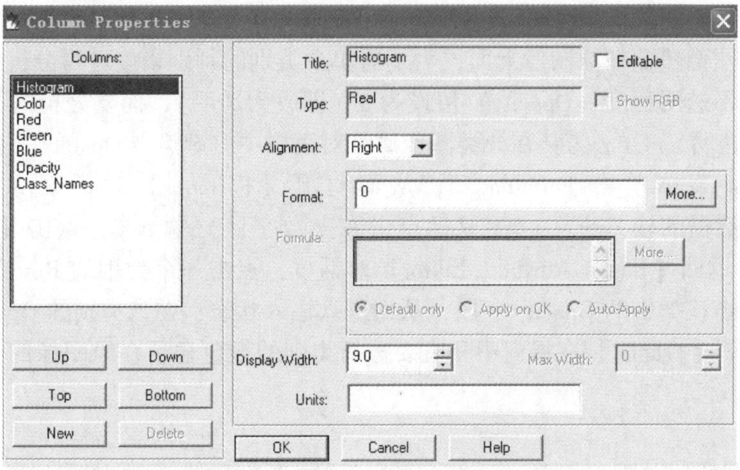

图 8.7　【Column Properties】对话框

在 Columns 中选择要调整显示顺序的字段，通过【Up】、【Down】、【Top】、【Bottom】等几个按钮调整其合适的位置，通过选择 Display Width 调整其显示宽度，通过 Alignment 调整其对齐方式。如果选择 Editable 复选框，则可以在 Title 中修改各个字段的名字及其他内容。

为了后续操作方便，通过属性对话框中字段顺序调整，最后使 Histogram、Opacity、Color、Class_ Names 四个字段顺序依次显示在前面（图 8.8）。

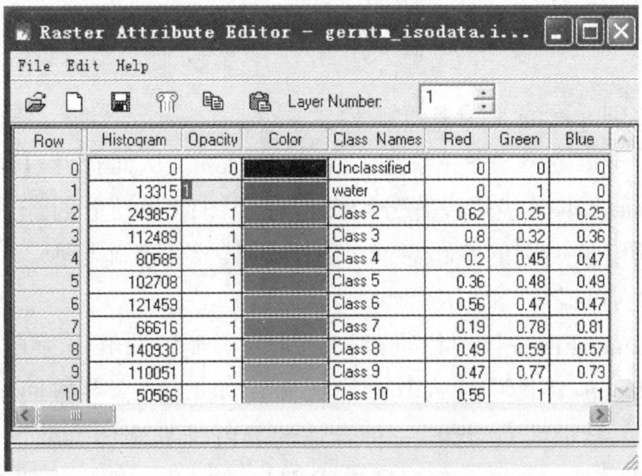

Row	Histogram	Opacity	Color	Class Names	Red	Green	Blue
0	0	0		Unclassified	0	0	0
1	13315	1		water	0	1	0
2	249857	1		Class 2	0.62	0.25	0.25
3	112489	1		Class 3	0.8	0.32	0.36
4	80585	1		Class 4	0.2	0.45	0.47
5	102708	1		Class 5	0.36	0.48	0.49
6	121459	1		Class 6	0.56	0.47	0.47
7	66616	1		Class 7	0.19	0.78	0.81
8	140930	1		Class 8	0.49	0.59	0.57
9	110051	1		Class 9	0.47	0.77	0.73
10	50566	1		Class 10	0.55	1	1

图 8.8　分类图像属性表

第三步：给各个类别赋相应的颜色（如果在分类时选择了彩色，这一步就可以省去）。

在属性对话框中点击一个类别的 Row 字段，从而选中该类别，然后右键点击该类别的 Color 字段（颜色显示区），选择一种合适颜色。重复以上步骤，直到给所有类别赋予合适的颜色。

第四步：不透明度设置。

由于分类图像覆盖在原图像上面，为了对单个类别的判别精度进行分析，首先要把其他所有类别的不透明程度（Opacity）值设为 0（即改为透明），而要分析的类别的透明度设为 1（即不透明）。方法为：在分类图像属性对话框中右键点击 Opacity 字段的名字，在 Column Options 菜单单击 Formula 项，从而打开【Formula】对话框（图 8.9）。在【Formula】对话框的输入框中（用鼠标点击右上数字区）输入 0，点击【Apply】按钮（应用设置）。返回【Raster Attribute Editor】对话框，点击一个类别的 Row 字段，从而选择该类别，点击该类别的 Opacity 字段，从而进入输入状态，在该类别的 Opacity 字段中输入 1，并按回车键。此时，在视窗中只有要分析类别的颜色显示在原图像的上面，其他类别都是透明的。

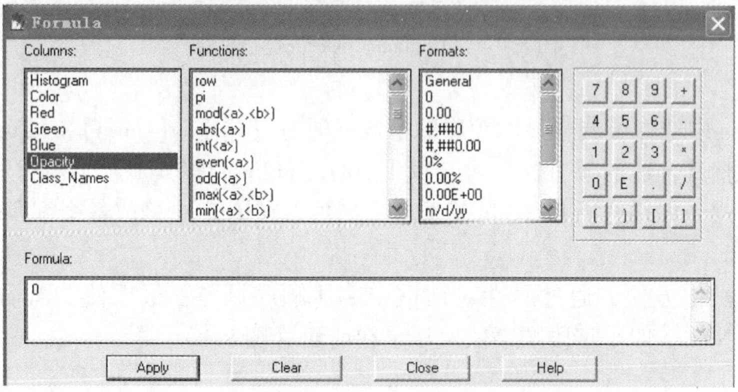

图 8.9 【Formula】对话框

第五步：确定类别专题意义及其准确程度。

在视窗菜单条单击 Utility，下拉菜单中单击 Flicker，从而打开【Viewer Flicker】对话框，并选择 Auto Mode。本小步是设置分类图像在原图像背景上闪烁，观察它与背景图像之间的关系，从而断定该类别的专题意义，并分析其分类准确与否。

第六步：标注类别的名称和相应颜色。

在【Raster Attribute Editor】对话框点击刚才分析类别的 Row 字段，从而选中该类别，在该类别的 Class_ Names 字段中输入其专题意义（如水体），并按回车键。右键点击该类别的 Color 字段（颜色显示区），选择一种合适的颜色（如水体为蓝色）。

重复以上步骤四、五、六，直到对所有类别都进行了分析与处理。注意，在进行分类叠加分析时，一次可以选择一个类别，也可以选择多个类别同时进行。

8.2.4 非监督分类方法的优缺点

非监督分类的优点在于客观性强，不容易遗漏覆盖面积小而独特的地类。而且在聚类后的判读过程中，可以只关心那些感兴趣的类别，因此节省一些不必要的工作。非监督分类的缺点在于其聚类的结果取决于数据本身，很难通过人为的控制来获取希望得到的聚类结果。另外，不同地区或者不同时相的影像用非监督分类得到的结果可比性差。

总的来说，非监督分类一般适用于缺少足够可靠的训练样本的情况。另外，非监督分类也往往被人们用做后续的监督分类的数据，作为预分析的一种手段，为制定监督分类的分类方案提供依据。

8.3 监督分类

8.3.1 监督分类的概念

监督分类法是一种先识别后分类的方法。该方法首先要进行分类训练，即选择一些有代表性的实验样区，用样区内的各种地物的光谱特征（如波谱响应曲线）来训练计算机，使计算机取得识别分类判别规则的先验知识，再根据这些先验知识来对未知类别像素进行分类识别。

监督分类比非监督分类更多地要求用户来控制，常用于对研究区域比较了解的情况下。在监督分类过程中，首先选择可以识别或者借助其他信息可以断定其类型的像元建立模板，然后基于该模板，使计算机系统自动识别具有相同特性的像元。对分类结果进行评价后，再对模板进行修改。多次反复后，建立一个比较准确的模板，并在此基础上最终进行分类。监督分类一般要经过以下几个步骤：建立模板（训练样本）、评价模板、确定初步分类结果、检验分类结果、分类后处理、分类特征统计、栅格矢量转换。

监督分类又称为训练场地法或先学习后分类法。它是先选择有代表性的实验区（训练样区），训练样区就是我们的先验知识，可以是感兴趣区，也可以是单个像元的波谱特征，这些先验知识来源于我们的野外调查、地形图或目视判读等。训练样区的数目就是我们要分的类数，选择好训练样区后，计算机对训练样区进行“学习”，得到每个训练组数据（已知类别）的均值向量和标准差向量（或协方差矩阵），这是在用马氏距离和最大似然函数作为判别规则时要用到的统计量。最后根据所选定的判别规则对像元进行分类。根据判别规则的选择不同，监督分类大致可分为：平行多面体法、最小距离法、马氏距离法和最大似然法。

8.3.2 监督分类训练样区选择

训练样区应该包括研究范围内的所有需要区分的类别，通过它可获得需要分类的地物类型的特征光谱数据，由此建立判别函数，并将其作为计算机自动分类的依据。因此，在监督分类法中，训练样区的选择十分关键，在选择训练样区时应注意以下几个问题：

①训练样区必须具有典型性和代表性，即所含类型应与研究地域所要区分的类别一致，且训练场地的样本应在各类地物面积较大的中心部分选择，而不应在各类地物的混交地区或类别的边缘选取，以保证数据具有典型性，从而确保能进行准确的分类。

②在确定训练场样区的类别专题属性的信息时，应保证所使用的地图、实地勘察等信息与遥感图像保持时间上的一致性，防止地物随时间变更而引起的分类模板设定

错误。

③在训练场样本数目的确定上，为了参数估计结果比较合理和便于分类后处理，样本数应当增多而又不至于使计算量过大，在具体分类时，要看对图像的了解程度和图像本身的情况来确定提取的样本数量。

④训练区样本选择后可做直方图，观察所选样本的分布规律，一般要求是单峰，近似于正态分布曲线。如果是双峰，则类似两个正态分布曲线重叠，则可能是混合类别，需要重做。

8.3.3 监督分类方法

在实际操作中，监督分类法有很多具体的分类方法，如最大似然分类法、图形识别法等。

1. 最大似然法

最大似然法的过程大致如下：

①选择有代表性的实验区（注意实验区内的地物类别需已知）；

②对样区内地物进行灰度统计和运算，求其均值、方差和协方差矩阵。这些参数可以表征地物类别在谱空间的集群状态；

③选择判别函数并确定判别规则。例如，可选择贝叶斯概率判别函数为判别矩阵，判别规则要依据选择的判别函数而定；

④用已知类别的其余像素来检验判别函数的可靠程度；

⑤输入待分类数字图像，算出各种地物在各波段的特征参数及落于已知类别集群的概率；

⑥从未知像素落于已知地物类别集群的概率中，找出最大值所对应的地物类别，则该类别即为未知像素的类别。

2. 图形识别法

在图像上选择样区，以样区内像元在各波段影像上的亮度值为特征值。根据这些特征值可得到其波谱响应曲线。用此曲线训练计算机，让它知道并记住该图形。然后对未知像素进行类别判别时，即可依此曲线来进行判别，如大致符合即可归为一类。

8.3.4 监督分类方法操作示例

前面已经谈到，监督分类一般有以下几个步骤：定义分类模板（Define Signatures）、评价分类模板（Evaluate Signatures）、进行监督分类（Perform Supervised Classification）、评价分类结果（Evaluate Classification）。下面将结合例子说明这几个步骤。当然，在实际应用过程中，可以根据需要执行其中的部分操作。

1. 定义分类模板（Define Signature Using Signature Editor）

ERDAS IMAGINE 的监督分类是基于分类模板（Classification Signature）来进行的，而分类模板的生成、管理、评价和编辑等功能是由分类模板编辑器（Signature Editor）来负责的。毫无疑问，分类模板编辑器是进行监督分类一个不可缺少的组件。

在分类模板编辑器中生成分类模板的基础是原图像或其特征空间图像。因此，显示这两种图像的视窗也是进行监督分类的重要组件。

第一步：显示需要分类的图像。

在视窗中显示<ERDASHOME>\ Example \ germtm. img（Red4/Green5/Blue3 选择 Fit to Frame，其他使用缺省设置）。

第二步：打开模板编辑器并调整显示字段。

ERDAS 图标面板工具条，点击 Classifier 目标 Classifier →Classification→Signature Editor 命令，打开 Signature Editor 窗口（图 8. 10）。

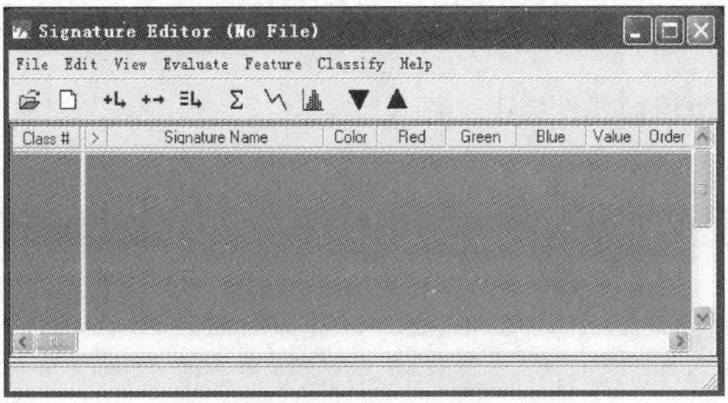

图 8. 10　Signature Editor 窗口

从图中可以看到有很多字段，有些字段对分类的意义不大，我们希望不显示这些字段，所以要进行如下调整：

在 Signature Editor 窗口菜单条单击 View→Columns 命令，打开【View Signature Columns】对话框，点击最上一个字段的 Column 字段，下拖拉直到最后一个段，此时，所有字段都被选择上，并用黄色（缺省色）标识出来。按住【shift】键的同时分别点击 Red、Green、B1ue 三个字段，Red、Green、Blue 三个字段将分别从选择集中被清除。

从【View Signature Columns】对话框可以看到 Red、Green、Blue 三个字段将不再显示。

第三步：获取分类模板信息。

可以分别应用 AOI 绘图工具、AOI 扩展工具和查询光标三种方法，在原始图像或特征空间图像中获取分类模板信息。在实际工作中，也许只用一种方法就可以了，也许要将几种方法联合应用。

本示例以应用 AOI 绘图工具在原始图像获取分类模板信息为例：

在显示原始图像的视窗中点击图标（或者选择 Raster 菜单下的 Tools 菜单），打开 Raster 工具面板，点击 Raster 工具面板的图标，在视窗中选择绿色区域（农田），绘制一个多边形 AOI（图 8. 11）。

在 Signature Editor 窗口，单击 Create New Signature 图标，将多边形 AOI 区域加载

8.11 建立样区模板

到 Signature Editor 分类模板属性表中（图 8.12）。

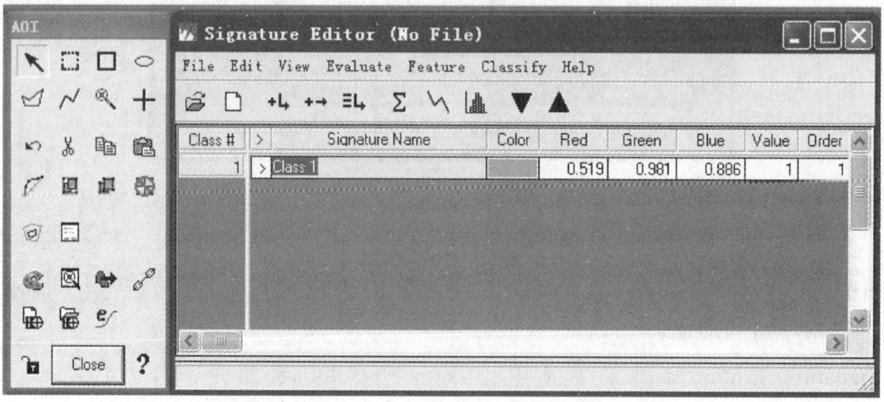

图 8.12 将选择样区添加到分类模板属性表

重复上述两步操作过程，选择图像中认为属性相同的多个绿色区域绘制若干个多边形 AOI，并将其作为模板依次加入到 Signature Editor 分类模板属性表中。

按下【Shift】键，同时在 Signature Editor 分类模板属性表中依次单击选择 Class#字段下面的分类编号，将上面加入的多个绿色区域 AOI 模板全部选定。

在 Signature Editor 工具条，单击 Merge Signatures 图标 ，将多个绿色区域 AOI 模板合并，生成一个综合的新模板，其中包含了合并前的所有模板像元属性。

在 Signature Editor 菜单条单击 Edit→Delete，删除合并前的多个模板。

在 Signature Editor 属性表中改变合并生成的分类模板的属性：（包括名称与颜色分类名称（Signature Name）），Agriculture/颜色（Color）：绿色。

重复上述所有操作过程，根据实地调查结果和已有研究结果，在图像窗口选择绘制多个黑色区域 AOI（水体），依次加载到 Signature Editor 分类属性表，并执行合并生成综合的水体分类模板，然后确定分类模板名称和颜色。

同样重复上述所有操作过程，绘制多个蓝色区域 AOI（建筑）、多个红色区域 AOI（林地）等，加载、合并、命名、建立新的模板。

如果将所有的类型都建立了分类模板，就可以保存分类模板。

2. 评价分类模板（Evaluating Signatures）

分类模板建立之后，就可以对其进行评价、删除、更名与其他分类模板合并等操作。分类模板的合并可使用户应用来自不同训练方法的分类模板进行综合复杂分类，这些模板训练方法包括监督、非监督、参数化和非参数化。

分类模板评价工具包括：

Alarms：分类预警工具；

Contingency Matrix：可能性矩阵；

Feature Objects：特征对象；

Feature Space to Image Masking：特征空间到图像掩膜；

Histograms：直方图方法；

Signature Separability：分类的分离性；

Statistics：分类统计分析。

当然，不同的评价方法各有不同的应用范围。例如，不能用 Separability 工具对非参数化（由特征空间产生）分类模板进行评价，而且分类模板中至少应具有 5 个以上的类别。

3. 执行监督分类（Perform Supervised Classification）

在监督分类过程中，用于分类决策的规则是多层次的，如对非参数模板有特征空间、平行六面体等方法，对参数模板有最大似然法、Mahalanobis 距离法、最小距离法等方法。当然，非参数规则与参数规则可以同时使用，但要注意应用范围，如非参数规则只能应用于非参数型模板，对于参数型模板，要使用参数型规则。另外，如果使用非参数型模板，还要确定叠加规则（Overlay Rule）和未分类规则（Unclassified Rule）。下面是执行监督分类的操作过程。

在 ERDAS 图标面板菜单条选择 Main，下拉菜单选择 Image Classification，点击 Classification 菜单，选择 Supervised Classification 菜单项，打开【Supervised Classification】对话框（图 8.13）。

在【Supervised Classification】对话框中，主要需要确定下列参数：确定分类模板文件（Input Signature File）、选择输出分类距离文件（Distance File）、选择非参数规则（Non_parametric Rule）、选择叠加规则（Overlay Rule）、选择未分类规则（Unclassified Rule）、选择参数规则（Parametric Rule）。

说明：在【Supervised Classification】对话框中，还可以定义分类图的属性表项目（Attribute Options）。通过【Attribute Options】对话框，可以确定模板的哪些统计信息将被包括在输出的分类图像层中。这些统计值是基于各个层中模板对应的数据计算出来的，而不是基于被分类的整个图像。

4. 评价分类结果（Evaluate Classification）

执行了监督分类之后，需要对分类效果进行评价，ERDAS 系统提供了多种分类评价方法，包括分类叠加（Classification Overlay）、定义阈值（Thresholding）、分类编码（Recode Classes）、精度评估（Accuracy Assessment）等，下面有侧重地进行介绍。

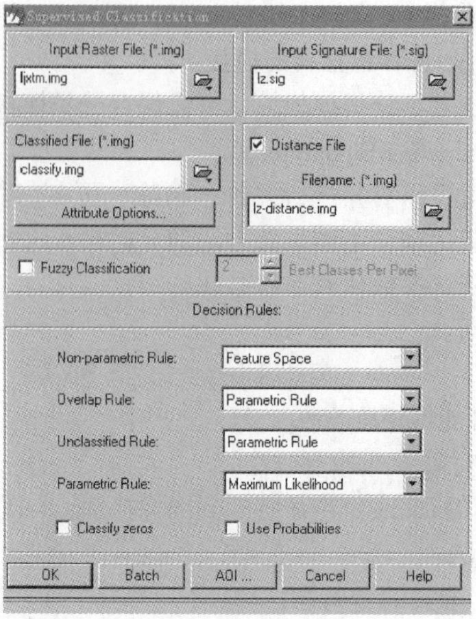

图 8.13 【Supervised Classification】对话框

(1) 分类叠加 (Classification Overlay)

分类叠加就是将专题分类图像与分类原始图像同时在一个视窗中打开，将分类专题层置于上层，通过改变分类专题的透明度（Opacity）及颜色等属性，查看分类专题与原始图像之间的关系。对于非监督分类结果，通过分类叠加方法来确定类别的专题特性并评价分类结果；对监督分类结果，该方法只是查看分类结果的准确性。

(2) 分类重码

对分类像元进行了分析之后，可能需要对原来的分类重新进行组合（如将林地 1 与林地 2 合并为林地），给部分或所有类别以新的分类值，从而产生一个新的分类专题层。

(3) 分类精度评估

分类精度评估是将专题分类图像中的特定像元与已知分类的参考像元进行比较，实际工作中常常是将分类数据与地面真值、先前的试验地图、航空像片或其他数据进行对比。

通过对分类的评价，如果对分类精度满意，则保存结果；如果不满意，则可以进一步做有关的修改，如修改分类模板等，或对应用其他功能进行调整。

8.3.5 监督分类的优缺点

与非监督分类“由数据做主”的特点不同，监督分类更多地体现了人的主观性，其有益的方面体现在：第一，可以根据应用目标和区域特点，有针对性地制定分类方案，避免出现一些不必要的类别，便于在分类结果基础上根据地学知识做进一步分析；第二，可以通过训练样本检查分类精度，通常可以避免分类中出现严重的错误。

但是由于监督分类的主观性强，同样将导致以下不足：第一，如果分类方案的定义不合理，致使类别之间的可分性差，将影响分类精度。第二，由于所有的样本都只能被分类为已定义的类别，这就要求分类方案必须全面。如果某些类别被遗漏了，则这些本属于未定义类别的样本将被强迫地分类为其他已定义的类别。当然，当采用概率密度估计分类法或者原型分类法时，我们可以给定某个概率阈值或者距离阈值，当某个样本属于各类的概率小于阈值或者到达各类原型的距离大于阈值，则不对该样本进行分类。但是阈值的选取往往是困难的。如果采用判别函数分类法，这种由于分类方案不全面造成的错误通常难以察觉。第三，在分类中，每个类别实质上是由训练样本定义的。但是训练样本的选取常常需要耗费大量的人力物力，有时可以获取的训练样本是有限的，这将影响分类精度。第四，在有些研究中，人们所关心的只是其中的部分类别，此时依然要求提供所有类别的训练样本是困难的。

对于前两点不足，我们可以借助非监督分类加以解决。例如，首先通过非监督分类得到数量较多的聚类，然后通过判读分析，将它们归并为研究所需的类别。这样既可以保证类别的可分性，又可以避免遗漏类别。这就是当前较为流行的面向对象的分类方法，这里的"对象"，就是由非监督分类产生的。当然，这样做的前提是我们能够对聚类结果进行判读。此外，我们还可以通过计算不同类别的训练样本之间的某种可分性指标（与所采用的分类方法相关）来预测类别之间的可分性。针对监督分类的第三点不足，解决方法之一是选用适合于小样本的分类算法（如 SVM）或者修改现有算法；此外，有学者还提出在有限的训练样本中加入一些不知类别的样本联合训练分类器，以改善分类精度。对于监督分类的第四点不足，有学者提出了在只有目标类训练样本的情况下如何从影像中提取目标类的样本，并将这种类型的分类命名为"不完全监督分类"。

8.4　分类后处理

无论是监督分类还是非监督分类，都是按照图像光谱特征进行聚类分析的，因此，都带有一定的盲目性。所以，对获得的分类结果需要再进行一些处理工作，才能得到最终相对理想的分类结果，这些处理操作统称为分类后处理（图 8.14）。

无论是利用监督分类还是非监督分类，分类结果中都会产生一些面积很小的图斑。无论是从专题制图的角度，还是从实际应用的角度，都有必要对这些小图斑进行剔除。ERDAS 系统中的 GIS 分析命令 Clump、Sieve、Eliminate 可以联合完成小图斑的处理工作（图 8.15）。

图 8.14　分类后处理图像对比

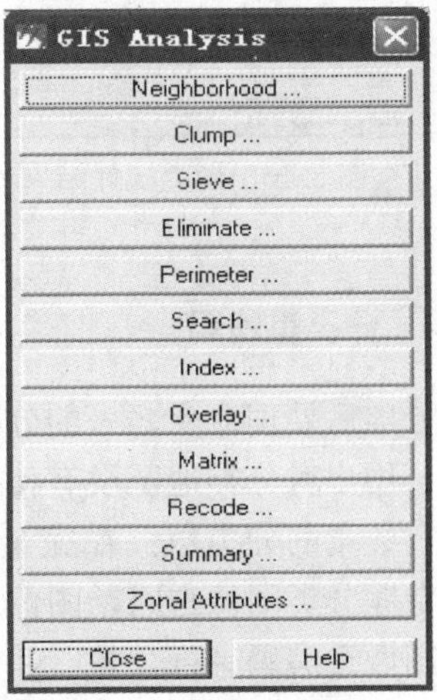

图 8.15　分类后处理工具

8.4.1 聚类统计

聚类统计（Clump）是通过对分类专题图像计算每个分类图斑的面积、记录相邻区域中最大图斑面积的分类值等操作，产生一个 Clump 类组输出图像，其中每个图斑都包含 Clump 类组属性；该图像是一个中间文件，用于进行下一步处理（图 8.16）。

8.4.2 过滤分析

过滤分析（Sieve）功能是对经 Clump 处理后的 Clump 类组图像进行处理，按照定义的数值大小，删除 Clump 图像中较小的类组图斑，并给所有小图斑赋予新的属性值 0。显然，这里引出了一个新的问题，就是小图斑的归属问题。可以与原分类图对比确定其新属性，也可以通过空间建模方法，调用 Delerows 或 Zonel 工具进行处理。Sieve 经常与 Clump 命令配合使用，对于无需考虑小图斑归属的应用问题，有很好的作用。

8.4.3 去除分析

去除分析是用于删除原始分类图像中的小图斑或 Clump 聚类图像中的小 Clump 类组，与 Sieve 命令不同，将删除的小图斑合并到相邻的最大的分类当中，而且，如果输入图像是 Clump 聚类图像的话，经过 Eliminate 处理后，将小类图斑的属性值自动恢复为 Clump 处理前的原始分类编码。显然，Eliminate 处理后的输出图像是简化了的分类图像（图 8.17）。

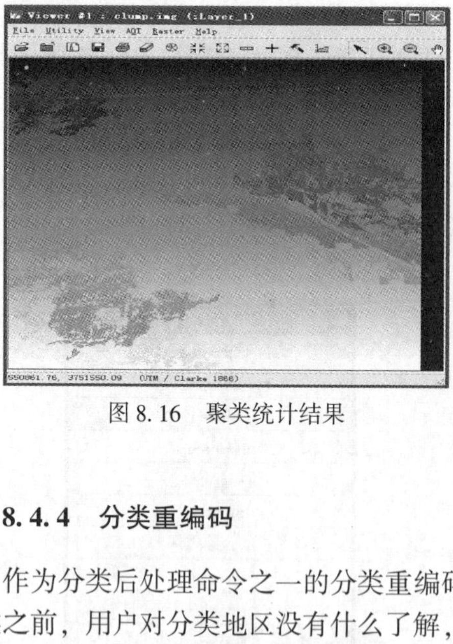

图 8.16 聚类统计结果

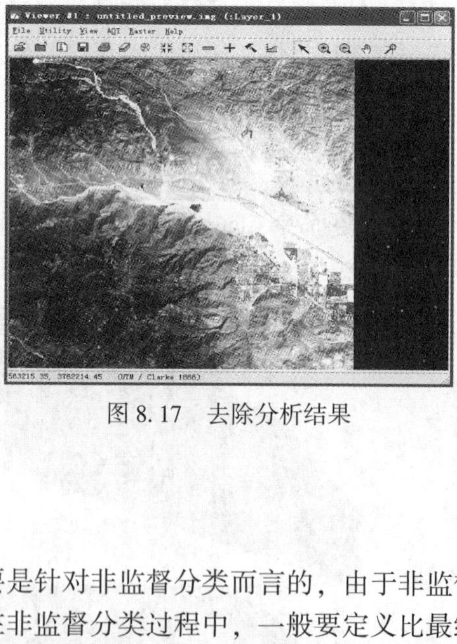

图 8.17 去除分析结果

8.4.4 分类重编码

作为分类后处理命令之一的分类重编码，主要是针对非监督分类而言的，由于非监督分类之前，用户对分类地区没有什么了解，所以在非监督分类过程中，一般要定义比最终需要多一定数量的分类数；在完全按照像元灰度值通过 ISODATA 聚类获得分类方案后，首先是将专题分类图像与原始图像对照，判断每个分类的专题属性，然后对相近或类似的分类通过图像重编码进行合并，并定义分类名称和颜色。当然，分类重编码还可以用在很多其他方面，作用有所不同。

8.5　遥感影像分类处理中的几个问题

遥感影像计算机自动分类在遥感数字影像处理技术中占有非常重要的地位，计算机分类的精度和可靠性除了与分类方法本身的优势有关外，还取决于一些其他的因素，本节将介绍分类处理中应注意的一些问题。

8.5.1　训练场地和训练样本的选择问题

训练场地和训练样本的选择在监督分类中是十分重要的。在监督分类中，由于训练样本的不同，分类结果就会出现极大的差异。因此在工作区仔细选择各类训练场地、正确选择有代表性的训练样本，是分类能否取得良好效果的关键性问题。用于监督分类的训练场地应该是光谱特征比较均一的地区，一般在影像显示中根据均一的色调估计只有一类地物，而且一类地物的训练场地可选取一块以上。同时，训练样本的数目至少要能够满足建立分类判别函数的要求，以克服各种偶然因素的影响，而对于光谱特征变化较大的地物，训练样本的数目要更多一些，以反映其变化范围。一般情况下，要得出可靠的统计数据，每类至少要有 10~100 个训练样本数据。

另外，为了使监督分类具有较高的精度，应尽可能多地利用一些已知的有用资料，来确定训练场地和训练样本，使训练样本具有较好的代表性。但是，在使用各种图件资料时应注意以下几个方面：

1. 时间

各种图件的成图日期要尽可能地接近影像成像日期，以保证地物类别确定准确。

2. 空间

要考虑到每一种地物类别随空间变化发生光谱特征变化的可能性，选择训练场地应当能够反映这种变化。

应当指出的是，在监督分类中，由于训练场地是人为选取的，可能不包含所有的自然地物类别，因而分类后可能留下无类可归的像元。对于这种情况，有两种解决方法：一是将所有无类可归的像元组成一个未知类；二是按最近距离原则划归到各个已知类中。

8.5.2　地形影响因素

在遥感影像中，地形因素不仅会造成几何畸变，而且还会影响其亮度值。例如，同类地物由于所处山坡位置的不同，其阴坡和阳坡的光谱特性就有很大的差异（即同物异谱）。当然，可利用第 7 章“遥感数字图像处理”中介绍的多波段影像的比值处理来减弱地形的影响，并用比值影像进行计算机分类处理，但是，多波段影像比值并不能彻底消除地形的影响，而且当地形起伏太大时，比值处理受到限制。

地形因素的影响也不能通过训练样本时，用对阴坡和阳坡都进行采样的方法来解决。因为这样做从表面上看是样本的代表性增加了，可使分类精度提高，而实际上，问题并不能彻底解决，而且从理论上说，也是不妥当的。因为这样简单地选取训练样本不仅总体服从多元正态分布的前提不易满足，而且同类样本的离散程度（类内方差）大大增加，从而导致分类精度下降。此外，选择阳坡和阴坡训练样本的比例也无法确定，因为同类地物在不同地段其阴、阳坡所占的比例可以完全不同，既可以完全在阴坡，也可以完全在阳坡，所以阴、阳坡占任意比例的训练样本都缺乏代表性，这会使分类结果受到严重的影响。因此，用一组训练样本不能正确表达这类地物。

解决这类由于地形因素造成的“同物异谱”现象的一种有效的方法是采用同类多组法来选取训练样本，即同类地物根据光谱特征的不同，可以选取一组以上（两组或几组）训练样本，并规定类与组的明确概念。在对影像进行分类时，应首先进行分组，然后再根据所属的类别进行合并。

8.5.3 混合像元问题

遥感器对地物的探测是以像元为单位的，像元除了有一定的波谱参量外，还表征了地物的空间分布，即具有一定的面积。如果一个像元内仅包含一种地物，则称该像元为典型像元（纯像元）；如果一个像元内包含几种地物，则称该像元为混合像元。事实上，由于遥感影像的几何分辨率较低（如 MSS 为 79m×79m，NOAA 气象卫星影像的地面分辨率为 1.1km×1.1km），因而混合像元在影像中普遍存在，这一问题在遥感界很早就被认识到了。

一般情况下，不同地物具有不同的辐射特性，所以混合像元的辐射特性与组成混合像元的任何地物构成的纯像元的辐射特性都不相同，从而使混合像元亮度值不属于构成该像元的任何地物的亮度值，而介于这些地物亮度值之间。

由于大面积分布的混合像元对遥感影像的计算和分类影响较大，为此，已有研究人员提出了一些混合像元分解的方法。目前，混合像元分解的方法主要可归纳为两类：一是线性关系分解法，其依据是像元亮度的线性可加性；二是模糊分解法。

当然，混合像元是一个很复杂的问题，混合像元分解技术已成为遥感影像处理研究的一个方向。

8.5.4 特征变量的选择问题

遥感影像分类的原始特征变换就是波段影像的波段变量本身，它们是分类的主要依据，这些波段影像可经过一些变换（如比值处理、差值处理、K-L 变换以及缨帽变换等）获得一系列新的特征变量，同时还可以加入与影像网格坐标相一致（经几何配准）的其他非遥感变量，这些变量与原始特征变量组成了一个维数很高的特征变量空间。在影像分类处理中，当特征变量空间的维数太高时，就会增加分类算法的复杂性和计算工作量，同时，不少变量之间往往相关程度较高，变量太多不一定能提高分类精度，反而会造成更多的混淆和不确定性。因此，在特征变量数目较多的情况下，在进行分类之前，需从已有的多维特征变量中进行选择，以取得具有良好分类效果的为数较少的几个特征变量。

8.5.5 空间信息在分类中的应用问题

遥感影像的灰度是地物电磁波辐射特征的反映，灰度值的大小除与地物成分有关外，还与地物表面结构以及地形的起伏有关。一般，影像分类仅仅考虑影像的光谱信息，而不考虑影像的空间信息以及地形起伏变化的影响，因而使分类精度受到一定的影响。为了提高遥感影像的分类精度，必须要考虑影像中的空间信息和地形变化因素。实践表明，多波段遥感影像和空间信息（纹理信息、高程数据等）的综合分类可以显著地提高遥感影像的分类精度和地物的识别能力。

8.5.6 影像分类的后期处理问题

在遥感影像分类中，由于混合像元的存在以及分类算法是针对每个像元单独进行的，结果在分类影像中会出现一大片同类地物中夹杂着散点分布的异类地物的不一致现象，它们在分类影像上表现为噪声。为了克服这种与实际情况不相符合，也不满足分类要求的情形，可通过平滑处理来减少或消除类别噪声的影响。

另外，用计算机进行影像分类的准确性是至关重要的，所以，对分类结果需进行误差分析。误差分析是指随机抽查检验区以检验分类的精度和可靠性，当精度与可靠性较差时，可从以下两方面进行改善：①重新选择训练样本，使训练样本更具有代表性，并使分类类别数更加与实际相符；②当前者已满足时，对判别函数进行评价和选择，并对参加分类的变量或统计量进行选择。

习　题

1. 比较监督分类与非监督分类的优缺点。
2. 遥感图像特征抽取主要有几种方法？什么条件下可以使用特征抽取方法？举例说明。

第9章 遥感专题信息提取及专题图制作

☞ 教学目标

学习本章，要掌握遥感目视判读中目标地物的特征及其在遥感影像中的识别特征，学会建立相应的判读标志，掌握目视判读的基本方法、一般程序、应用判读标志应注意的问题等；了解计算机判读的原理，重点掌握水体、植被、居民地、岩石的信息提取特征及方法；掌握计算机专题制图制作流程。

9.1 遥感专题信息提取和专题制图概述

遥感技术的发展，使利用遥感资料编制专题地图成为专题地图编制的主要方法。遥感专题制图是以遥感资料为主要数据源，经过图像处理和专题判读编制专题地图的一种制图方法。遥感专题制图以多种遥感图像为基础，打破了从图到图的作业过程，在内容、形式、成图方法上均采用新的途径。

遥感技术在专题制图领域的广泛应用，为专题地图提供了更加广泛、现势性好的动态资料，遥感图像的计算机判读技术也为专题制图工艺的改进提供了技术保证。随着高光谱图像和成像光谱技术的发展，专题地图的编制向着高精度和大比例尺方向发展，遥感专题制图被推向新的阶段。

遥感专题图制作首先要进行专题信息的提取，然后在其基础上进行面积计算、区域分析、统筹决策等。

遥感专题信息提取和专题制图前，一般要进行遥感数据及辅助资料的采集、影像数据的预处理（格式转换、图像合成）、影像的几何校正、影像镶嵌处理（裁剪、匀光）、图像信息增强、影像分类及分类后处理等工作。

本章主要介绍专题信息提取的基本方法和专题图制作方法及流程。

9.2 遥感专题信息提取的基本方法

遥感专题信息提取方法主要是目视判读和计算机自动判读。人工目视判读可充分利用判读人员的知识来提取空间相关信息，但花费较多时间，并存在个人差异；计算机自动判读一般可分为单波段法和多波段法，采用阈值法、差值法、比值法、密度分割法、色度判别法、比率测算法以及基于知识的自动判别方法和根据形状、纹理等信息进行识别等各种方法，这些都是基于光谱知识进行的。

9.2.1　遥感信息目视判读

目视判读是遥感应用的一项基本技能，即使是在计算机自动化程度很高的今天，计算机判读的结果仍需要运用目视判读的方法进行抽样核实或检验。通过目视判读，可以核实计算机判读的精度，分析某些元素是否符合地域分异规律等，这是计算机判读的一项基本工作。忽视目视判读，一味强调计算机自动判读功能，则很难保证判读的精度。所以，了解目标地物的特征及其在遥感影像上的识别特征，对提高遥感影像目视判读精度是非常必要的。

1. 目标地物特征

遥感图像中的目标地物特征是地物电磁辐射差异在遥感影像上的典型反映。按其表现形式的不同，目标地物特征可以大概分为色、形、位三大类：

色：目标地物在遥感影像上的颜色，包括目标地物的色调、颜色和阴影等；

形：目标地物在遥感影像上的形状，包括目标地物的形状、纹理、大小、图形等；

位：目标地物在遥感影像上的空间位置，包括目标地物分布的空间位置、相关布局等。

2. 目标地物识别特征

色调：全色遥感图像中从白到黑的密度比例称为色调，或称为灰度。色调标志是识别目标地物的基本依据，根据目标地物与背景之间存在的能被人的视觉所分辨出的色调差异，人眼就可以区分出目标地物，甚至是目标地物的属性。但应注意，同一地物在不同波段的图像上会有很大差别；同一波段的影像上，由于成像时间和季节的差异，即使同一地区同一地物的色调也会不同（图 9.1）。

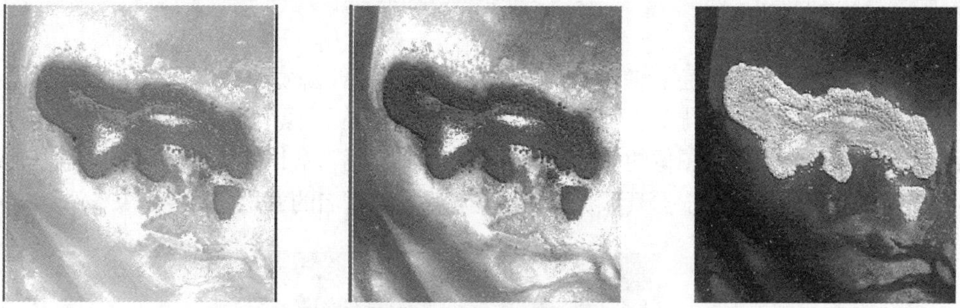

图 9.1　同一地物在不同波段色调差异

颜色：是彩色遥感图像中目标地物识别的基本标志。遥感影像中目标地物的颜色是地物在不同波段中反射或发射电磁辐射能量差异的综合反映。按照遥感影像与地物真实色彩的吻合程度，遥感影像分为真彩色图像和假彩色图像。真彩色图像上的地物颜色能够基本真实地反映地物颜色特征，符合人类的认知习惯（图 9.2）。假彩色图像上地物颜色与实际地物颜色不同，目的是突出特定的目标物（图 9.3）。目视判读之前，要首先了解遥感图像是由哪几个波段组成，每个波段分别被赋予了什么颜色。

图 9.2　真彩色图像

图 9.3　假彩色图像

阴影：是遥感影像上光束被地物遮挡而产生的地物的影子，根据阴影形状、大小可判读物体的性质或高度。阴影的长度、方向和形状受到光照辐射度、光照射方向和地形起伏等的影响，阴影下的信息往往会模糊不清、缺失等（图 9.4）。

图 9.4　遥感影像阴影

形状：是目标地物在遥感影像上呈现的外部轮廓。由于遥感影像不同与垂直投影，飞行姿态的改变或者地形起伏的变化等，都会引起统一目标地物在图像上呈现出不同的形状，所以，遥感影像判读时，必须考虑图像的成像方式。例如，飞机场、盐田、工厂等可以通过其形状判读出其功能；典型建筑物可根据其形状可判断其属性，如著名的五角大楼（图 9.5）。

图 9.5　遥感影像中五角大楼形状

纹理：是指遥感图像中目标地物内部色调有规则变换造成的影像结构（图 9.6）。纹理在高分辨率像片上可以形成目标物表面的质感，在视觉上显得平滑或粗糙。如幼年林看上去像天鹅绒一样平滑，成年的针叶林则看上去很粗糙；沙漠中的纹理可表现沙丘的形状以及主要风系的风向。纹理可以作为区别地物属性的重要依据。

大小：是指遥感影像上目标物的形状、面积与体积的度量。它是遥感图像上测量目标地物最重要的数量特征之一。根据物体的大小，可以推断物体的属性，有些地物（如湖泊和池塘）主要依据它们的大小来区别。判读时，还要考虑图像的比例尺。

位置：是指目标地物的分布地点。目标地物与其周围地理环境总是存在着一定的空间联系，并受周围地理环境一定的制约。例如，某些植被专门生长在沼泽地、沙地和戈壁滩上。

图型：是指目标地物有规律的排列而成的图形结构。例如，住宅区建筑群在图像上呈现的图型（图 9.7），农田与周边的防护林构成的图型，各种水系类型、植被类型等都有其独特的图型结构，以这种图型为线索，可以容易地判别出目标物。

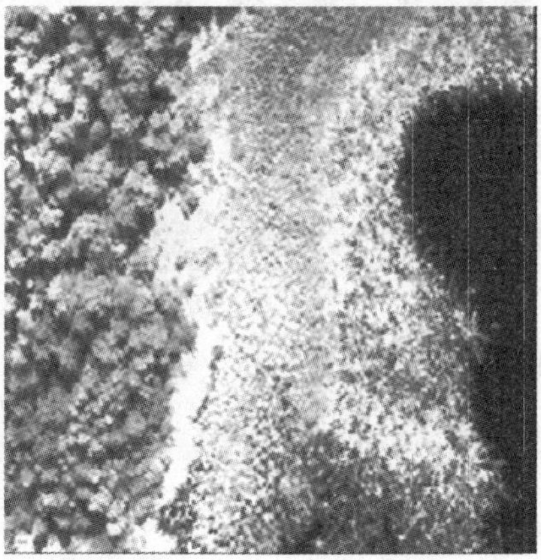

图 9.6　遥感影像植被纹理特征

图 9.7　环山而建的住宅区建筑群遥感影像图

相关布局：是指多个目标地物之间的空间配置关系。例如，学校教室与运动操场、货运码头与货物存储堆放区等，都是地物相关布局的实例。

地面各种目标地物在遥感图像上存在着不同的色、形、位的差异，它们构成了可供识别的目标地物特征。遥感目视判读人员将目标地物的特征作为分析、判读、理解和识别遥感图像的基础。

3. 遥感图像判读标志

判读标志分为直接判读标志和间接判读标志。直接判读标志是指能够直接反映和表现目标地物信息的遥感图像的各种特征，包括遥感影像上的色调、色彩、大小、形状、阴影、纹理、图型等，判读者利用直接判读标志，可以直观地识别遥感影像上的目标地物。间接判读标志是指能够间接反映和表现目标地物信息的遥感图像的各种特征，借助它，可以推断与某地物属性相关的其他现象。

直接判读标志前面已经介绍过，下面主要介绍一下遥感影像上经常用到的间接判读标志。

目标地物与其相关指示特征：例如，像片上河流边滩、沙嘴和心滩的形态特征是确定河流流向的间接判读标志。

地物及与环境的关系："植物是自然界的一面镜子"，可以根据有代表性的植被类型推断当地的生态环境，如寒温带针叶林的存在说明该地区属于寒温带气候。

4. 遥感影像判读的基本方法

遥感影像判读的基本方法是由宏观至微观，由浅入深，由已知到未知，由易到难，逐步展开。按照分析推理的观点，一般判读方法有：直接判读法、对比法、综合判读法和历史比较法。前三种方法在第5章中已有详细叙述。历史比较法是作动态研究时采用的最好方法，如研究滑坡、土地的厚度、滑坡速度、方向等，可采用不同时期拍摄的像片，作不同时期的历史比较，得出有关地质体随时间而变换的有关数据（图9.8）。

(a) (b)

图9.8 地震前后的北川影像

5. 目视判读的一般程序

(1) 了解影像的辅助信息

熟悉获取影像的平台、遥感器、成像方式、成像日期、季节以及影像的区域范围、比例尺、空间分辨率、彩色合成方案等，尽可能多地了解辅助信息，提供可判读程度。

(2) 分析已知专业资料

分析已有相关资料或了解地面实际状况，将这些资料与影像对应分析，以确认二者之间的关系。

(3) 建立判读标志

根据影像特征，即形状、大小、阴影、色调、颜色、图型、纹理、位置与相关布局等，建立影像与实地目标地物之间的对应关系。

(4) 室内预判读

先在室内运用判读标志、相关方法对影像进行判读，勾绘类型界线，标注地物类别，形成预判读图。

(5) 野外调绘

室内预判读不可避免地存在错误或难以确定的类型，需要野外实地调查和验证。

(6) 详细判读

根据野外实地调查结果，修正预判读图中的错误，确定未知类型，细化预判读图，形成正式的判读原图。

(7) 类型转绘与制图

将判读原图上的类型界线转绘到地理底图上，根据需要，可以对各种类型着色，进行图面整饰，形成正式的专题地图。

6. 应用判读标志应注意的问题

由于遥感影像种类较多，投影性质、波谱特征、色调色彩和比例尺等存在差异，所以在应用判读标志时，应区分不同的遥感影像的不同特点。

(1) 彩红外图像

彩红外图像上的色彩与自然景物的色彩不同。健康的植物是绿色的，但由于它大量反射近红外辐射，使像片上的影像呈红色或品红色。遭受病虫害的植物由于降低了红外反射，使像片上的影像呈现蓝色、暗蓝色或黑色。沙土由于对绿光或红外光谱没有明显的选择反射，使像片上的影像呈白色或灰白色。

(2) 多光谱图像中的单波段图像

多光谱图像中的单波段图像（MSS 有 4 个单波段图像）本身就是地物反射辐射强弱的反映。例如水体，由于红外辐射很弱，所以它在 MSS7 波段上的影像呈现深色调，而在 MSS4 和 MSS5 波段上色调就相对浅一些。绿色植物的红外辐射较强，其在 MSS7 波段上的影像色调较浅，而在 MSS4 和 MSS5 波段上，其色调就相对深一些。

(3) 假彩色合成图像

假彩色本身就是根据判读对象和要求，以突出判读内容为目的的像片（不同波段图像和不同滤光片的组合），其影像色彩都是人为的。因此，应用这种像片判读，必须先了解假彩色合成图像生成的机理情况，以便建立起景物色彩与影像色彩相对应的判读标志。

(4) 热红外图像

热红外影像的形状、大小和色调（或色彩）与景物的发射辐射有关，景物发射辐射与绝对温度的四次方成比例，同一性质的物体（如热水和冷水），由于温度不同，其影像色调也不同。影像的形状和大小只能说明物体热辐射的空间分布，不能反映物体真实的形状和大小。例如，起飞后飞机尾部排出热辐射的影像形状和大小就不是飞机的真正形状的大小（图 9.9）。

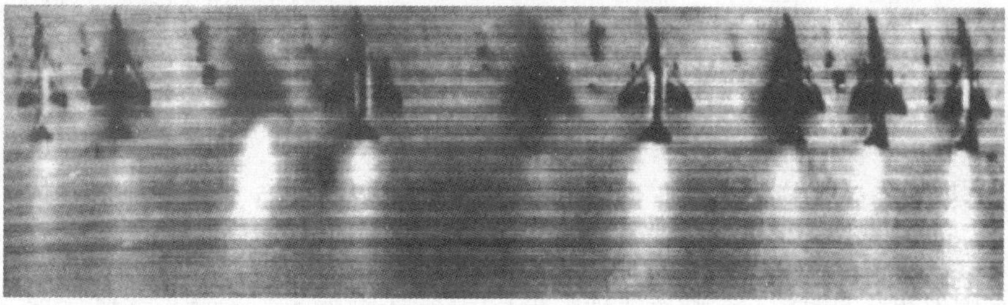

图 9.9　飞机起飞时热红外遥感图像

(5) 雷达图像

雷达图像是多中心斜距投影的侧视图像（图 9.10），具有与其他遥感图像不同的一些特点，主要是：图像比例尺的变化（比例尺是波束俯角的函数）使图像产生明显的失真，如一块正方形的农田会变成菱形；雷达图像具有透视收缩的特点，即在图像上量得地面斜坡的长度比实际长度要短；当雷达波束俯角与高出地面目标的坡度角之和大于90°时，雷达图像将产生叠掩现象，即相对于飞行器的前景，图像将出现在后景之后。如广场上一旗杆，在雷达图像上表现为顶部在前，其根部在后的一小线段，这与航空摄影中旗杆的影像正好相反；此外，在雷达图像上还会出现雷达阴影，即雷达波束受目标（如山峰）阻挡时，由于目标背面无雷达反射波而出现暗区（图9.11）。

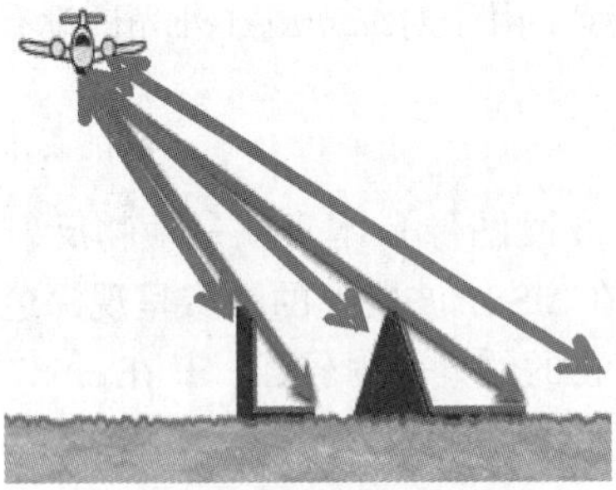

图9.10 雷达反射波示意图

图9.11 雷达图像上的阴影

9.2.2 遥感信息计算机判读

遥感影像信息计算机判读以遥感数字图像为研究对象，在计算机系统支持下，综合运用地学分析、遥感图像处理、地理信息系统、模式识别与人工智能技术，实现专题信息的智能化获取，将人工目视判读遥感图像发展为计算机支持下的遥感图像判读。

利用计算机进行遥感图像智能化判读，可快速获取地表不同专题信息，并利用这些专题信息迅速地更新地理数据库，这是实现遥感图像自动理解的基础研究之一，也是地理信息系统中数据采集自动化研究的一个方向，具有重要的理论意义及应用前景。

不同物质的波谱特性是不同的，即它们的辐射和反射特征都各不相同。要实现遥感图像中各专题信息的自动提取，要先研究不同地物类型在遥感影像上的表现特征及其相应表达模型，为有效地提取专题信息提供基础。研究典型地面特征在遥感影像上表现出的光谱特征、空间特征，并对其进行具体分析，为智能化快速提取专题信息数据提供了科学基础。

1. 遥感影像水体信息的提取

单波段法主要是选取遥感影像中的某一波段并辅以阈值来提取水体信息，这种方法很难去除水体中杂有的阴影。多波段法则主要利用多波段的优势综合提取水体信息，它通过分析水体与背景地物的波谱曲线特征，找出它们之间的变换规律，进而用逻辑判别表达式将水体信息提取出来。比值法就是根据不同地类在不同波段中的波谱特点，来快速提取水体信息，但是这一方法无法彻底抑制与水体无关的背景信息，为了解决这一问题，基于多波段的各种水体指数相继提出。

根据影像水体光谱信息的特点，很多学者提出利用水体指数的方法来有效地提取水体信息。McFeeters在1996年创建了归一化差异水体指数（NDWI）用于水体信息的提取，其公式为：

$$NDWI=\frac{Green-NIR}{Green+NIR}$$

式中，Green代表绿光波段，如TM影像的2波段；NIR代表近红外波段，如TM影像的4波段。

由于水体的反射从可见光到中红外波段逐渐减弱，在近红外和中红外波长范围内（740~2500nm）吸收性最强，几乎无反射，因此，用可见光和近红外波段的反差构成的NDWI可以快速地提取影像中的水体信息。但是这种方法在城市水体信息的提取中会混入一部分建筑信息。

TM影像中水体具有独特的谱间关系特征，即具有绿光波段加红光波段大于近红外波段加短波红外的特性，针对TM影像地形阴影与深水水体容易混淆的问题，可以利用此特性采用阈值法有效地提取水体信息，而且能够较好地避开山体阴影。因为比值运算能够消除地形因素的影响。

徐涵秋在基于谱间特征和归一化指数分析的城市建设用地信息提取中引入了修正水体指数MNDWI，其公式为

$$MNDWI=\frac{Green-MIR}{Green+MIR}$$

式中，用短波红外波段来代替近红外波段，在更好地抑制植被信息的同时，还可以减小水体与建筑物之间的光谱混淆，更有利于城市水体信息的提取。

在水体类型中，河流、水库、池塘利用光谱特征很难区分，但这种情况在目视判读中几乎不会发生，目视判读人为地加入了形状信息等。

各种水体信息提取方法，由于形成机理和使用范围的不同而得到了不同的应用。目视判读方法中，知识和经验在地物识别中起主要作用，但难以实现对海量空间信息的定量化分析；利用计算机进行遥感影像原始图像处理，速度快，数据处理方式灵活多样，但主要依靠的是地物的光谱特征，多是通过训练区或数据的统计分析为基础的，难以突出遥感信息所包含的地学内涵，因而对复杂的地理环境要素难以进行有效的综合分析，且对地物的空间特征的利用不够。不同分辨力的卫星影像具有不同的光谱信息，因为遥感成像机理的复杂性和不同传感器的不同成像特征，没有哪一种方法是万能的，所以要结合一定的遥感影像，分析地物的光谱特征，进而选择合适的地物信息提取方法。

2. 遥感影像植被特征提取

植被是环境的重要组成因子，也是反映区域生态环境的最好标志之一，同时也是土壤、水文等要素的判读标志。植被判读的目的是在遥感影像上有效地确定植被的分布、类型、长势等信息，并对植被的生物量作出估算，因而，它可以为环境监测、生物多样性保护、农业、林业等有关部门提供信息服务。

影响植物光谱的因素有植物本身的结构特征，也有外界的影响，但外界的影响总是通过植物本身生长发育的特点在有机体的结构特征中反映出来的。

从植物的典型波谱曲线来看，控制植物反射率的主要因素有植物叶子的颜色、叶子的

细胞构造和植物的水分等。植物的生长发育、种类、灌溉、施肥、气候、土壤、地形、植被覆盖程度等因素都对植物的光谱特征发生影响，使其光谱曲线的形态发生变化。

不同植被类型，由于组织结构不同、季相不同、生态条件不同而具有不同的光谱特征、形态特征和环境特征，在遥感影像中可以表现出来。利用这些不同，可以区分不同的植被。例如，利用植物的物候差异来区分植物，在冬季，落叶树的叶子已经凋谢，叶子的色素组织都发生变化，遥感影像上显示不出植物的影像特征，无论是可见光区和近红外光区，总体的反射率都在下降；而常绿树木则仍保持植物反射光谱曲线特征，两者很容易辨别。同一种植物在不同季节的光谱特征有明显的变化；不同的植物生长期不同，光谱特征的变化也是不一样的。因此，通过各种植物的物候特征、生长发育的季节变化，可以利用有利时机，识别植物的种类，进行植被信息的提取。

3. 遥感影像居民地特征提取

居民地又称“居民点”或聚落，它包括房屋建筑的结合体以及与居住有直接关系的其他生活设施（如道路、公共设施、园林绿化、港站等）和生产设施，具有一定的结构、功能和空间形态。居民地在遥感影像上的光谱特征、纹理特征和空间关系特征是居民地地面特征的反映。居民地的地面特征包括居民地的组成和结构、居民地的形状以及居民地与背景的关系等。

同一波段不同地物吸收和反射太阳光的程度各异，同一地物在不同波段吸收和反射太阳光的能力也不同，根据这一原理，在居民地容易识别的多波段彩色合成影像上，对典型地物进行光谱采样，计算各种地物的光谱均值，得到典型地物波谱曲线图。分析居民地的光谱曲线与其他地物光谱曲线的关系，找到能够区分居民地和其他地物的波段，利用波段之间的亮度值差异，选择适当的阈值即可区分。这就是居民地提取常用的方法之一——谱间结构阈值法。

但基于光谱的居民地提取是从分析不同地物的光谱曲线入手，挖掘谱间特征，从而提取居民地。谱间结构阈值无法克服同物异谱和异物同谱现象。一般而言，道路、干河床和裸地的光谱值与居民地都比较接近，不容易将其剔除。

虽然居民地的亮度值与道路、干河床、裸地等容易混淆，但它们在纹理特征上是有差别的，因此利用纹理分析法可以较好地解决同物异谱和异物同谱现象。常用的纹理方法主要有统计方法、模型方法以及基于数学变换的方法。随着影像空间分辨率的提高，居民地纹理特征表现得更为清晰，纹理分析方法为居民地信息自动提取提供了有力的手段，应用也会越来越深入。

居民地计算机信息提取常用的还有地学专家知识分类法，地学专家知识直接反映地理特征，居民地的分布受地形、河流等众多因子的影响，其空间分布有明显的规律和区域差异。一般而言，居民地主要分布在高程较低，坡度较小，坡向为东坡、南坡和东南坡上，其分布与邻近地物类型也有相关关系，如有些居民地明显沿河流谷地分布。这些知识都可用于剔除误提取的居民地。

4. 遥感影像岩性信息提取方法

电磁波与岩石表面物质发生作用，在可见光、近红外和热红外形成各自连续的光谱分布，不同物质成分的岩石形成不同的光谱特征，光学遥感就是依据这些不同光谱分布表现出来的特征（能量、谱形等）来探测目标的，了解、认识了这些光谱特征，就能够利用遥感信息提取技术识别它们。因此，开展基于光谱特征的岩性遥感信息提取与岩石分类方法研究具有重要的理论和现实意义。

岩石的光谱特征较为复杂，是组成成分和结构的函数。除了由于组成成分、结构的不同引起岩石的光谱特征不同外，岩石的光谱特性还受到环境、大气等诸多因素的影响，影响岩石光谱特征的主要因素：风化、表面粗糙度、表面颜色、岩石产状、大气环境以及背景地物等。

近地表的岩石受到物理、化学过程的作用发生物理、化学风化，这往往会使原始岩石的成分、结构发生改变，从而导致岩石光谱特征的变异。研究表明：就沉积岩而言，风化面与新鲜面的光谱差异主要表现在光谱反射率大小上，而在波谱形态上，在可见光部分，由于二价铁、三价铁的影响，变化略大，而在其他部分变化较小。

岩石颜色是组成成分的反映。不同种类的岩石由不同的成分组成，因而它们的颜色也各异。一般地，岩石颜色深，说明以暗色矿物为主或含有某些有机质杂质，其反射率低；岩石颜色浅，说明以浅色矿物为主、含有机质少，其反射率高。岩石的表面颜色分为新鲜颜色和风化面颜色两种，它们往往并不相同，这就造成了直接利用实验室岩石光谱数据特征进行遥感影像岩石信息提取、匹配和分类识别的困难。

岩石的不同走向、倾向、倾角造成岩石吸收和反射辐射太阳光的差异，因而造成遥感传感器所接收的光谱信息不同，从而在遥感影像上造成同一种岩石不同的光谱特征，不同的岩石具有相似的光谱特征，即所谓的同物异谱或异物同谱现象。由此造成了遥感影像上岩石信息提取和分类识别的困难。

背景地物主要是指岩石上覆盖的土壤、植被等地物对岩石光谱特征的影像，造成遥感传感器所接收到的光谱信息是几种地物的混合光谱，而不是纯的岩石光谱，造成岩石岩性信息提取和识别的困难。为解决这一问题，发展了混合像元分解技术、掩膜技术和信息分离等技术来消除或减弱背景地物的影像，从而获得岩石的光谱特征。

9.3　遥感专题图制作

遥感影像地图是一种以遥感影像和一定的地图符号来表现制图对象地理空间分布和环境状况的地图。在遥感影像地图中，图面内容要素主要由影像构成，辅助以一定地图符号来表现或说明制图对象。与普通地图相比，影像地图具有丰富的地面信息，内容层次分明，图面清晰易读，充分表现出影像与地图的双重优势。遥感影像地图具有以下主要特征：

①丰富的信息量：它与普通线画地图相比，没有信息空白区域，彩色影像地图的信息量远远超过线画地图。利用遥感影像地图，可以判读出大量制图对象的信息，因此，普通影像地图具有补充和替代地形图的作用。

②直观形象性：遥感影像是制图区域地理环境与制图对象进行“自然概括”后的构像，通过正射投影纠正和几何纠正等处理后，它能够直观形象地反映地势的起伏、河流蜿蜒曲折的形态，增加了影像地图的可读性。

③具有一定数学基础：经过投影纠正和几何纠正处理后的遥感影像，每个像素点具有自己的坐标位置，根据地图比例尺与坐标网可以进行量测。

④现势性强：遥感影像获取地面信息快，成图周期短，能够反映制图区域当前的状况，具有很强的现势性。对于人迹罕至地区，如雪山、原始森林、沼泽地、沙漠、崇山峻岭等，利用遥感影像制作遥感影像地图，更能显示出遥感影像地图的优越性。

遥感专题制图是采用综合制图原理和方法，根据制图的目的，以遥感资料为基础信息源，结合其他的专题资料，按照所要求的分类原则和制图比例尺，反映与主题相关的一种或几种要素的内容的一种图件。它的主要功能是用图形符号客观系统而且完整地反映一定区域内环境与资源的空间分布及时间变化规律。遥感专题制图的信息来源是多重数据的综合分析。目前，在遥感专题制图应用过程中，广泛使用的均是以遥感数据的光谱特征为基础的多光谱信息源。

制图之前，要进行总体设计，包括制作专题图的目的、任务和使用对象的需求，即为保证专题地图的科学性、正确性、实用性和艺术性而进行的总体规定与具体技术要求，如专题地图的投影设计、地理底图的内容取舍、专题内容的设计、综合原则、表示方法、图例设计、遥感图像的选择等。

遥感图像的选取要根据专题制图的目的而定，选择适当波段、时相、分辨率、类型的遥感影像进行制图，将有助于提高专题图的精度。地形图即底图，其比例尺一般等同于专题图的比例尺，辅助资料是指与专题要素有关的专业资料、地方志等。

另外，需要注意的一点是专题图的制图综合，包括要素的取舍，线状符号和轮廓范围形状的简化，数量、质量特征的概括以及将局部现象与指标转化为全面的现象与指标。这些都要依据专题图的用途、比例尺、内容以及要素的分布特征而进行。

遥感影像制图分为常规制作遥感影像图和计算机辅助遥感制图，常规制作遥感影像图制作线画注记版以及影像印制过程较复杂，例如，需要对线画注记版摄像，形成遥感影像地图彩色负片，再将彩色负片拿到电分机上，经过色彩平衡、校正后输出分色要素片，再将分色片进行套印等。计算机辅助遥感制图与遥感影像图的常规编制方法相比，简化与革新了影像地图编制工艺，改善了影像制图条件，提高了遥感影像上配置符号注记的灵活性，缩短了成图周期，降低了劳动强度，是具有发展潜力的遥感影像制图技术。这里主要介绍计算机辅助遥感制图基本流程。计算机辅助遥感制图的基本过程和方法如图 9.12 所示。

1. 遥感影像信息选取与数字化

根据影像制图要求，选取合适时相、恰当波段与制图地区的遥感图像，需要镶嵌的多景遥感图像宜选用同一颗卫星获取的图像或胶片，选用非同一颗卫星图像时，也应选择时相接近的图像或胶片，检查所选的影像质量，制图区域范围内不应有云或云量低于 10%。

对航空像片或影像胶片，需要数字化。扫描的图像反差应适中，尽量保持原图像信息不损失，不产生灰度拖尾现象。

2. 地理基础底图的选取与数字化

如果采用地理基础底图对遥感影像进行几何校正，需要先对地理底图数字化。对地理底图进行数字化的过程及精度要求这里不再赘述。

3. 遥感影像几何校正与图像处理

几何校正的目的是提高遥感影像与地理基础底图的复合精度，遥感影像几何校正精度与在遥感影像和地形图上选取同名地物控制点密切相关，其选取原则如下：

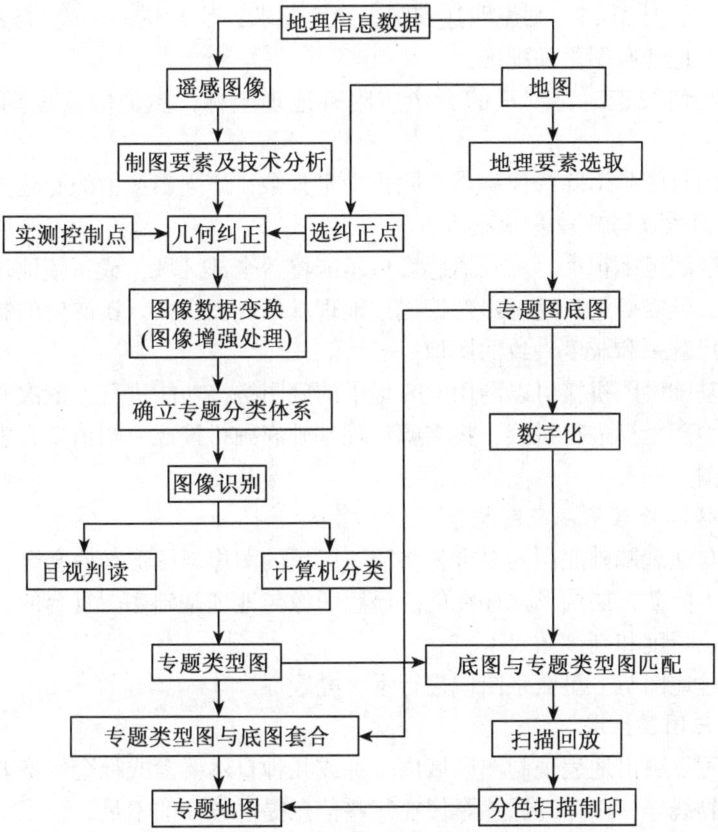

图 9.12　遥感影像专题制图流程

①尽量选取相对永久性地物，如道路交叉点，大桥或水坝等；

②所选地物控制点应均匀分布，一景遥感影像范围内的地物控制点不少于 20 个；

③地物控制点应按顺序编号，自上而下、自左而右，同名地物控制点编号必须一致，以避免配准过程中因同名地物控制点编号不一致而出现错误；

④影像和地形图的配准精度，应进行以下检验：

设影像图和地形图上有 k 个同名地物点，这些同名地物点在影像图中记为 T_1，T_2，…，T_k，在地形图中记为 T'_1，T'_2，…，T'_k，令 T_{ix} 表示影像图中控制点的 X 坐标，T_{iy} 表示影像图中控制点的 Y 坐标，T'_{ix} 表示地形图中控制点的 X 坐标，T'_{iy} 表示地形图中控制点的 Y 坐标，$i=1$，2，…，k。

计算同名地物点方差与单点最大误差公式为

$$M = \frac{1}{k-1}\sum_{i=1}^{k}\sqrt{(T_{ix} - T'_{ix})^2 + (T_{iy} - T'_{iy})^2} \quad i = 1,\ 2,\ \cdots,\ k$$

$$SME = \max\left(\sqrt{(T_{ix} - T'_{ix})^2 + (T_{iy} - T'_{iy})^2}\right) \quad i = 1,\ 2,\ \cdots,\ k$$

式中，M 为同名地物点方差；SME 为单点最大误差。

这里规定，图像配准允许最大误差为小于或等于 1 个像元，同名地物点总方差阈值

$E=1$像元，单个同名地物点最大误差阈值 $e=0.5$ 像元。

如果 $SME<e$，且 $M<E$，则说明达到配准精度要求；若 $SME>e$，或 $M>E$，则需要重新进行数字影像与地理底图之间配准。

进行影像几何校正时，校正的影像应附有地理坐标，图像的灰度动态范围可不做调整。

图像处理的目的是消除影像噪声、除去少量云朵、增强影像中的专题内容。

4. 遥感影像镶嵌与地理基础底图拼接

如果制图区域范围很大，一景遥感影像不能覆盖全部区域，或一幅地理基础底图不能覆盖全部区域，就需要进行遥感影像镶嵌或地理基础底图拼接。镶嵌后的影像应是一幅信息完整、比例尺统一和灰度一致的图像。

多幅地理基础底图拼接可以利用 GIS 提供的底图拼接功能进行，依次利用两张底图相邻的四周角点地理坐标进行拼接，将多幅地理基础底图拼接成一幅信息完整、比例尺统一的制图区域底图。

5. 遥感影像与地理基础底图复合

遥感影像与地理基础底图的复合是将同一区域的图像与图形准确套合，但它们在数据库中仍然是以不同数据层的形式存在的。遥感影像与地理基础底图复合的目的是提高遥感影像底图的定位精度和判读效果。

将数字专题地图与卫星数字图像进行重合叠置。

6. 符号注记图层生成

地图符号可以突出地表现制图区域内一种或几种自然要素或社会经济要素，如人口密度、行政区划界线等，以弥补遥感影像在某些信息提取方面的不足。

注记是对某种地物属性的补充说明，如在影像图上可注记街道、山峰和河流名称，标明山峰的高程，这些注记可以提高影像地图的易读性。

符号与注记可以利用图形软件交互式添加在新的数据图层中。

7. 影像地图图面配置

图面配置的要求是保持影像地图上信息量均衡和便于用图者使用。合理设计与配置地图图面可以提高影像地图表现的艺术性。图面配置的内容包括：

影像地图放置的位置：一般将影像地图放在图的中心区域，以便突出与醒目；

添加影像标题：影像标题是对制图区域与影像特征的说明，影像标题字号要醒目，通常放在影像图上方或左侧；

配置图例：为便于阅读遥感影像，需要增加图例来说明每种专题内容。图例一般放在影像地图中的右侧或下部位置；

配置参考图：参考图可以对影像图起到补充或者说明作用。参考图可以作为平衡图面的一种手段，放在图的四周任意位置；

放置比例尺：影像地图上某线段的长度与实地相应线段的水平长度之比称为比例尺。比例尺一般放在影像图下部右侧；

配置指北箭头：指北箭头可以说明影像图的方向，通常将指北箭头放在影像图右侧；

图幅边框生成：影像图幅边框是对影像区域的界定，可以根据需要指定图幅边框线宽与边框颜色。

8. 遥感影像地图制作与印刷

数字影像地图原图生成过程是：数字影像与数据底图、符号注记图层、图面配置数字图层精确配准，配准时可以利用各个图层的同名地物点作为控制点，保证同名控制点精确重合，同名地物点配准允许最大误差小于 1 个像元。然后，计算机与彩色打印机连接后，遥感影像数据直接可以送到打印机上输出。

9.4 遥感专题图制作过程示例

下面从准备专题制图数据、生成专题制图文件、确定专题制图范围、放置图面整饰要素和打印输出专题地图等五个方面来介绍专题地图的编辑过程。

9.4.1 准备专题制图数据

准备专题制图数据就是在窗口中打开所有要输出的数据层，包括栅格图像数据、矢量图形数据、文字注记数据等。

9.4.2 生成专题制图文件

在 ERDAS 的 Viewer 窗口中打开已经分好类的图像（图 9.13）。

在 ERDAS 图标面板菜单条，单击 Main→Map Composer→New Map Composition 命令，或在 ERDAS 图标面板工具条，单击 Composer 图标→New Map Composition 命令，打开【New Map Composer】对话框（图 9.14）。

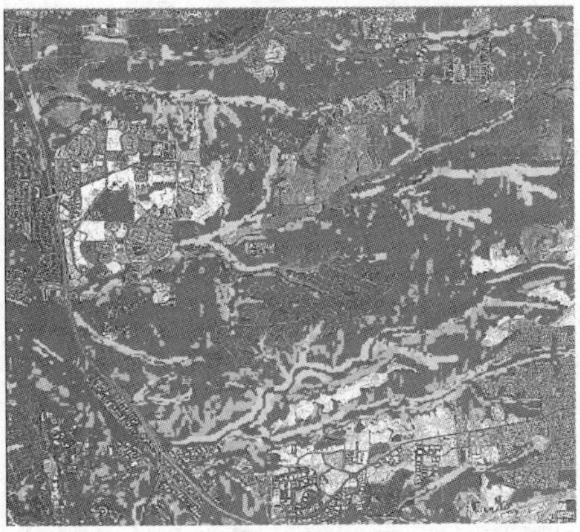

图 9.13

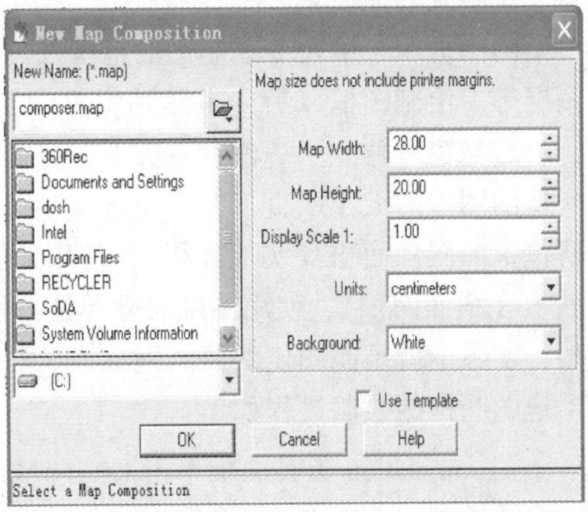

图 9.14　【New Map Composer】对话框定义参数

在【New Map Composer】对话框中，需要定义参数举例如下：

①专题制图文件名（New Name）为 Composer. map；

②输出图幅宽度（Map Width）为 28、图幅高度（Map Height）为 20；

③地图显示比例（Display Scale）为 1；

④图幅尺寸单位（Units）为 centimeters；

⑤地图背景颜色（Background）为 White（以上是自定义状态，也可以使用模板文件：

选中 Use Template 复选框)；

⑥单击【OK】按钮，打开 Map Composer 窗口和 Annotation 工具面板（图 9.15）。

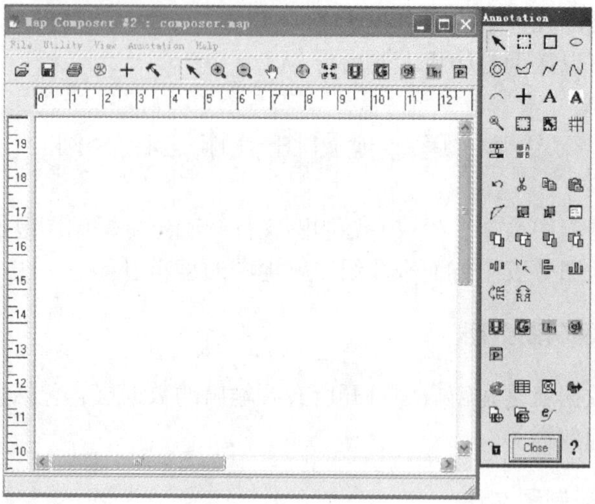

图 9.15 【Map Composer】窗口和【Annotation】工具面板

9.4.3 确定专题制图范围

每当产生一个新的专题制图文件时，注记工具面板就会自动打开。该面板可以在注记层或地图上放置矩形、多边形等图形要素，还可以放置比例尺、图例、图框、格网线、标尺点、文字及其他要素。

地图图框用于确定专题制图的范围及内容，图框中可以包含栅格图层、矢量图层和注记图层等。绘制图框以后，虽然其中显示了所确定的数据层，但是数据本身并没有被复制，只是与窗口建立了一种参考关系，将窗口中的图层显示出来而已。

地图图框的大小取决于三个要素：制图范围、图纸范围和地图比例。制图范围是指图框所包含的图像面积（实地面积），使用地面实际距离单位；图纸范围是指图框所占地图的面积（图面面积），使用图纸尺寸单位；地图比例是指图框距离与所代表的实际距离的比值，实际上就是制图比例尺。

地图图框的绘制过程如下：

①在 Annotation 工具面板单击 Create Map Frame 图标，在地图编辑窗口的图形窗口中，拖动绘制一个矩形框，图框大小可以调整，如果想绘制正方形，可以在拖动时按住【Shift】键；

②完成图框绘制、释放鼠标左键后，打开【Map Frame Data Source】对话框，单击【Viewer】按钮（从窗口中获取数据填充 Map Frame），打开 Create Frame Instructions 指示器；

③在显示图像的窗口中任意位置单击，表示对该图像进行专题制图；

④打开【Map Frame】对话框，在此对话框中定义下列参数（图 9.16）：

a. 选择 Change Map and Frame Area 单选按钮（改变制图范围与图框范围，保持比例尺不变），Frame Width 值为 24.00，Frame Height 值为 16.00。

b. 选择 Change Scale and Map Area 单选按钮（改变比例尺与制图范围，保持图框范围不变），Map Area Width 值为 19685.00，Height 值为 13123.33（所填尺寸由图框与比例决定）；

c. 地图旋转角度（Map Angle）为 0；

d. 地图左上角坐标（Upper Left Map Coordinates）X 值为 1704755.13，Y 值为 281964.04。

e. 图框左上角坐标（Upper Left Frame Coordinates）X 值为 0，Y 值为 25.94；

完成地图图框绘制，制图编辑窗口的图形窗口中显示出图像 Modeler_ output.img 的输出图面。

⑤单击 View/Scale/Map to Window 命令，将输出图面充满整个窗口。

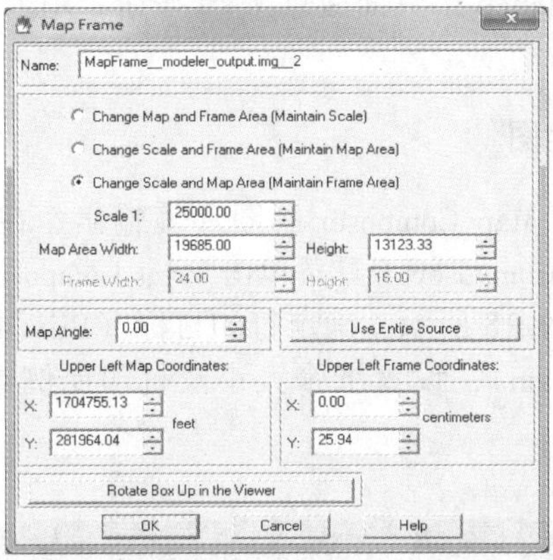

图 9.16　【Map Frame】对话框

9.4.4　放置图面整饰要素

地图图框确定了专题制图图面的主要内容与区域，在此基础上，放置图廓线、格网线、坐标注记、图名、图例、指北针和比例尺等各种辅助要素，以便图面美观实用（图 9.17）。

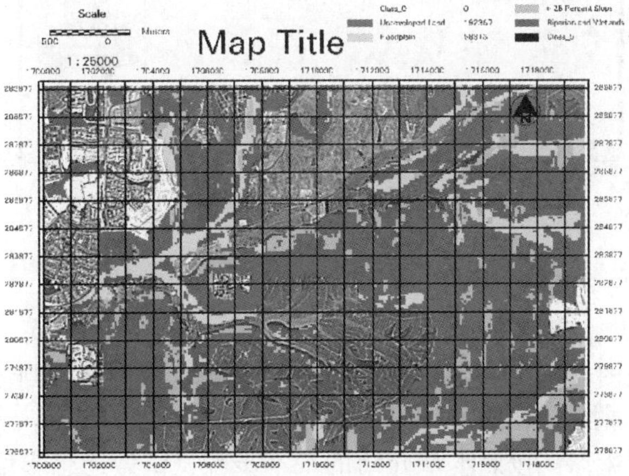

图 9.17　图面整饰后的专题图

①绘制格网线与坐标注记：在 Annotation 工具面板点击按钮，在位于地图编辑视窗图形窗口中的图框内点击左键，打开【Set Grid/Tick Info】对话框并设置参数。

②绘制地图比例尺：在 Annotation 工具面板点击按钮，用鼠标在地图编辑视窗图形窗口拖拉绘制比例尺放置框，指定绘制比例尺的依据，并在【Scale Bar Properties】对话框定义相关参数。

③绘制地图图例：在 Annotation 工具面板点击按钮，用鼠标定义放置图例位置，修改图例要素。

④绘制指北针：在 Map Composer 视窗菜单条选择 Annotation 下 Style 命令，确定指北针类型，然后在 Annotation 工具面板点击按钮，放置指北针。

⑤放置地图图名：Annotation 工具面板点击按钮，用鼠标拖动确定放置图名位置。

⑥书写地图说明注记。

9.4.5 打印输出专题地图

打印输出地图可直接在 Map Composer 制图环境输出。在 Map Composer 菜单条单击 File→Print 命令，或在 Map Composer 工具条单击 Print Composition 图标，打开【Print Map Composition】对话框。如图 9.18 所示，确定打印目标（Print Destination），改变打印机设置（Change printer configuration），设置纸张大小及打印比例等一系列参数，完成打印设置，执行地图打印。

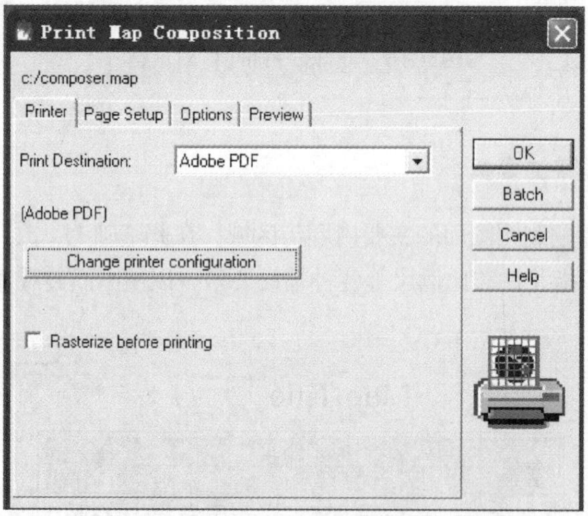

图 9.18 【Print Map Composition】对话框

习 题

1. 对比地区的地图，判读一幅当地 Quickbird 彩色合成图像，判读出水体、城镇居民地、道路等的名称和属性，用 ERDAS 软件分层判读出各地物类型。

2. 选择一幅遥感影像，按照本章介绍的基本步骤，试做遥感影像判读并作图，体会整个判读过程中的关键点。

第 10 章　常用遥感软件介绍

☞ 教学目标

本章围绕高职高专院校的教学特点，重点突出介绍常用遥感图像处理软件通用功能的一般操作方法。学习本章，要能够掌握 ERDAS Image、ENVI、PCI、易康等常用遥感软件的基本操作，如图像的显示、图像的预处理、图像的裁剪、图像的拼接、图像的分类等；能够使用遥感软件解决实际生产问题。

10.1　ERDAS Image 软件

10.1.1　ERDAS Image 软件简介

ERDAS Image 软件是美国 ERDAS 公司开发的专业遥感图像处理系统。ERDAS Image 是当前遥感图像处理的主要软件之一。ERDAS Image 是以模块化的方式提供给用户的，用户可根据自己的实际情况选择不同功能模块及其不同组合。

ERDAS Image 面向用户提供了 IMAGINE Essentials、IMAGINE Advantage、IMAGINE Professional 低、中、高三种产品架构。

ERDAS Image 软件是处理遥感图像的常用软件，其基本功能（如图像的预处理、裁剪、拼接、融合、分类等）经常被使用。ERDAS Image 软件图像的几何校正精度比较高，操作相对简单。ERDAS Image 软件的图像分类功能是传统分类方法中（相对于面向对象分类）较为强大、使用较为普遍的功能。

2. ERDAS IMAGINE 图标面板

启动 ERDAS IMAGINE 后，首先看到的是 ERDAS IMAGINE 的图标面板，如图 10.1 所示。包括菜单条（见表 10.1）和工具条两部分。

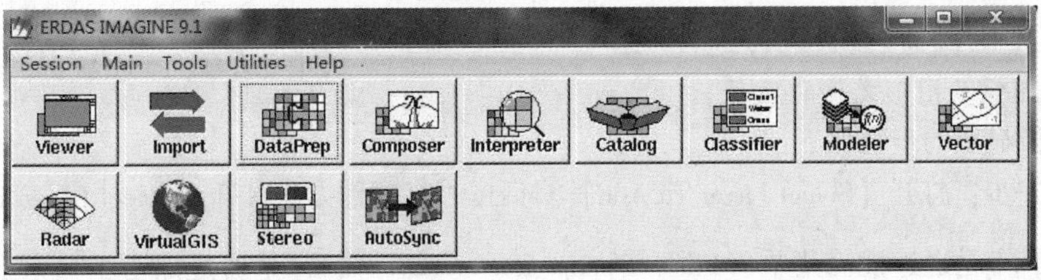

图 10.1　ERDAS IMAGINE 图标面板

表 10.1 **ERDAS IMAGINE 菜单条**

菜单命令	菜单功能
Session Menu：综合菜单	完成系统设置、面板布局、启动命令工具、批处理过程、实用功能等
Main Menu：主菜单	启动 ERDAS 图标面板中包括的所有功能模块
Tools Menu：工具菜单	完成文本编辑、矢量及栅格数据属性编辑、图形图像文件坐标变换、注记及字体管理等
Utility Menu：实用菜单	多种栅格数据格式的设置与转换等
Help Menu：帮助菜单	联机帮助、ERDAS IMAGINE 联机文档查看

10.1.2 视窗操作

二维视图是显示栅格图像、矢量图形、注记文件、AOI（感兴趣区域）等数据层的主要窗口。启动 ERDAS IMAGINE 时，系统自动打开一个二维视窗，如图 10.2 所示。在操作过程中，可以根据需要随时打开新的视窗。打开视窗有两种方式，一种是通过面板菜单条（Main→Start IMAGINE Viewer），另一种方式是通过面板工具条（Viewer 图标）。

图 10.2 Viewer 视图

1. 图像及图形文件的显示

图像显示的步骤如下：

第一步：打开【Select Layer To Add】对话框，有两种方法打开【Select Layer To Add】对话框，一是通过视窗菜单（File→Open→Raster Layer），二是通过点击工具条上的图标。

第二步：确定文件。

第三步：设置参数。在【Select Layer To Add】对话框中点击 Raster Options，进入设置参数状态，如图 10.3 所示，参数项的含义见表 10.2。

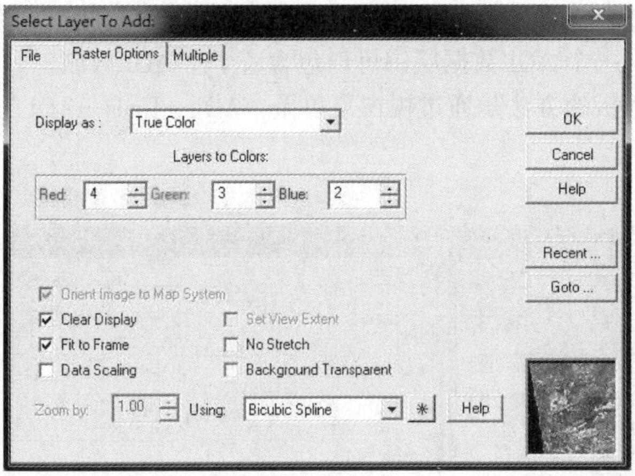

图 10.3　【Select Layer To Add】对话框

表 10.2　**【Select Layer To Add】对话框中参数项的含义**

参数项	含　义
Display as: True color Pseudo color Gray scale Relif	图像显示方式： 真彩色（多波段图像） 假彩色（专题分类图） 灰色调（单波段图像） 地形图（DEM 数据）
Layers to colors: Red：4 Green：3 Blue：2	图像显示颜色： 红色波段（4） 绿色波段（3） 蓝色波段（2）
Clear display	清除视窗中已有信息
Fit to frame	按照视窗大小显示图像
Using: Nearest neighbor Bilinear Interpolation Cubic convolution	重采样方法： 邻近像元插值 双线性插值 立方卷积插值

第四步：打开图像。在【Select Layer To Add】对话框中，点击【OK】键，打开所选

择的图像，视图中显示该图像。

2. 感兴趣区域 AOI 的操作

AOI 是用户感兴趣区域（Area Of Interest）的缩写，AOI 区域经常应用于图像分类模板文件的定义，为便于以后调用，AOI 区域可以保存为一个文件。一个视窗只能打开或显示一个 AOI 数据层，一个 AOI 数据层中可以包含若干个 AOI 区域。

打开 AOI 工具面板的方法是通过视窗菜单条：AOI→Tools→AOI 工具面板，如图 10.4 所示。

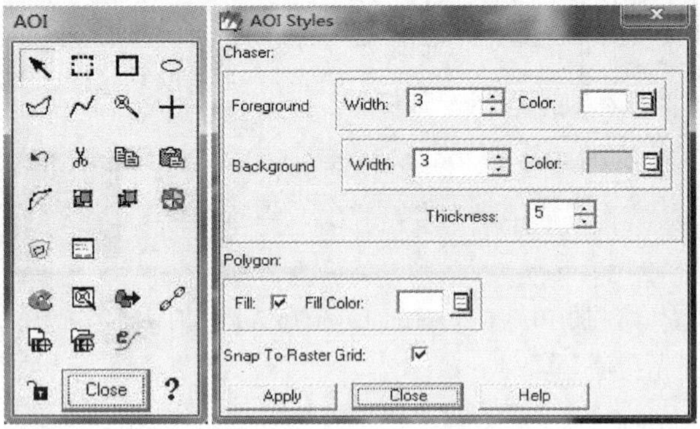

图 10.4　AOI 工具面板

AOI 工具面板大致可以分为三个功能区，前两排图标是创建 AOI 区，中间两排是编辑 AOI 区，其他为定义 AOI 属性区。

对于创建的 AOI，可以通过定义 AOI 显示特性，改变 AOI 区域边线的线型、颜色、粗细、AOI 区域填充与否及填充颜色。定义 AOI 显示特性方法如下：

通过视窗菜单条：AOI→Style→【AOI Style】对话框，或者通过 AOI 工具面板：点击 “Display AOI Style” 图标→AOI Style 对话框。

在一个视窗中建立的 AOI 区域总是位于同一个 AOI 数据层中，可以将多个 AOI 区域保存在一个 AOI 文件中，以便随后应用。

保存 AOI 数据层的方法：在视窗菜单条上点击 File，然后点击 Save 下的 AOI Layer As 选项，弹出【Save AOI As】对话框。确定保存 AOI 数据层的文件路径，确定文件名称（Save AOI as）。

10.1.3　数据输入输出

在 ERDAS 图标面板工具条中，点击 

图标，打开数据输入输出对话框，如图 10.5 所示，并做以下选择。

选择数据输入操作：Import，选择数据输入类型（Type）：普通二进制 Generic Binary，选择数据输入媒体（Media）为文件：File，确定输入文件路径及文件名（Input File）：Band1. dat，确定输出文件路径及文件名（Output File）band1. dat。

常用输入输出数据格式有如下两种：

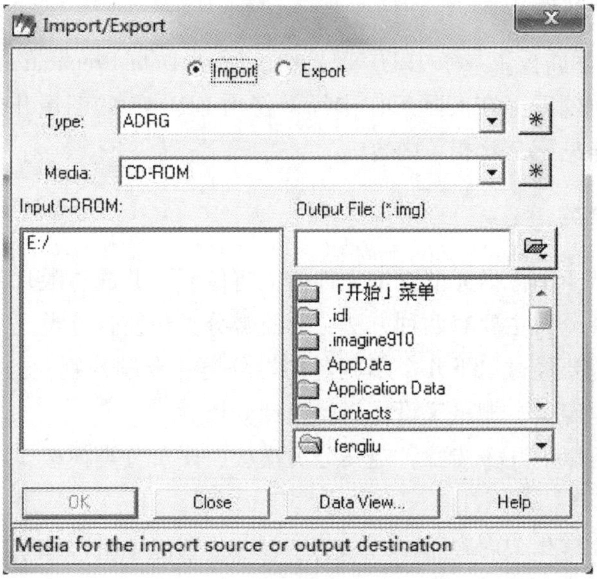

图 10.5　数据输入输出对话框

单波段数据：方法如前所述。

组合多波段数据：为了图像处理与分析，需要将单波段文件组合为一个多波段图像文件。具体过程如下：

第一步：在 ERDAS 图标面板工具条中，点击

，然后点击 Utilities ... ，最后选择 Layer Stack ... ，弹出对话框，如图 10.6 所示。

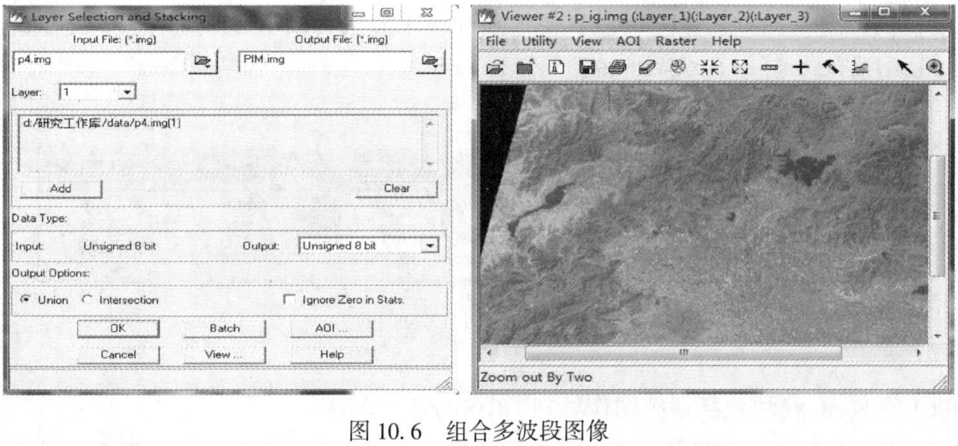

图 10.6　组合多波段图像

第二步：在【Layer Selection and Stacking】对话框中，依次选择并加载（Add）单波段 IMG（或其他格式的单波段数据如 TIF 文件等）组合后的多波段图像显示，如图 10.6 所示。

10.1.4 数据预处理

点击 ERDAS 图标面板工具条中的图标，显示 Data Preparation 菜单，包括：图像分幅裁剪、图像几何校正（在实际工作中经常使用 ERDAS 的图像几何校正功能）、图像拼接处理。具体操作见第 7 章相关内容。

10.1.5 图像分类

图像分类就是基于图像像元的数据文件值，将像元归并成有限几种类型、等级或数据集的过程。常规图像分类主要有两种方法：非监督分类与监督分类。

非监督分类一般要经过以下几个步骤：初始分类、专题判别、分类合并、色彩确定、分类后处理、色彩重定义、栅格矢量转换、统计分析。

监督分类一般有以下几个步骤：定义分类模板、评价分类模板、进行监督分类、评价分类结果。

具体操作见第 8 章相关内容。

10.2 PCI 软件

10.2.1 PCI 概述

PCI GEOMATICA 是 PCI 公司将其旗下的四个主要产品系列，也就是 PCI EASI/PACE、(PCI SPANS，PAMAPS)、ACE、ORTHOENGINE，集成到一个具有同一界面、同一使用规则、同一代码库、同一开发环境的一个产品系列。该系列产品在每一级深度层次上，尽可能多地满足该层次用户对遥感影像处理、摄影测量、GIS 空间分析、专业制图功能的需要，而且使用户可以方便地在同一个应用界面下完成工作。PCI 软件界面如图 10.7 所示。

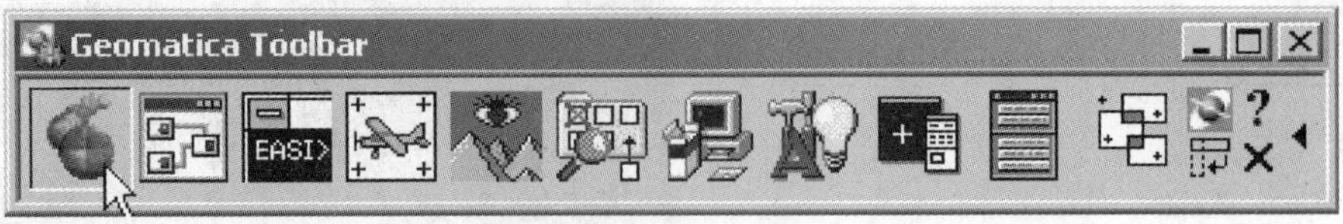

图 10.7 PCI 工具面板

PCI 的 Focus 模块包括遥感图像处理、GIS 分析、制图。

PCI 中包含的一般监督分类有最大似然、最小距离、平行六面体。一般非监督分类有 Isodata、K-Means（最小距离）、模糊 K-Means、各种分类后处理。

PCI 软件的功能齐全，在工作中经常使用 PCI 的影像制图功能。

10.2.2　常用功能介绍

1. 利用 Focus 查看数据

在 Focus 中打开遥感图像：①在 Focus 的 File 菜单中，点击 Open。弹出文件选择窗口。②浏览需要打开的图像目录，找到需要打开的图像。③点击 Open，图像即被打开。

对图像文件的查看有两种模式：地图查看模式与区域查看模式。

在 Focus 工程中，首先使用地图查看模式规定地图的大小，然后在数据处理的过程中将一直使用区域查看模式。在工程结束时可以输出地图，观察效果要回到地图查看模式组织地图元素。

在 Focus 工具栏，单击 Map View。在地图树上单击右键，选择 Properties，打开地图属性对话框，在对话框中选择页面设置标签，把页面的方向改为 Landscape，单击 OK。这样就确定了地图的方向，接着就可以回到区域查看模式（在 Focus 窗口顶部的下拉菜单中，选择 Aera View）作进一步的处理。

2. 利用 Focus 影像处理

Geomatica Focus 提供了许多处理影像数据的工具，对影像数据进行增强处理，可以显示影像中的对象特征。Focus 中影像可以以标准增强显示，也可以在直方图查找编辑界面里重新设定。

首先打开一幅影像，改变缺省增强，可以看到未增强处理的原始影像。改变增强的方式：在 Focus 工具栏上，单击 Enhancements 命令右边的箭头，出现一个下拉菜单，选择 None，即设置为没有增强处理。若选择其他任意一种，即可对影像进行增强处理。

Focus 查找表编辑器可以直接编辑影像直方图，更好地控制增强作用，具体操作方法可以参考相关资料。

3. Focus 影像分类

下面主要介绍 Focus 影像分类中的非监督分类、监督分类。

（1）非监督分类

Focus 进行非监督分类，需要借助面板、对话框配置数据文件和分类数目。当完成了配置信息，就可以进行分类了。

步骤如下：

①新建一个工程，并打开需要分类的图像。

②准备一个分类通道。在地图树上，右键点击图像层，弹出快捷菜单。在影像分类的子菜单上，点击 unsupervised（非监督分类）。通道选择窗口打开。新建通道，选择 RGB 通道里的相应波段。在输入通道一栏，选择 1~5 通道。在输出通道中，选择 8 通道作为工作通道。点击左下方的 accept，关闭通道配置面板，打开分类面板，Focus 同时在地图树上添加一个分类后的层，帮助管理分类通道。

③进行非监督分类。在分类面板上选择分类算法，并设置分类数目，Focus 将利用这些参数来进行分类。选择 K-Means 算法，在其参数里，点击 Max Class 的输入框，输入最大分类数目。在分类面板的左下方，点击 Classify，Focus 将利用 K-Means 算法进行分类。

④分类后处理。非监督分类并不能提供给我们想要的分类结果，需要对分类的结果进行处理，合并是分类后处理常用的一种聚类方法。

打开合并对话框。在地图树上，右键单击 Classification MetaLayer，打开快捷菜单，选择 Post-classification Analysis。在其子菜单上，点击 Aggregation，就打开创建通道对话框。在通道对话框中，选择 8 通道作为输入通道（是将被合并的通道，也是非监督分类的结果）。选择 9 通道，作为输出通道。点击 Accept，打开合并界面。

合并类的具体过程如下：

①在 Viewing 选项上，选择 Current Classes，显示当前输入类列表里选择的类。

②在输入类列表里，按住 Shift 或者 Ctrl 选择要合并的类。

③在 Aggregate Class 组框里，点击 New，产生一个新的空的合并类。

④点击 Add，把选择的输入类添加到合并的空白类里，就是最后合并的类。

⑤点击 Apply to Output Channel，合并结果将被写到一个刚才在通道创建对话框里指定的通道里，同时更新合并类列表。

（2）监督分类

和非监督分类一样，监督分类的准备也要在 Focus 里创建一个通道。

①准备一个分类通道。首先，在地图树里，右键点击影像图像，选择 Supervised，通道选择窗口打开。其次，在通道选择对话框的左下部，点击 New Session，通道设置面板打开。进行通道配置，给影像添加两个 8 bit 通道，一个空通道存放训练区信息，另一个存放监督分类结果。最后，点击 Add，通道添加到影像文件中。

需要选择 3 个波段组合帮助辨别影像中的感兴趣区的特征。通道设置对话框会自动把前 3 个通道分配给在 Focus 视窗中显示的参考影像（基准影像）。

在输入通道一栏，点击 15 通道。然后，选择一个存放训练区的通道。选择分类结果存放通道。关闭通道设置面板，训练区编辑面板打开。Focus 同时在地图树上添加一个 MetaLayer 帮助管理分类信息。MetaLayer 包括 3 个图层：训练区层、刚选择的三个组合波段层和输出层。

②选择训练区，包括手动创建训练区、用 Raster seeding 创建训练区。下面主要介绍第一种方法。

Focus 使用选择的通道数值数据来识别与创建的训练区的波普最相似的类。

在训练区编辑模板的菜单 Class 上，点击 New。编辑属性表会自动为第一个类在属性表里添加一行。Class-01 将出现在表中。用户可以修改其 name。用 Focus 编辑工具在 Focus 视图区为 Class-01 绘制训练区，方法：一是，在地图树上，Classification MetaLayer 下面，选择标志为 Training areas 的 PCI 层。可以用直线、多边形、正方形或者种子像元创建训练区。二是，在编辑工具条上，点击 Newshapes 右边的箭头，在下拉菜单里，点击 Polygon。三是，点击参考图像上想作为训练区的区域边界的内部，用鼠标再点击一点，成一条直线，依次点击，绘制多边形的边。在训练区的第一个点附近双击，完成多边形绘制。继续选择更多的训练区，训练区越多，分类越精确。

③训练区绘制完成之后，可以对训练区进行分析。可以查看训练区的统计结果，为训练区创建直方图，做分离度检查等。

④进行监督分类：在 Focus 地图树上，右键点击 Classification MetaLayer，从弹出的菜单中选择 Run Classification，打开分类对话框。选择分类算法。在 Classify Options 部分，选择 Show Report。最后点击 Classify，执行分类。

⑤分类后处理：分类算法不能一下达到所期望的分类精度，常有单个像元被错分。一个区域可能含有其他类的一些像元。类编辑功能试图通过把几个类合并成一个类来纠正这些错误。

首先，初始分类后编辑：在地图树上，右键点击 Classification MetaLayer，在弹出的对话框中选择 Post-classification Analysis 的子菜单并选择 ClassEditing，打开类编辑面板；在影像菜单上，点击 Select Classified Image 命令，打开选择分类后的影像对话框；向下滚动数据通道列表，并点击一个用于输出的一个通道；点击 Accept，类编辑模板在源类组和目的类组里分别显示监督分类结果；在影像菜单里点击 Select Reference Image 命令，打开参考影像选择对话框；在选择参考影像列表里，找到并选择希望显示的 3 个波段作为参考影像，在参考影像面板上点击每个通道，通道号会添加到数据库通道下面的 R、G、B 空格里，点击 Accept，RGB 组合在 Focus 视窗中出现；在可见影像列表里，选择 Classified，分类影像在视窗中显示，Focus 栅格编辑工具变为可用状态。

其次，在影像上建立掩模：在类编辑面板里，打开 Mask 菜单；点击 Create Mask from New Bitmap 选项，Focus 的地图树里就添加了一个新的位图图层；在类编辑模板上，设置掩模的属性为 Opaque；在 Focus 的编辑工具条上，点击 NewShapes 右边的箭头，在下拉菜单里，点击 NewPolygon；在影像上要建立掩模的区域，拖动鼠标绘制一个多边形，最后合并掩模下面的类；在类编辑对话框里源类组列表的下面点击 Select All，所有的源类和空类都被选中；在目标类组里，确定空类已被选中，这将把所有的源类合并到一个空的类里面，点击 Merge Class 命令，所有的掩模下面的像元被重新分到空的类里面；点击 Clear Mask，删除掩模，空类显示出来。

4. 在 Focus 中进行制图输出

(1) 建立一个新的地图工程

首先，启动 Focus，打开需要的文件。

其次，在 Focus 工具条中，点击 MapView 按钮，Focus 视图区将变成地图查看模式。

改变图纸大小：可以将图纸大小改变成 Maps Properties 对话框中所列的各种标准大小，也可以通过在 Focus 视图区域中拖拽地图手柄的方法自定义纸张大小。

改变纸张大小：①在【Maps Properties】对话框中点击 Page Setup 栏；②选择 Landscape，从 Page Size 列表中选择需要的纸张尺寸，点击 Apply。

建立一个区域：①在地图树中，右键点击 Map 图标，弹出快捷菜单；②在快捷菜单中选择 New Area。

在区域中添加数据：在地图树中，选择建立的区域，数据可以添加到该区域中了。

重新设定区域比例尺：地图树中，在区域中右键单击，弹出快捷菜单。在快捷菜单中，选择 Properties，Area Properties 窗口被打开，在 General 栏下，将区域比例尺改为需要的比例尺。

定位一个区域：在地图树中，选择需要定位的区域，在 Focus 显示区，将鼠标放置在区域边框上，直到看到一个四方延展的箭头图标，点击并拖拽该区域到一个需要的新位置上。

(2) 在工程中添加矢量图层

在地图树中，选择需要添加矢量图层的区域。在 Focus Viewer 中，点击 Files 栏。

Focus 文件树中，点击矢量前边的“+”。选择需要添加的矢量图层，在矢量图层上用右键单击，打开快捷菜单，点击 View，矢量图层就在区域中打开了。

（3）利用表示法编辑器创建表示法

在地图树中，右键单击需要修改样式的矢量图层，弹出快捷菜单，在快捷菜单中选择 Representation Editor，该图层的表示法编辑器被打开，在其中选择需要的样式。

（4）选择和应用地图元素

在地图树中，右键单击矢量图层，弹出快捷菜单。在快捷菜单中，选择 Surround。环境面板将被打开。在地图元素列表中，点击 Border、Legend、Logo、North Arrow、Scalebar、Title 选项，为地图添加地图元素。

10.3 ENVI 软件

10.3.1 概述

ENVI（The Environment for Visualizing Images）是美国 RSI 公司的旗舰产品，它是由遥感领域的科学家采用交互式数据语言 IDL（Interactive Data Language）开发的一套功能强大的遥感图像处理软件。

ENVI 的一个显著特点是具有灵活、友好的界面，简单易学、便于操作和使用。ENVI 可以轻松读取、显示和分析各种类型的遥感数据、矢量数据和通用格式影像数据，并提供了从影像预处理、信息提取到与 GIS 整合所需要的各种功能。

ENVI 软件具备遥感图像处理常用的主要功能，其操作简单、方便。本节主要介绍 ENVI 软件的图像预处理、分类以及制图输出功能。

10.3.2 界面介绍及文件读取

1. 界面系统介绍

菜单项包括：File、Basic Tools、Classification、Transform、Spectral 等（图 10.8）。

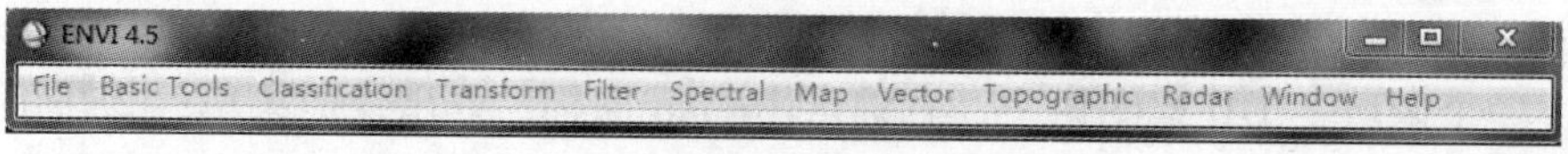

图 10.8 ENVI 主菜单

File：包括数据的输入、输出等功能。

Basic Tools：包括图像数据裁剪、统计计算等。

Classification：包括监督分类、非监督分类、决策树分类等。

Transform：包括图像处理的主要功能。

2. 文件的存取与显示

（1）图像显示

由一组三个不同的图像窗口组成（图 10.9）：主图像窗口、滚动窗口、缩放窗口。

主图像 Image 窗口：100%显示（全分辨率显示）scroll 方框内的图像，可交互式分

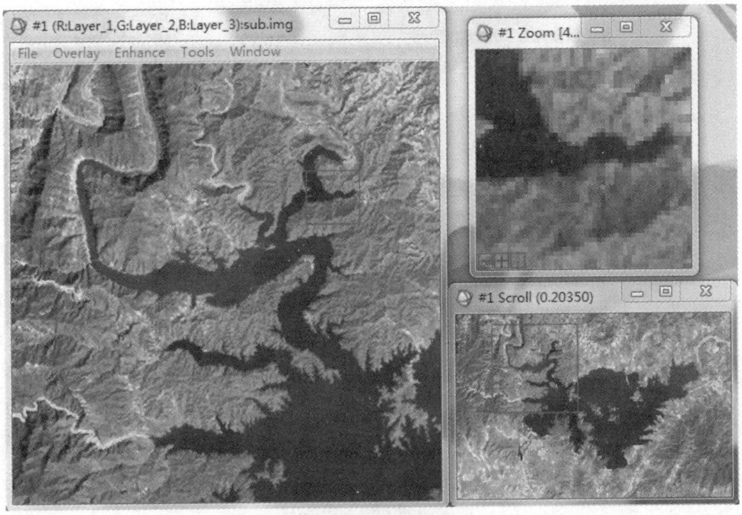

图 10.9　图像窗口

析、查询信息。在主图像窗口内点击鼠标右键，弹出菜单控制所有的 ENVI 交互显示功能。

滚动 Scroll 窗口：全局、重采样（降低分辨率）显示一幅图像。只有要显示的图像比主图像窗口能显示的图像大时，才会出现滚动窗口。

缩放 Zoom 窗口：（200×200）显示图像的方框。缩放系数（用户自定义）出现在窗口标题栏的括号中。

（2）图像的存取

图像的读取通过菜单 File→Open Image File 实现。当打开任何文件，可用波段列表（ABL）自动地出现。ABL 列出该图像文件的所有波段，并允许显示灰阶和彩色图像、启动新的显示窗口、打开新文件、关闭文件以及设置显示边框。

要选择当前活动显示，按以下步骤进行：从 ABL 内点击【Display #X】按钮菜单（其中“X”是与显示窗口标题栏内数字相对应的数字），再从列表中选择所需要的显示。要开始一个新的显示，从按钮菜单选择 New Display，点击 Load Band 或 Load RGB，把选定的波段导入选定的显示。

10.3.3　图像预处理

1. 图像的裁剪

ENVI：Basic Tools→Resize Data→【Resize Data Input File】对话框（图 10.10）。图像的裁剪步骤的先后顺序如图 10.10 中序号。

①选择需要裁剪的原始图像；②选择 Spatial Subset 或 Spectral Subset 方式；③若设置空间裁剪方式（Spatial Subset→Select Spatial Subset）点击“Image”；④出现 Subset by Image 对话框，Subset 的尺寸用两种形式，移动图像上的方框或直接填写 Samples/Lines（列/行）值；⑤选择重采样的方法：最近邻、双线性或立方体卷积；⑥若设置波段范围

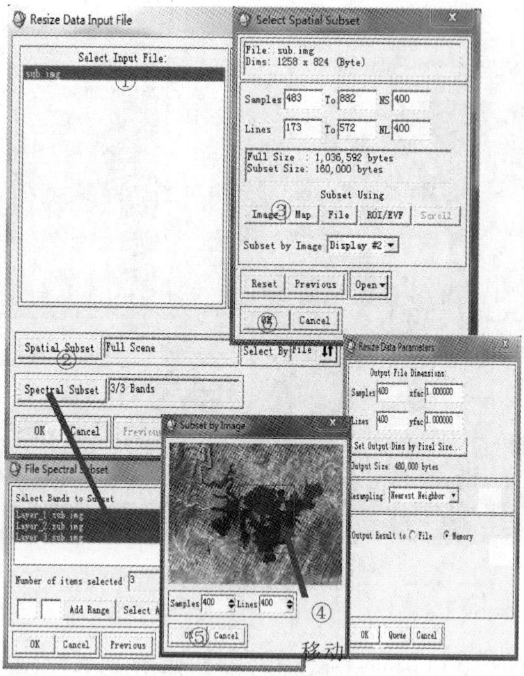

图 10.10 图像裁剪

（Spectral Subset→File Spectral Subset），则选择波段；可以根据已选择的感兴趣区域裁剪，也可以使用与上次输入的空间大小相同的文件的空间子集。

2. 图像的重采样

ENVI：Basic Tools→Resize Data→【Resize DataInput File】对话框选择需要重采样的图像→Resize Data Parameters，调整 Output File Dimensions 的像元数；选择重采样方法→文件输出。

10.3.4 影像分析

1. 影像统计分析

（1）统计特征分析 ENVI

Basic Tools→Statistics→【Computer Statistics Calculate Statistics Parameters】对话框→选择统计类型（Basic、Histogram、Covariance）。

（2）主成分分析（ENVI：Transforms→Principle Components）

Transforms→Principal Components→Forward PC Rotation→Compute New Statistics and Rotate→选择输入文件→选择输出 PC 波段数→Select Subset from EigenValues →出现 PC EigenValues 绘图窗口（每个节点是 PC 各分量的特征值，可进一步计算 PC 各分量的方差百分比）。

（3）相关分析 ENVI

Basic Tools→Statistics→Computer Statistics。

2. 图像增强（Image：Enhance）

直方图匹配（Image：Enhance→Histogram Matching），至少显示两幅图像，从想更改直方图的图像（如"Display#1—A"）中，选择 Enhance→Histogram Matching→Match To，选择想匹配直方图的图像 Display#2—B→OK，保存直方图匹配后的图像 A′。

查看两图像（A′与 B）直方图：点击 Interactive Stretching；若需"图像替代"，则要求两直方图输入值相同，可根据两直方图输入值的关系，通过 Band Math 使两直方图数值相同（A′变为 A″），保存 A″，可为下一步 A″图像替代 B，进行 HSV-RGB 反变换作准备。

直方图的交互式拉伸（Image：Enhance→Interactive Stretching），ENVI 用 2%的系统默认线性拉伸值来显示所有图像（两边均舍去信息量的 2%），经过这样处理后合成的假彩色图像层次分明、地物差异大，各类地物易于判别。

注意：在 Scroll 窗口对全局调整，分别调整 R、G、B，使彩色更丰富（一般 R、G 较为敏感，B 调为线性即可）。

3. 彩色变换

通过 ENVI 菜单实现：Transform→Color Transform。包括 RGB to HSV、RGB to HLS 等变换。

10.3.5　定义感兴趣区（ROI）及分类

1. 监督分类（Supervised Classification）

监督分类：按照分类以前自定义的样本进行分类。

（1）训练样本的选择和优化

1）训练样本的提取（ROI 区的选择）

方法：Basic Tools→Region of Interest→ROI tool 调出感兴趣区工具窗口进行样本选择（注意：必须事先打开一幅图像），可以进行样本编辑（名称、颜色、填充方式等），样本选择越精确，分类结果越好。

感兴趣区工具窗口的打开方式还有：Image 窗口中，选择 Overlay→Region of Interest，或者直接在图像窗口上点击鼠标右键，再选择"ROI Tool"。

根据前面的背景资料和预处理结果选择分类图像，建立各类地物的训练区。各类地物的判读标志，即地物的明显特征，是最重要的选择标准。根据其在影像上表现出的色调、纹理等特征，通过目视判读方法，用鼠标在工作区影像图上选择其训练区，并使训练区的分布尽量均匀。在实际的工作中，由于存在"同物异谱"的情况，因此对于同一种类型可能有多种不同的特征。为此，我们可以对同一地物选择多个训练区，分类后再合并。

感兴趣工具窗口如图 10.11 所示。提取训练样本的具体操作如下：

①确定 ROI 的提取类型（ROI Tool：ROI_ Type→Polygon、Polyline、Point、Rectangle、Ellipse）和待操作窗口（主图像窗口、滚动窗口或缩放窗口）。

②在图像窗口上画出感兴趣区，单击鼠标右键确定选择形状（此时可以拖动感兴趣区域，用 Ctrl+鼠标左键可以删除），再次单击右键确定此训练区（此时若要删除训练区，需要点击 ROI Tool 窗口中的【Delete】控键，此操作将删除所有该类型的感兴趣区域）。ROI Tool 窗口中将会显示选择区域的颜色和相关信息，其中，感兴趣区域名称（ROI

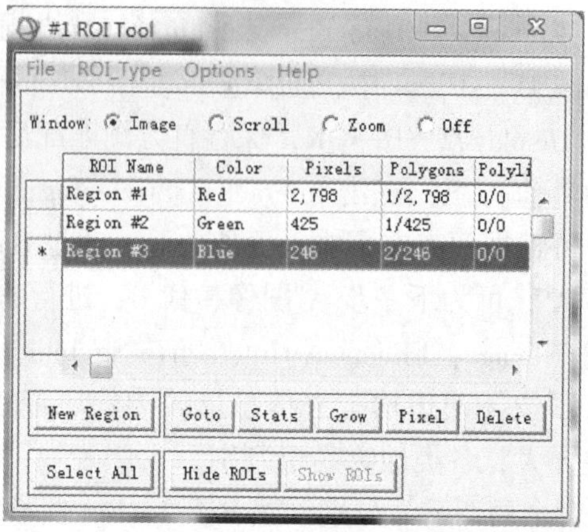

图 10.11 ROI 工具

Name）和色彩可以修改。可就某一类训练区选择多个感兴趣区域。

③该类训练区的选择完成后，点击 ROI Tool 窗口的【New Region】，再进行另一类训练样本的选择，其颜色将自动改变。按以上操作完成所有训练区的选择。

2）训练样本的优化和提纯 ROI

上述步骤中选择的某类训练样本，可能混入了其他类型的样本，为了提高图像分类精度，需要对训练样本进行提纯。N 维可视化分析器（N-Dimensional Visualizer）即是对选择的训练区像元进行提纯。当某些像元始终聚集在一起运动时，这些就是所需的最纯像元；若在运动时，像元分成了两个部分，则说明选择了两类地物的训练区，需把此训练区像元分开处理。

ROI Tool：File→Export ROIs ton-D Visualizer→n-D Control→n-D Visualizer。

让训练区像元在 n 维空间内自由转动（可以控制转动速度 Speed），当转到最能区分各类型训练区像元的位置时，停止转动，进行样本提纯操作（图 10.12）。

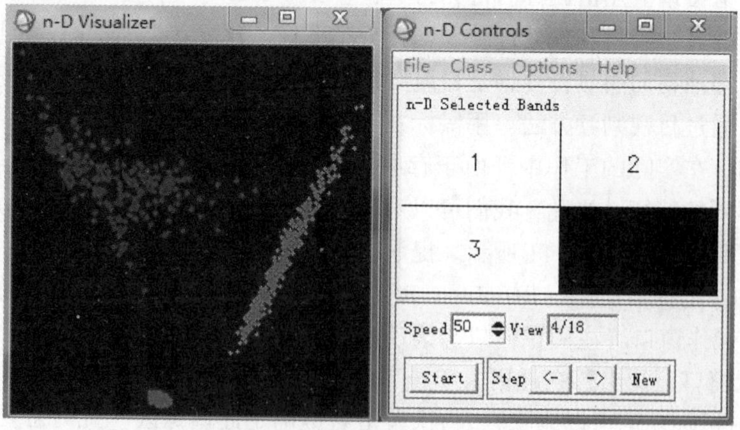

图 10.12 【n-D Visualizer】窗口

①在 n-D Visualizer 窗口中用鼠标选择某类训练区的纯像元并点击鼠标右键确定（可进行多次选择），再次单击鼠标右键，选择 Export Class，提纯后的训练区将出现在 ROI Tool 窗口中。

②进行下一个类型训练区的提纯时，首先要在 n-D Visualizer 窗口中单击鼠标右键→New Class，下面的操作如前。如此便完成了所有训练区的提纯。

③训练区的保存：ROI Tool：File→Save ROIs…

（2）选择分类方式

分类方式包括平行六面体法、最短距离法、马氏距离法、最大似然法、波谱角分类以及二进制编码法等，选择合适的分类方式。

最大似然法（Maximum Likelihood Classification），Classification →Supervised→Maximum Likelihood→Classification Input File，选择分类的图像→Maximum Likelihood Parameters ，选择训练样本。

最大似然分类假定每个波段每一类统计呈均匀分布，并计算给定像元属于一特定类别的可能性。除非选择一个可能性阈值，所有像元都将参与分类。每一个像元被归到可能性最大的那一类里。

在【Maximum Likelihood Parameters】对话框中设置一般分类参数，在 Set Probability Threshold 文本框里键入一个阈值（0~1）。选项参数被用来控制像元准确分类的可能性。如果像元的可能性低于所有类的阈值，则它被归为“无类别”，在此，我们一般选择默认值。

（3）分类

首先，导入影像。确定分类范围和波段，选择训练样本，给定阈值，并确定存储路径和文件名。

最大似然法分类对话框如图 10.13 所示。

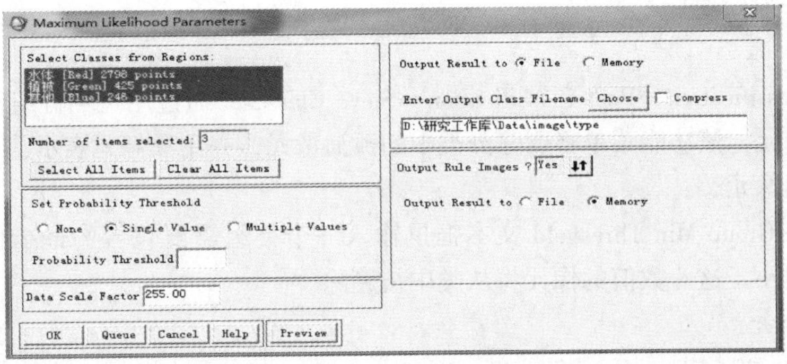

图 10.13　分类对话框

2. 非监督分类（Unsupervised Classification）

非监督分类：仅仅用统计方法对数据集中的像元进行分类，不需要样本。

非监督分类的方法如下：

（1）IsoData 分类方法

通过 ENVI 主菜单上 Classification 下的 Unsupervised 实现：Classification→Unsupervised→IsoData→【IsoData Parameters】对话框。在【IsoData Parameters】对话框中输入最小分类数（Min）、最大分类数（Max）、最大迭代数（Maximum Iteration）、像元变化的阈值（Chang Threshold）、每类中的最小像元数（Minimum # Pixel in Class）、最大标准差（Maximum Class Stdv）、最小类间距（Minimum Class Distance）、最大合并数（Maximum# Merge Pairs）8 个基本参数。

（2）K-Means 分类方法

通过 ENVI 主菜单上 Classification 下的 Unsupervised 实现：Classification→Unsupervised→K-Means→【K-Means Parameters】对话框。

10.3.6 分类后处理（Post Classification）

1. 分类统计

方法：Classification→Post Classification→Class Statistics。

分类统计包括每一类的点数、最小值、最大值、平均值以及类的每个波段的标准差等。其中，每一类的最小值、最大值、平均值以及标准差可以以图的方式进行显示。两个分类结果的比较 Classification→Post Classification→Confusion Matrix。分类结果的精度显示在一个混淆矩阵里。通过用分类结果与地表真实图像（Ground Truth Image）或地表真实感兴趣区（Ground Truth ROIs）相比较来计算混淆矩阵。分类结果记录了总体精度、准确度、Kappa 系数、混淆矩阵、Commission 误差（每类中额外像元占的百分比）和冗长误差（类左边的像元占的百分比）等。当用地表真实图像计算混淆矩阵时，还可以输出每类图像中没有被正确分类的那些像元。

2. 类别集群

方法：Classification→Post Classification→Clump Classes（细小块的合并），将一些碎块进行合并（平滑处理）。

3. 类别筛选

方法：Classification→Post Classification→Sieve Classes，通过用斑点分组消除这些隔离的被分类的像元。该功能菜单将删除分类中的孤岛像元，并用黑像元表示，可以用成块分类功能代替黑像元。

注意：在 Group Min Threshold 文本框里输入一个类组需要包含的最少像元数（4 或 8）。任何一组小于这一数值的像元将从类中被删除。

4. 类的合并

方法：Classification→Post Classification→Combine Classes。将分过的类进行选择性合并，可以合并为一类或几类。

5. 类的叠合

方法：Classification→Post Classification→Overlay Class。用一幅彩色合成影像或灰阶影像生成一幅影像地图，并且类的颜色叠置在一起，输出一幅 3 波段的 RGB 图像。

6. 修改类的颜色

方法：在 Image 窗口中，Tools→Color Mapping→Class Color Mapping。当一个分类后的

图像被导入一个显示窗口时，每类自动呈现出不同的颜色。每类的颜色与监督分类中选择的感兴趣区的颜色或非监督分类中预先选择的每类颜色相对应。未分类区域在图像中呈黑色，可以改变每类的颜色。

10.3.7 制图输出

1. 图形的整饰

（1）添加经纬网格线

经纬网格线的添加可以通过在 Image 显示窗口中使用菜单来实现，过程如下：

Overlay→Grid lines（经纬网和像元网）。如果图像没有被配准到地图坐标，将不会显示出经纬网。

在弹出的 Grid Line Parameters 对话框中，通过 Options 菜单来设置网格线的属性及图像边界。

（2）添加注记

注记的添加方法：通过 Image 窗口中的 Overlay 菜单实现，Overlay→Annotation（标题、图例、比例尺、指北针）。

注记可以放置在主图像窗口、滚动窗口或缩放窗口。通过从各自的 Options 菜单中选择 Annotation，每种图表包括 X、Y、Z 剖面图或表面图，可以被注记。

文本注记（Text）：Object→Text，选择注记的属性（如 Font、Size 等），在文本框中输入待添加文本，用鼠标在图像中点击注记位置，按右键确定。

为了便于使用，将设计好的注记保存到一个文件中。方法：选择 Annotation：File→Save Annotation。

2. 图形输出

①分类结果图像输出通过 Image 窗口中 File 菜单下的 Save Image As 实现。

②分类结果的矢量输出方法通过 ENVI 主菜单实现，Classification→Post Classification→Classification to Vector，将选择的类变换为矢量多边形进行输出。

10.4 易康软件

10.4.1 易康软件简介

易康（eCognition）是德国 Definiens 公司开发的全球第一个面向对象的影像分析软件，它模拟人类大脑的认知过程，采用决策专家系统支持的模糊分类算法，是一种专业化的图像分类软件。

易康软件与 ERDAS 软件的比较见表 10.3。

易康套件提供了三种不同的组件，它们可以单独或结合起来解决影像分析任务。

易康系列产品组成包括：eCognition Developer、eCognition Server、eCognition Architect。

易康特点有：①具有特有的面向对象分类方法；②模拟人类大脑认知过程；③将计算

机自动分类和人工信息提取相结合；④可以分析纹理和低对比度数据；⑤针对不同的影像数据和分类任务，进行不同尺度的影像分割；⑥快速简单地进行监督分类；⑦容易表达和分析复杂的语义任务；⑧具有模糊逻辑分类算法。

表 10.3 **易康与 ERDAS 的比较**

易　康	ERDAS
纯粹图像分类工具	通用图像分类工具
基于对象的分析	基于像元的分析
纯粹的监督分类方法	监督与非监督
特征分析工具：波普、形状、与相邻目标的联合分析	只有基于波普的特征分析

面向影像对象的分类方法是易康软件最主要的特点，面向像素的解算模式将像元孤立化分析，判读精度较低且斑点噪声难以消除；利用影像分割技术把影像分解成具有一定相似特征的像元的集合-影像对象；影像对象和像元相比，具有多元特征：颜色、大小、形状、匀质性等。

10.4.2 易康软件的主要分类过程

1. 导入数据创建工程

只要有地理参考信息，导入数据的数据可以有不同的分辨率，覆盖不同的区域。专题数据可以是 ASCII 栅格或 Shape 文件格式。

操作过程如下：启动易康软件，从 Project 菜单中选择 New；选择需要打开的图像文件；根据波长调整文件顺序；点击 Create，将栅格图层添加到新工程中去；打开【Edit Layer Mixing】对话框，为各文件赋 R、G、B 值，点击【OK】，完成操作。

2. 创建影像对象

根据不同任务，可以采用不同的方法来创建影像对象。多尺度分割对地物特征的采样非常贴近，缺点是耗时长，而棋盘式分割则非常快速。

操作过程如下：从 Segmentation 菜单中选择 Multiresolution Segmentation；编辑分割参数。点击【Start】；生成 Polygons（Image Object→Create Polygons），查看图像对象的 Outlines；利用【View Settings】对话框显示分割完后的图像，可以显示原始图像，也可以用对象均值显示。

3. 通过分类体系创建知识库

①从 Classification 中选择 Class Hierarchy，在其中确定要分的类别及其颜色，如图 10.14 所示。

②确定是在 Inheritance 模式下，点击鼠标右键，选择快捷菜单中的 Insert Class 或 Edit

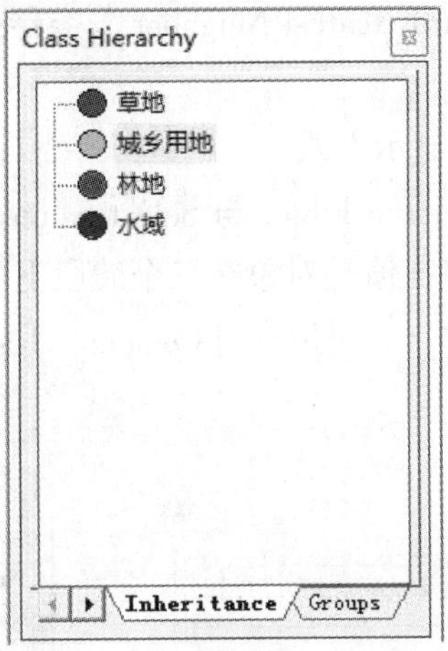

图 10.14　【Class Hierarchy】对话框

Class 进行操作。

4. 插入分类器

①选择菜单 Classification→Nearest Neighbor→Edit Standard Nearest Neighbor Feature Space。

②可以看到在右边的窗口里五个层的平均值已经有默认值了，若此特征空间被采纳，可以点击【OK】，如图 10.15 所示。

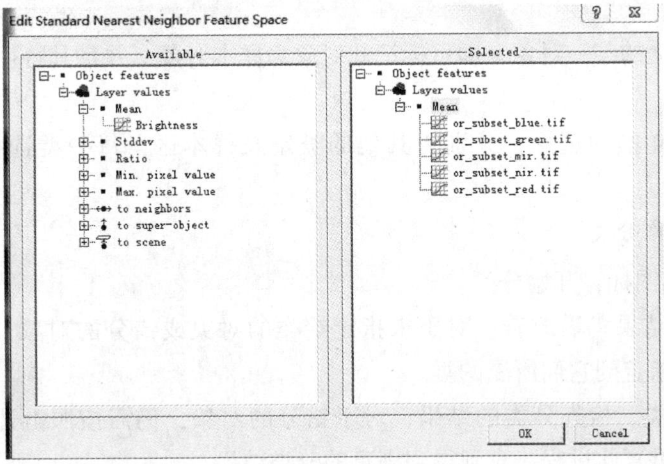

图 10.15　【Edit Standard Nearest Neighbor Feature Space】对话框

③双击【Class Hierarchy】对话框中的类，打开【Class Description】对话框。双击逻辑表达式 And（Min）。

④鼠标移到 Standard Nearest Neighbor 表达式上，点击【Insert】按钮，把它插入到类

描述中。关闭 Insert Expression，点击【OK】，关闭【Class Description】对话框。

⑤重复以上步骤，把 Standard Nearest Neighbor 分类器插入到剩余的类描述中。

5. 定义样本对象

①按照图 10.16，改变图层显示方式。

②从 Samples 菜单中选择 Sample Editor 与 Select Samples。在【Sample Editor】窗口中显示了特征值的三种曲线。此特征值是对象在三个波段上的平均值。在【Active class】选择框中可以选择要编辑类的名称。也可以在【Compare class】选择框中选择其他的类与之比较，如图 10.17 所示。

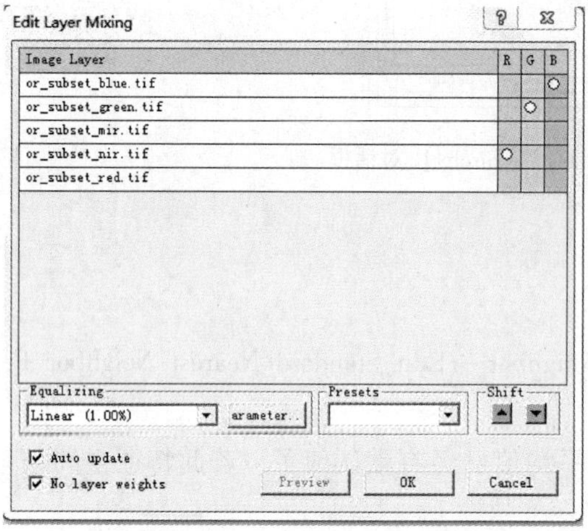

图 10.16 【Edit Layer Mixing】对话框

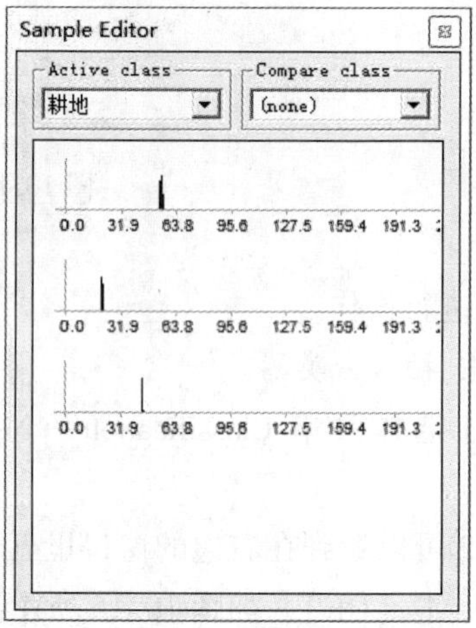

图 10.17 【Sample Editor】对话框

③双击图像上的某一对象，即可标记此对象为样本对象，并且其特征值会以直方图的形式显示出来。

④重复以上样本的选择，分别为其他的类定义样本区，每一类选择两到三个样本对象。

6. 对图像对象分类

(1) 点击图标，开始分类。

(2) 分类的结果仍需改善。对于未指定给类的对象或错分的对象，可以通过双击，把这些对象样本指定到它们所属的类。

(3) 重新分类。检查分类的结果，对于错分的对象，仍需按照上述方法对其纠正。然后，再分类。重复此过程，直到得到满意的分类结果。

7. 分类结果评估

①从 Tools 菜单中选择 Accuracy Assessment 选项。

②在 Statistic Type 下拉框中选择统计类型，如 Best Classification Result。

③点击 Show Statistics。

④在图像对象上移动鼠标，可以获取最佳分类结果的信息，如图 10.18 所示。

图 10.18　【Sample Editor】对话框

习　题

1. 对比分析常用遥感图像处理软件的优缺点。
2. 分别利用 ENVI、ERDAS 实现对图像的裁剪、拼接。
3. 对比分析常用遥感软件的分类方法有何异同。
4. 易康软件分类的一般过程有哪些？

参考文献

[1] 党安荣，王晓栋，陈晓峰等．ERDAS IMAGINE 遥感图像处理方法［M］．北京：清华大学出版社，2003.
[2] 关元秀，程晓阳．高分辨率卫星影像处理指南［M］．北京：科学出版社，2008.
[3] 梅安新，彭望琭，秦其明等．遥感导论［M］．北京：高等教育出版社，2006.
[4] 杨昕，汤国安，邓凤东等．ERDAS 遥感数字图像处理实验教程［M］．北京：科学出版社，2009.
[5] 金为铣，杨先宏，等．摄影测量学［M］．武汉：武汉大学出版社，1996.
[6] 李德仁，王树根，周月琴．摄影测量与遥感概论［M］．北京：测绘出版社，2008.
[7] 张剑清，潘励，王树根．摄影测量学［M］．武汉：武汉大学出版社，2009.
[8] 王之卓．摄影测量学原理［M］．武汉：武汉大学出版社，2007.
[9] 邹晓军．摄影测量基础［M］．郑州：黄河水利出版社，2008.
[10] 刘广社．摄影测量［M］．郑州：黄河水利出版社，2006.
[11] 朱肇光，孙护，崔炳光．摄影测量学［M］．北京：测绘出版社，2004.
[12] 宁津生，陈俊勇，李德仁等．测绘学概论［M］．武汉：武汉大学出版社，2004.
[13] 张祖勋，张剑清．数字摄影测量学［M］．武汉：武汉测绘科技大学出版社，1996.
[14] 陈国平，王敏．摄影测量与遥感［M］．北京：测绘出版社，2011.